Bericht

über die

XI. Hauptversammlung

des

Deutschen Forstvereins

(38. Versammlung Deutscher Forstmänner)

zu

Ulm

vom 5. bis 9. September 1910.

Springer-Verlag Berlin Heidelberg GmbH 1911

ISBN 978-3-662-39117-4   ISBN 978-3-662-40100-2 (eBook)
DOI 10.1007/978-3-662-40100-2

Inhalts-Verzeichnis.

Tagesordnung.

A. Zeiteinteilung.

I. Montag, den 5. September.

1. Empfang auf dem Bahnhof von vormittags 9 Uhr bis abends 11 Uhr.
2. Einzeichnung der Teilnehmer, Ausgabe der Drucksachen und Teilnehmerkarten im Geschäftszimmer im Saalbau in der Bahnhofstraße.
3. Von abends 8 Uhr ab gesellige Vereinigung im Saalbau.

II. Dienstag, den 6. September.

1. Eröffnung der Versammlung und Sitzung von 8 Uhr bis 12 Uhr im Saalbau.
2. Daran anschließend gemeinsames Gabelfrühstück daselbst (Preis mit Wein 2,50 Mk.).
3. Nachmittagsexkursion in den Forstbezirk Geislingen. Abfahrt von Ulm 1^{55} Uhr mit Sonderzug. Fußwanderung durch die Staatswaldungen des Forstbezirks Geislingen. Erfrischung im Walde. Rückfahrt von Amstetten 7^{10} Uhr, Ankunft in Ulm 7^{45} Uhr abends. (Fahrkarte hin und zurück 1,15 Mk., Erfrischung mit Getränk 1,55 Mk., zusammen 2,70 Mk.)

III. Mittwoch, den 7. September.

1. Sitzung von 8 Uhr vormittags bis 2 Uhr nachmittags im Saalbau mit Frühstückspause um 11 Uhr (Preis mit Wein 1,50 Mk.).

2. Von 3 Uhr ab Orgelkonzert im Münster.

3. 5 Uhr Festessen im Saalbau (Gedeck mit Wein 4,50 Mk.).

4. Von 7 Uhr abends ab gesellige Vereinigung in den Gärten der Friedrichsau.

IV. Donnerstag, den 8. September.

Tagesexkursion in den Forstbezirk Tettnang.

Abfahrt von Ulm mit Sonderzug 6²⁵ Uhr morgens. Ankunft in Friedrichshafen (Stadtbahnhof) 8²³ Uhr. Weiterfahrt auf der Linie Friedrichshafen—Lindau bis zu einer Haltestelle vor Langenargen. Ankunft daselbst 8⁴⁰ Uhr.

Fußwanderung durch die Staatswaldungen des Forstbezirks Tettnang. Erfrischung im Walde. Ankunft in Langenargen gegen 12 Uhr.

Rundfahrt auf dem Bodensee von Langenargen aus mit Benützung von Sonderdampfschiffen unter Berührung von Lindau, Bregenz und Rorschach. Frühstück auf dem Schiff. Schluß der Bodenseefahrt in Friedrichshafen. Abends 5 Uhr gemeinsames Essen im Buchhorner Hof.

Rückfahrt von Friedrichshafen (Stadtbahnhof) 8¹⁰ Uhr, Ankunft in Ulm 10²⁰ Uhr abends.

(Fahrkarte des Sonderzugs, zugleich zur Rückfahrt nach Ulm berechtigend, 4 Mk., Waldfrühstück 70 Pf., Bodenseefahrt 1,60 Mk., Frühstück auf dem Schiff mit Wein 1,70 Mk., zusammen 8 Mk. Abendessen im Buchhorner Hof mit Wein 3,30 Mk.)

(Anmerkung: Diejenigen Exkursionsteilnehmer, welche von Friedrichshafen abends nicht nach Ulm zurückfahren, wollen sich an Oberförster Walchner in Friedrichshafen rechtzeitig wegen Wohnungsbestellung wenden.)

V. Freitag, den 9. September.

Nachexkursion in den Forstbezirk Blaubeuren.

Von Ulm ab mit fahrplanmäßigem Zug 8²² Uhr. Ankunft in Blaubeuren 9⁰³ Uhr. Exkursion mit Wagenbenützung. Nach deren Schluß Besichtigung des Blautopfs und des Hochaltars.

Rückfahrt von Blaubeuren abends 4⁵² Uhr, Ankunft in Ulm 5²¹ Uhr. (Abgang des Zuges von Ulm in der Richtung nach Stuttgart abends 6³⁰ Uhr mit Anschluß nach Karlsruhe, Straßburg und nach Würzburg—Berlin, Abgang des Zuges in der Richtung nach München abends 7¹⁴ Uhr.)

(Anmerkung: Für die Nachexkursion nach Blaubeuren werden die Kosten unter die Teilnehmer umgelegt werden. Die Preise werden betragen für die Bahnfahrt 1,10 Mk., für die Wagenfahrt gegen 3 Mk., zusammen mit Erfrischung 6 bis 7 Mk.)

Auf Wunsch kann noch eine weitere Nachexkursion in den Forstbezirk Schussenried in Verbindung mit der Besichtigung des dortigen staatlichen Torfwerks zur Ausführung gebracht werden. Nähere Mitteilung hierüber bleibt vorbehalten.

B. Verhandlungsgegenstände.

I. Geschäftliche Vorlagen.

1. Wahl des Vorsitzenden. Vorschlag des Forstwirtschaftsrats.
2. Bestimmung über Ort, Zeit und Verhandlungsgegenstände der XII. Hauptversammlung im Jahre 1911.
   Berichterstatter: vom Forstwirtschaftsrat noch zu benennen.
3. Wahl der Landesobmänner.
   Berichterstatter: Der Vorsitzende.

II. Sonstige Vorlagen.

1. Wie sind die für die Zwecke der Starkholzzucht vorgeschlagenen Formen des Lichtwuchsbetriebes (einschließlich des v. Seebachschen Lichtungshiebs) zu beurteilen und welche Erfahrungen liegen auf diesem Gebiete vor?
   Berichterstatter: Oberforstmeister Fricke-Münden.
   Mitberichterstatter: Forstrat Dr. Speidel-Stuttgart.
2. Die Bedeutung der Kartellbestrebungen in den Vereinen der Holzinteressenten für die Forstwirtschaft.
   Berichterstatter: Oberforstrat Gretsch-Karlsruhe.
   Mitberichterstatter: Oberforstmeister Riebel-Filehne.
3. Mitteilungen über Versuche, Beobachtungen, Erfahrungen und wichtige Vorkommnisse im Bereiche des Forst- und Jagdwesens.
   Zugesagt sind Vorträge über:
   a) „Die Darstellung der Bodenverhältnisse auf den geologischen Spezialkarten nach neueren Grundsätzen" von

Professor Dr. S a u e r, Vorstand der geologischen Landes=
anstalt in Stuttgart;

b) „Die Forstwirtschaft in Deutsch=Ostafrika" von Oberforst=
rat Dr. H a u g = Stuttgart;

*   *   *

Es wird ausdrücklich bemerkt, daß auch solche Fachgenossen und
Freunde des Waldes, die dem Deutschen Forstvereine nicht angehören,
als Gäste willkommen sind.

Zu den Unkosten der Hauptversammlung wird von den Mit=
gliedern des Vereins ein Beitrag von 5 Mk., von den Nichtmitgliedern
ein solcher von 8 Mk. erhoben.

Anmeldungen werden auf der Anlage bis zum 10. August d. J.
erbeten.

Für die Führung von Damen ist Sorge getragen.

Ulm, im Juni 1910.

Die Geschäftsführung
der XI. Hauptversammlung des Deutschen Forstvereins.

Verzeichnis der Teilnehmer.

* = Nichtmitglieder.

Nr.	Name	Stand	Wohnort	Staat
1	Albert	Oberförster	Runowo, Kr. Wirsitz	Preußen
*2	Allgayer	"	Bolheim	Württemberg
3	Annecke	"	Haideburg b. Dessau	Anhalt
*4	Autenrieth	"	Peterstal	Baden
5	Anthes	"	Haina (Kloster)	Preußen
*6	Baker	Professor	State College	Pennsylvania
7	Barth	Oberförster	Kosterreichenbach	Württemberg
8	Battlehner		Uehlingen	Baden
*9	Baumann	Forstmeister	Eppingen	
10	Baumgarten	Forstbeirat	Münster	Preußen
*11	Baur	Forstmeister	Mainburg	Bayern
12	Bechtold	Forstmeister	Mangsberg	Reg.-Bez. Cassel
13	Behringer	"	Falkenberg	Oberpfalz
14	Bein	Oberförster	Spandau	Preußen
15	Bene	Forstmeister	Wesel	"
*16	Berghammer	Forstamtsassessor	Krumbach	Bayern
17	Berner	Forstmeister	Fichtelberg	Bayern
18	Bertog Dr.	Oberförster	Halensee-Berlin	
*19	Beyerlein	Oberförster	Uhlstädt	Sachs.-Altenburg
20	Billhardt	Oberförster	St. Franz b. Dietenhofen	Lothringen
*21	Binder		Sternenfels	Württemberg
22	Blaethner	Forstmeister	Bergzabern	Bayern
23	Blankenburg	"	Theerkeuse b. Wronke	Preußen
*24	Blessing	Forstamtmann	Königseggwald	Württemberg
*25	Blohmer	Oberförster	Oels	Preußen
26	Böttner	Forstmeister	Jena	Großh. Sachsen
27	Bohnenberger	Oberförster	Altheim	Württemberg
*28	Bonse	Forstmeister	Sigmaringen	Hohenzollern
29	Borgmann Dr.	Oberförster	Castellaun	Preußen
30	Brandt		Schüttenwalde	"
31	v. Braun	Forstamtsassessor	Eglharting Provinz Kirchseeon	Bayern
32	Bräuer	Oberförster	Knobben (Uslar)	Preußen
33	v. Braza	Ministerialdirektor	München	Bayern

Nr.	Name	Stand	Wohnort	Staat
*34	v. Bruch=hausen	Oberförster	Rheinsberg	Preußen
*35	Bruhm	"	Moskau	"
*36	Bürgisser	Forstmeister	Sigmaringen	Hohenzollern
37	Bunnies	Oberförster	Varel	Oldenburg
*38	Burger	Forstamtmann	Stuttgart	Württemberg
39	Busse	Forstassessor	Hannöv.=Münden	Preußen
40	v. Bodel=schwingh	Rittergutsbesitzer	Fulda	"
*41	de Boer	Oberförsterkandidat	b. F.=A. Schön=münzach	Holland
42	Castendyck Dr.	Oberförster	Mühlhausen	Preußen
43	Clauder	Forstmeister	Nobitz	Sachsen=Altenbg.
44	Cunit	Oberförster	Flößberg b. Lausigk	Sachsen
45	Cusig	Forstmeister	Grudschütz bei Groschowitz	R.=B. Oppeln (Preußen)
46	Dänzer	Präsident	Donaueschingen	Baden
47	Dais	Oberförster	Blaubeuren	Württemberg
48	Daniels	"	Niederkalbach P. Neuhof	Preußen
*49	Dauberschmidt	Forstamtsassessor	Augsburg	Bayern
50	Defert	"	Biedenkopf (a. Lahn)	Preußen
*51	Deitmer	Oberförster	Fürstenberg	"
52	Delp	Forstmeister	Darmstadt	Hessen
53	Dern	Kammerdirektor	Assenheim	"
*54	Diebold	Oberförster	Crailsheim	Württemberg
55	Dieterich	Forstamtmann	Stuttgart	"
56	Dietze	Oberförster	Burgaue, PostLentsch b. Leipzig	Sachsen
*57	Dilger	Forstamtmann	Rosenberg	Württemberg
*58	Dinkelaker	"	Lauchheim	"
*59	Drescher	Oberförster	Wildbad	"
60	Dürr	"	Münchsteinach	Bayern
*61	Ebe	"	Pfronstetten	Württemberg
*62	Eberdt	Forstamtsassessor	Rumbach	Bayern
*63	Eck	Forstmeister	Beilngries	"
64	Eckert	Forstamtsassessor	München	"
65	Ehrlenspiel	Forstreferendar	Calmbach	Württemberg
*66	Eichhorn	Forstmeister	Theuern b. Eisfeld	S.=Meiningen
67	Eigner	Oberforstrat	Regensburg	Bayern
68	Eisenbach	Oberförster	Königsbronn	Württemberg
*69	Eisfeld	"	Tanne	Braunschweig
70	Emmelhainz	Oberförster	Fulda	Preußen
71	End	Forstmeister	Glanmünchweiler	Bayern
72	Endres Dr.	Professor	München	"
73	Erb	Forstamtsassessor	"	"
74	Ernst	Oberförster	Rappoltsweiler	Elsaß
75	Eschenlohr	Forstmeister	Peiting	Bayern
76	Eßlinger	Reg.= u. Forstrat	Speyer	"
77	Eulefeld	Forstrat	Lauterbach	Hessen
78	Ewald	Forstmeister	Parsberg	Bayern
79	Fabricius Dr.	Forstamtsassessor	Grafrath	"
80	v. Falkenstein	Oberförster	Weissenau bei Ravensburg	Württemberg
81	Fels	Forstrat	Karlsruhe	Baden

Nr.	Name	Stand	Wohnort	Staat
82	Fendler	Forstmeister	Annarode, P. Liebigerode	Preußen
83	Fenner	"	Wolfgang, P. Niederrodenbach	"
*84	Ferrich	"	Biberachzell	Bayern
*85	Ferstl	"	Landsberg	"
86	Fieser	Oberförster	Freiburg	Baden
87	Finck v. Finckenstein	Graf	Trossin, P. Bärwalde	Reg.-Bez. Frankfurt a. O.
88	Fischer	Forstmeister	Waldeck	Sachsen-Weimar
89	Fischer	Oberförster	Baindt	Württemberg
*90	Flander	Forstassessor	Stuttgart	"
91	Fleck	Oberförster	Frankfurt a. M.	Preußen
92	Fleischmann	Forstmeister	Langenburg	Württemberg
93	Frank	Oberförster	Wekersdorf bei Langenwolschendorf	Reuß j. L.
*94	Frank	Forstassessor	Nattheim	Württemberg
95	v. Freier	Landforstmeister	Berlin	Preußen
96	Freyenhagen	Oberförster	Schwerin	Mecklenburg
97	Fricke	Oberforstmeister	Hann. Münden	Preußen
98	Frohwein	Oberförster	Schweinsberg	"
*99	Fröhlich	Forstmeister	Eupen	"
100	Fürst	Oberforstrat	Aschaffenburg	Bayern
101	Funck	Forstmeister	Reichensachsen	Preußen
102	v. Gaisberg	Oberförster	Neuenbürg	Württemberg
103	Garthe	Oberforstmeister	Lübz	Meckl.-Schwerin
104	Gayer	Forstmeister	Meßkirch	Baden
105	n. Gehren	Kammerdirektor	Ratibor	Preußen
*106	Frhr. v. Gemmingen	Forstmeister	Gutenberg	Württemberg
107	Gerlach	Forstrat	Waldenburg	Sachsen
*108	Glashoff	Oberförster	Bremervörde	Preußen
*109	Glöckler	Forstassessor	Stuttgart	Württemberg
110	Glück	Oberförster	Ehingen	"
*111	Godbersen	Forstmeister	Limmritz (Neumark)	Preußen
112	Goebel	"	Arnsberg	"
*113	Frhr. v. Göber	Forstassessor	Karlsruhe	Baden
114	Gönner	Oberförster	Ellwangen	Württemberg
*115	Gradel	Forstmeister	Seestetten	Bayern
*116	Grammel	Forstamtmann	Enzklösterle	Württemberg
117	Graner	"	Schömünnzach	"
118	v. Graner Dr.	Forstdirektor	Stuttgart	"
*119	Graßmann	Forstmeister	Breitental, P. Krumbach	Bayern
120	Gretsch	Oberforstrat	Karlsruhe	Baden
*121	Grießer	Forstmeister	Biburg	Bayern
122	Gringmuth	Oberforstmeister	Oels	Preußen
123	Groß	Oberförster	Rüdesheim	"
*124	Grub	Forstamtmann	Schorndorf	Württemberg
125	Grünewald	Geh. Oberforstrat	Darmstadt	Hessen
126	Guhde	Reg.-Forstrat	Merseburg	Preußen
127	Gümbel	Forstamtsassessor	Reislerforsthaus	Bayern
128	Haag	Oberforstrat	Stuttgart	Württemberg
129	Habermaas	Oberförster	Mössingen	"
130	Habersack	Forstamtsassessor	Sailauf	Bayern

Nr.	Name	Stand	Wohnort	Staat
131	Haehnle **Dr.**	Oberförster	Gundelsheim	Württemberg
*132	Hänle	Forstassessor	Geislingen	"
133	Hagemann	Oberförster	Nothwendig b. Filehne	Preußen
134	Halbinger	Forstmeister	Colmberg	Bayern
*135	Hamm Paul	Forstamtsassessor	Wunsiedel	"
136	Hanhart	Oberförster	Paloterkamp	Preußen
137	v. Harling	Hofkammer= u. Forst=rat	Bückeburg	Schaumb.=Lippe
138	v. Harling	Oberförster	Rod a. d. Weil	Preußen
139	v. Harling	Oberforstmeister	Neustrelitz	Mecklenb.=Strelitz
140	Hartwig **Dr.**	Forstmeister	Pyrmont	Waldeck=Pyrmont
141	Hassenpflug	"	Hohenwalde (Neu=mark)	Preußen
*142	Haug **Dr.**	Oberforstrat	Stuttgart	Württemberg
*143	Haug	Forstamtmann	Calmbach	"
144	Haus	Forstmeister	Frankfurt a.M.,Ober=forsthaus Unterwald	Preußen
145	Hawlitschka	Oberförster	Felsberg	"
146	Heck **Dr.**	"	Möckmühl	Württemberg
*147	Heck	Forstassessor	Mengen	"
148	Hein	Oberforstrat	Darmstadt	Hessen
149	Heinemann	Forstrat	Darmstadt	Hessen
150	Heiß	Forstmeister	Unterhausen	Bayern
151	Helbing	Oberförster	Baden=Baden	Baden
*152	Hellwig	Oberforstmeister	Breslau	Preußen
153	Helm	Forstmeister	Kladow	"
*154	Henning	Forstassessor	Göppingen	Württemberg
*155	Hepp	Oberförster	Ringingen (Neu=mark)	Württemberg
*156	v. Herman	Freiherr	Wain	"
157	Hermann	Oberförster	Karthaus	Preußen
158	Hermenau	Kaufm. u. Stadtrat	Allenstein	"
*159	Hertzer	Forstamtsassessor	Freiburg	Baden
160	Heumann	Oberförster	Cloppenburg	Oldenburg
161	Heuß	Forstmeister	Rastatt	Baden
*162	Hey	Oberförster	Haus Merfeld bei Dülmen	Preußen (West=falen)
163	Heyer	Forstmeister	Jugenheim	Hessen
*164	Hillenbrand	"	Zeil	Bayern
*165	Himmelsbach	Forstamtsassessor	Freiburg	Baden
166	Hinnen	Oberförster	Ettersburg	Sachsen=Weimar
167	Hirzel	Forstmeister	Rottweil	Württemberg
168	Höggenstaller	Forstamtsassessor	München	Bayern
*169	Hölzerkopf	Oberförster	Erbach, Odenwald	Hessen
*170	Hörmann	"	Josefslust, Post Sig=maringendorf	Hohenzollern
*171	Hoffmann	Forstrat	Kempten	Bayern
172	Hoffmann	Forstrat	Stuttgart	Württemberg
173	Hoffmann	Forstamtsassessor	Neuensorg, Post Michelau	Bayern
*174	Hofmann Th.	Forstassessor	Stuttgart	Württemberg
175	Hofmann	Oberförster	"	"
176	Holland	Forstrat	"	"
177	Hopfer	Oberförster	Neudorf a. Harz	Anhalt
*178	Huber	"	Waiblingen	Württemberg

Nr.	Name	Stand	Wohnort	Staat
*179	Hubmann	Forstamtsassessor	Sonthofen	Bayern
*180	Huß	Oberförster	Obertal	Württemberg
181	Jäger	Forstrat	Karlsruhe	Baden
182	Jahn	Forstmeister	Wüstendittersdorf b. Schleiz	Reuß j. L.
*183	Jantschke	″	Dorndorf, Post Ober=kirchberg	Bayern
184	Jentsch Dr.	Professor	Hannöv.=Münden	Preußen
*185	Jhm	Oberförster	Weißenburg	Elsaß
*186	Jlse	″	Pfirt	″
*187	Jrg	Forstkanditat	Weidach, Post Hirr=lingen	Württemberg
188	Junack	Forstmeister	Neudeck	Preußen
*189	Kaefer	Oberförster	Schussenried	Württemberg
*190	Kaiser	″	Engen	Baden
*191	Kaiser	Forstmeister	Neulauterburg	Pfalz
*192	Kaisser	Oberförster	Baiersbronn	Württemberg
*193	Kanzow	″	Neuenstein	Preußen
194	Keller E.	Oberforstrat	Stuttgart	Württemberg
195	Keller F.	″	″	″
196	Kicke	Reg.= u. Forstrat	Cassel	Preußen
*197	Kieninger	Forstassessor	Wehingen	Württemberg
198	Kienitz	Forstmeister	Chorin	Preußen
*199	v. Kienle	Forstrat	Wertheim	Baden
200	Kienzle	Oberförster	Freudenstadt	Württemberg
201	Kieser	″	Schorndorf	″
202	Kießling	″	Wüstegiersdorf	Preußen
*203	Kirchgessner	Forstmeister	Eberbach	Baden
204	Kirchmayer	″	Altdorf b. Nürnberg	Bayern
*205	Kirschbaum	Forstmeister	Wiesbaden	Preußen
206	Klähr	Oberförster	Oberwiesental	Sachsen
207	Klein	Forstmeister	Jettenbach am Jnn	Bayern
208	Kleinheinz	Oberförster	Ellingen	″
*209	Klemme	Forstmeister	Rendsburg	Preußen
210	Klette	Oberforstmeister	Bienhof, Post Hellen=dorf	Sachsen
211	Kluth	Oberförster	Waldhusen	Lübeck
*212	Knapp	″	Weil i. Schönbuch	Württemberg
*213	Knapp	Finanzrat	Stuttgart	″
*214	Knielberger	Forstmeister	Freising	Bayern
*215	Knisel	Forstassessor	Königseggwald	Württemberg
216	Knoch	Forstmeister	Schliersee	Bayern
217	Knodel	Oberförster	Winnenden	Württemberg
*218	Koch	Forstmeister	Wertheim a. Main	Baden
*219	Köhler	″	Regensburg	Bayern
220	Köhler Dr.	Oberförster	Biberach	Württemberg
221	König	″	Böhlitz=Ehrenberg bei Leipzig	Sachsen
222	König Dr.	″	Güglingen	Württemberg
*223	König	Forstmeister	Loßnitz b. Freiberg	Sachsen
*224	van de Koppel	Oberförsterkandidat	b. F.=A. Steinwald, Freudenstadt	Holland
*225	Krafft	Revierverwalter	Grafenaschau	Bayern
*226	Kraft	Oberförster	Lützelstein	Elsaß
*227	Krauß	Forstassessor	Ellwangen	Württemberg

Nr.	Name	Stand	Wohnort	Staat
228	Kraußold	Forstamtsassessor	Eilbach b. Nürnberg	Bayern
*229	Krebs	Oberförster	Zella	S.-C.-Gotha
230	Frhr. v. Kreß	Regierungsdirektor	Ansbach	Bayern
231	Krick	"	Öhringen	Württemberg
232	Krieger	Oberförster	Boxberg	Baden
233	Krusemark	Forstmeister	Cummersdorf, Post Sperenberg	Preußen, Reg.-B. Potsdam
234	Kuhne	Oberförster	Braunschweig	Braunschweig
235	Kundmüller	Reg.- u. Forstrat	Würzburg	Bayern
236	Kurth	Stadtverordneter	Spandau	Preußen
237	Lach	Reg.- u. Forstrat	Köslin	"
238	Lagershausen	Forstmeister	Danndorf b. Ölpke	Braunschweig
239	Lausterer	Oberförster	Freudenstadt	Württemberg
240	Ledig	Forstmeister	Hohnstein	Sachsen
241	Leibnitz	Oberförster	Schorndorf	Württemberg
*242	Lempp	"	Wiernsheim	"
243	Lennartz	Forstmeister	Lauenau	Preußen
*244	Locher	Oberförster	Abtsgemünd	Württemberg
245	v. Löwenstein	Forstmeister	Homburg v. d. H.	Preußen
246	Lorey	Forstamtmann	Liebenzell	Württemberg
*247	Ludwig	Forstassessor	Nürtingen	"
*248	Lehner	Forstamtsassessor	Regensburg	Bayern
249	Leuschner	Oberförster	Cirbanus	Rumänien
250	Lösch	Reg.-Direktor	München	Bayern
251	Lösch	Forstmeister	Steben	"
252	Lutz	Forstamtsassessor	Diessen	"
253	Maier	"	Frammersbach	"
254	Maier	Forstassessor	Stuttgart	Württemberg
*255	Majer	Oberförster	Wangen	"
256	Mang	Forstmeister	Sigmaringen	Hohenzollern
257	Mann	Oberförster	Lipsa	Preußen
258	Mantel	Reg.- u. Forstrat	Landshut	Bayern
259	Martin Dr.	Professor	Tharandt b. Ruhland	Sachsen
*260	Martin	Oberförster	Oberkochen	Württemberg
261	Maukfch	"	Plauen	Sachsen
*262	Mauthe	"	Mengen	Württemberg
263	Mayer	Forstmeister	Metzingen	"
264	Mayer	Oberförster	Schongau a. Lech	Bayern
*265	Mayr	"	Crailsheim	Württemberg
*266	Mayser	"	Riedlingen	"
267	Meding	Forstmeister	Stollberg	Sachsen
268	Meißner	Forstrat	Bunzlau	Liegnitz
269	Merz	Oberförster	Wendischcarsdorf. P. Possendorf	Bayern
270	Mettenleiter	Forstmeister	Donauwörth	"
271	Meyer	Forstassessor	Ulm	Württemberg
*272	Mittel	Forstmeister	Edenkoben	Bayern
273	Möslein	Oberförster	Gotha	S.-C.-Gotha
274	Moosmayer	Forstmeister	Winzingen	Württemberg
*275	Moosmayer	Oberförster	Schloß-Zeil	"
*276	Muff	"	Göppingen	"
277	Müller	Forstamtmann	Ebersbach	"
278	Müller	Forstmeister	Neustadt (Odenwald)	Hessen
279	Müller	Oberforstrat	Stuttgart	Württemberg
280	Müller	Oberförster	Ottenhöfen	Baden

Nr.	Name	Stand	Wohnort	Staat
*281	Müller	Forstamtmann	Klosterreichenbach	Württemberg
*282	Müller	Oberförster	Adelberg	"
*283	Müller	Senator	Parchim	Meckl.-Schw.
*284	Münst	"	Tübingen	Württemberg
*285	v. Muschgay	Forstassessor	Stuttgart	"
*286	Mutschler	Forstreferendar	Altensteig	"
287	Nagel	Oberforstrat	Stuttgart	"
288	Neblich	Reg.- u. Forstrat	Speyer	Bayern
289	Nehring	Oberforstmeister	Braunschweig	Braunschweig
290	Nemnich	Forstmeister	Meerholz	Preußen
291	v. Nesselrode	"	Merten	"
292	Neunhöffer	Forstamtmann	Crailsheim	Württemberg
293	Ney	Oberforstmeister	Metz	Lothringen
294	Nikolai	Oberförster	Wallenstein, Post Remsfeld	Cassel
295	v. Oertzen	Oberforstmeister	Gelbensande	Meckl. Schw.
296	Otto	Forstmeister	Harzgerode	Anhalt
*297	Puusch	Forstamtsassessor	Waldsassen	Bayern
298	Payer	Oberförster	Justingen	Württemberg
299	Petzold	Forstmeister	Neustadt	Bayern
300	Pfefferkorn Dr.	Forstamtmann	Freiburg	Baden
*301	Pfeiffer	Forstmeister	Tussenhausen	Bayern
302	Pfeilsticker	Oberförster	Dietenheim	Württemberg
*303	Pfister 1	Forstassessor	Schwann	"
304	Plleminger	Oberförster	Welzheim	"
*305	Pluchmann	"	Urach	"
306	Pollich	"	Wilflingen, P. Riedlingen	"
*307	Poppe	"	Halle a. S.	Prov. Sachsen
308	Prager	Forstamtsassessor	Illereichen	Bayern
309	Preiß	Oberförster	Arnstadt	Schwarzb.-Sondershausen
*310	Prescher	"	Altshausen	Württemberg
311	Probst	"	Krauchenwies	Hohenzollern
312	Pröhl	"	Ortenberg	Hessen
*313	Prosinger	Reg.- u. Forstrat	Landshut	Bayern
314	v. Puttkamer	Forstassessor	Reichensachsen	Preußen
315	Quaet-Faslem	Landes-Forstrat	Hannover	"
316	v. Quast	Rittergutsbesitzer	Radensleben	"
317	Racker	Forstmeister	Berlebeck	Lippe
318	v. Raesfeldt	Reg.-Forstdirektor	München	Bayern
319	Raeß Dr.	Forstrat	Wiesbaden	Preußen
320	Ramelow	Forstmeister	Neuhaus-Elbe	"
*321	Rampacher	Oberförster	Laugenau	Württemberg
*322	Rapp	"	Enzklösterle	"
*323	Rascher	Forstmeister	Fabrickschleichach	Bayern
324	Rau	"	Pforzheim	Baden
325	Rau	Oberförster	Gaildorf	Württemberg
*326	Rau Dr.	Forstamtmann	Schussenried	"
*327	Rau	Forstamtmann	Großengstingen	"
*328	Rauhut	Forstmeister	Kuhbrück, P. Frauenwaldau	Preußen
329	v. Rechenberg	"	Weißewarte	"
*330	Regenbogen	Forstrat	Augsburg	Bayern

Nr.	Name	Stand	Wohnort	Staat
*331	Regenbogen	Forstamtmann	Fischach	Bayern
332	Rehfeldt	Forstmeister	Gnewau b. Neustadt	Preußen
333	Rehschuh	"	Borstendorf	Sachsen
334	Rein	"	Röspe, Post Erndebrück	Preußen
*335	Reinhardt	Oberförster	Wolfach	Baden
*336	Renner	Forstassessor	Güglingen	"
*337	Rentz	Forstmeister	Tettnang	Württemberg
*338	Reukauf	Oberförster	Saalfeld a. S.	S.-Meiningen
*339	Reuß	Finanzrat	Stuttgart	Württemberg
340	Reuter	Forstrat	Bamberg	Bayern
341	Riebel	Oberforstmeister	Filehne	Preußen
342	Rieber	Forstamtmann	Eisenlautern, Post Neulautern	Württemberg
343	Riedel	Oberförster	Kuchelna	Preußen
344	Riegel	"	Unterweißach	Württemberg
345	Rochlitz	Forstassessor	Karlsruhe	Baden
346	Rodt	Reg.-Rat	Ansbach	"
*347	Röhm	Forstassessor	Königsbronn	Württemberg
348	Röhrig	Oberförster	Berlin	Preußen
*349	v. Römer	Rittergutsbesitzer	Wohlhausen bei Markneukirchen	Sachsen
350	Roeser	Forstmeister	Erlangen	Bayern
351	Roesinger	Forstamtsassessor	Berg	"
352	Roeßler	Oberförster	Nimbschen, Post Grimma	Sachsen
353	Rohnert	Forstmeister	Altmorschen	Preußen
354	Rommel	Oberförster	Altensteig	Würtemberg
355	Rose	"	Böhl	Preußen
*356	Roth	Forstreferendar	Calmbach	Wüttemberg
*357	Roth	Oberförster	St. Gangloff	Sachsen-Altenb.
358	Rubach	Forstmeister	Kujan	Preußen
359	Rudolph	Oberförster	Burgwenden bei Cölleda	"
*360	Rüger Dr.	"	Hinterweidenthal	Bayern
*361	Rühm	Forst- u. Kammerat	Wittgenstein	Preußen
*362	Rümelin	Forstamtmann	Heubach	Württemberg
363	Schade	Oberförster	Tautenhain	Sachsen-Altenb.
*364	Schaeffer	Forstmeister	Stuttgart	Württemberg
*365	Schall	"	Nellingen	"
366	Scheel	"	Braunfels	Preußen
367	Scheidter	Forstamtsassessor	München	Bayern
368	Schenk	Forstassessor	Hohleborn, Kreis Schmalkalden	S.-C.-Gotha
*369	Scherz	Oberförster	Brätz	Preußen
*370	Schickhardt	Forstamtmann	Gaildorf	Württemberg
*371	Schilling	Reg.- u. Forstrat	Hinternah	Preußen
372	Schinzinger D.	Oberförster	Hohenheim b. Schleusingen	Württemberg
373	Schleicher	"	Ebingen	"
*374	Schleiff	"	Hartigswalde b. Sedwabno	Preußen, R.-B. Allenstein
375	Schlette	"	Weingarten	Württemberg
376	Schmidt	"	Erlau, Kr. Schleusingen	Preußen

Nr.	Name	Stand	Wohnort	Staat
*377	Schmidt	Oberförster	Crottendorf i. Erzg.	Sachsen
*378	Schmitt	Forstamtsassessor	Bamberg	Bayern
*379	Schneider		Trippstadt	
380	Schreiber	Oberförster	Gersfeld (Röhn)	Preußen
381	Schroeder	Zeitungsverleger	Hannover	
382	Schröder	Oberförster	Untertriebel	Sachsen
383	Schuh Dr.	Forstrat	Stuttgart	Württemberg
384	Schultz	Oberförster	Geislingen	
385	Schulz	Forstmeister	Volpersdorf	Preußen
386	Schulz		Reppen	"
387	Schulze-Berge	Oberförster	Heuwind	"
*388	Schwappach Dr.	Prof., Reg.-Rat	Eberswalde	"
*389	Seudbiller	Reg.- u. Forstrat	Regensburg	Bayern
390	Sexauer	Forstmeister	Forbach	Baden
391	Seybold	"	Barr	Elsaß
*392	Siewert	Forstassessor	Sigmaringen	Hohenzollern
393	Sigle	Oberförster	Hohenberg	Württemberg
*394	Sihler	"	Biberach	"
*395	Sinner	Forstamtsassessor	Hoppenwind	Bayern
*396	Speck v. Stern=burg	Oberförster	Szittkehmen	Preußen
*397	Speer	Forstamtmann	Herrenalb	Württemberg
398	Speidel Dr.	Forstrat	Stuttgart	"
399	Frhr. v. Spiegel	Geh. Reg.- u. Forstr.	Potsdam	Preußen
400	Springemann	Oberförster	Schießhauß b. Stadt=oldenburg	Braunschweig
*401	Springer	Forstassistent	Laasphe	Preußen
402	Stähler	Oberförster	Bitsch	Lothringen
*403	v. Stain	Forstamtmann	Ochsenhausen	Württemberg
*404	Steinbeis Dr.		Brannenburg	Bayern
405	Steiner	Oberförster	Fritzen	"
406	Steinhauser	Forstmeister	Illertissen	"
407	Stens	Oberförster	Schmiedefeld, Kreis Schleusingen	Preußen
408	Stephani		Forbach	Baden
409	Steppuhn	Forstmeister	Zellerfeld	Preußen
410	Stichling	"	Frauensee, P. Tiefen=rot	Großh. Sachsen
411	Stier E.	Oberförster	Ochsenhausen	Württemberg
*412	Stier F.	"	Bedtenreute	"
413	Stißler	Forstrat	Günzburg	Bayern
*414	Stochdorph	Forstassessor	Bodelshausen	Württemberg
415	Stoll	Forstmeister	Söflingen	"
416	Straub	Oberförster	Mochental	"
417	v. Stünzner	Hofkammerpräsident	Berlin	Preußen
418	Thalmann	Forstmeister	Waldenburg	"
*419	v. Thann=hausen	Forstamtmann	Klein=Engstingen	Württemberg
*420	Thoma	Forstmeister	Mindelheim	Bayern
421	Tränkner	Oberförster	Spechtshausen bei Tharandt	Sachsen
*422	Treu	Forstatmann	Rottweil	Württemberg
*423	Tritschler	Oberförster	Nattheim	"
424	v. Trzaska	"	Gablonz a. N.	Böhmen

Nr.	Name	Stand	Wohnort	Staat
*425	Ulrich	Forstmeister	Karnkewitz, Post Zanow	Preußen
426	v. Unold	Forstmeister	Schrobenhausen	Bayern
427	Unseld	Forstrat	Brückenau	"
428	Graf Uxkull	Oberforstmeister	Kirchheim	Württemberg
429	Vater Dr.	Professor	Tharandt	Sachsen
*430	Voegele	Forstassessor	Öhringen	Württemberg
431	Voit Dr.	Forstamtsassessor	Straßmair	Bayern
432	Volkenand	Forstmeister	Nentershausen	Preußen
*433	Wagner	Forstmeister	Jakolshagen, Kreis Saatzig	Preußen, Pommern
*434	Walchner	Oberförster	Friedrichshafen	Württemberg
*435	Waldraff	Domänen=Direktor	Niederstotzingen	"
436	Walther Dr.	Geh. Oberforstrat	Darmstadt	Hessen
*437	Walz	Forstassessor	Bettenreute	Württemberg
*438	Wanger	Oberförster	Aarau	Schweiz
439	Wappes	Reg.=Direktor	Speyer	Bayern
*440	Weibel	Forstmeister	Neustadt a. H.	"
441	Weiger	Oberförster	Waldsee	Württemberg
*442	Weinkauf	Forstmeister	Speyer	Bayern
443	Weiß	Forstrat	Augsburg	"
444	Weith	Oberförster	Reutlingen	Württemberg
445	Weizsäcker	"	Heidenheim	"
*446	Wendelstein	"	Kißlegg	"
447	Wenig	"	Weißenburg bei Uhlstädt	S.=Meiningen
*448	Weniger	"	Laasphe	Preußen
*449	Wezel	Forstamtmann	Böblingen	Württemberg
*450	Wichmann	Domänendirektor	Wangen	"
451	Wilsdorf	Oberforstmeister	Baruth	Preußen
452	Wimmenäuer Dr.	Geh. Forstrat, Prof.	Gießen	Hessen
453	Wölffle	Forstrat	Stuttgart	Württemberg
454	Woernle Dr.	Oberförster	Giengen	"
455	Wohmann	Reg.= u. Forstrat	Metz	Lothringen
456	Wolf	Forstmeister	Wetter	Hessen=Nassau
*457	Wolf	Forstassessor	Volkenroda	S.=C.=Gotha
*458	Wolff	"	Lustnau	Württemberg
459	Woll	Oberförster	Renchen	Baden
*460	Wolz	Reg.= u. Forstrat	Würzburg	Bayern
461	Wopfner	Forstamtsassessor	München	"
462	Würzburger Generalanz.		Würzburg	"
*463	Wulz	Oberförster	Simmersfeld	Württemberg
*464	Zadrazil	"	Hanzenstein b. Wutzlhofen	Bayern, Oberpfalz
465	Zaubitzer	"	Geisa	Großh. Sachsen
466	Ziegenmeyer	Forstmeister	Ottenstein	Braunschweig
467	Ziegler	Forstamtsassessor	Nürnberg	Bayern
468	Zimmerle	Forstmeister	Wolfegg	Württemberg
469	Zschintzsch	Forstrat	Roßla a. Harz	Preußen

Antrag.

Die Unterfertigten stellen an den Vorstand des Deutschen Forst=
vereins den Antrag, es wolle bei der kommenden Tagung in Ulm
folgender Gegenstand zur Verhandlung in der Hauptversammlung
angesetzt werden:

„In Erwägung, daß die Fortbildung des Forstverwaltungs=
personales in vielen deutschen Forstverwaltungen unzulänglich
geregelt ist, hält die XI. Hauptversammlung des Deutschen Forst=
vereins den schleunigen Ausbau zeitgemäßer Fortbildungsein=
richtungen für dringend geboten und ersucht den Forstwirtschafts=
rat, den Gegenstand zur eingehenden Beratung auf die Tages=
ordnung der nächsten Hauptversammlung zu setzen.“

Dr. Wappes, Regierungsdirektor, Speyer. O. Kaiser, Reg.= und Forstrat
a. D., Trier. Witzell, Geh. Reg.= und Forstrat, Trier. Dr. von Fürst,
Oberforstrat, Aschaffenburg. Neblich, Reg.= und Forstrat, Speyer. Müller,
Reg.= und Forstrat, Speyer. Zwißler, Reg.= und Forstrat, Speyer. End,
Kgl. Forstmeister. Schrag, Kgl. Forstmeister. Lyncker, Kgl. Forstmeister.
Bill, Forstmeister. H. Schott. Dr. Schott. Bauer, Kgl. Forstmeister.
Dr. Jucht, Forstamtsassessor. Kliegel, Kgl. Forstmeister. Gareis, Forst=
meister. Knobloch, Kgl. Forstmeister. Riedel, Kgl. Forstmeister. Schnei=
der, Kgl. Forstmeister. Haehnle, Oberförster. Dr. Wagner, Professor,
Tübingen. Dr. König, Oberförster. von Gaisberg, Oberförster. Ramm,
Oberförster. Lechler, Oberförster. Lorey, Forstamtmann. Harsch, Ober=
förster. Frhr. v. Falckenstein, Kgl. Oberförster. Schlotte, Oberförster.
Prescher, Oberförster. Dr. Koehler, Oberförster. Gräfl. von Pück=
lersche Standesherrschaft, Gaildorf. Voltz, Oberförster. Schleicher,
Oberförster. Kienzle, Oberförster. Lausterer, Oberförster. Schmid,
Oberförster, Sulz a. N. Bohnenberger, Oberförster. Weizsäcker, Ober=
förster. Woernle, Oberförster. Rieber, Forstamtmann. Bumiler,
Oberförster. Dr. Bucher, Professor, Leipzig. Kunze, Weinmeister,
Vater, Wislicenus, Beck, Groß, Martin, Mammen, Professoren
in Tharandt. Leistner, Forstassessor. Lommatsch, Kgl. Sächs. Ober=

forstmeister. Grohmann, Kgl. Sächs. Oberförster. Putscher, Kgl. Sächs. Oberförster. Graser, Kgl. Sächs. Oberförster. Timaeus, Forstmeister. Augst, Oberförster. Pause, Oberförster. Proß, Forstmeister. Tränkner, Kgl. Oberförster. Leuthold, Kgl. Oberförster. Bührdel, Kgl. Oberförster. H. Jentsch, Forstassessor. Dr. Schröter, Forstassessor. Frhr. v. Hammerstein, Kgl. Preuß. Staatsminister. von der Hellen, Forstmeister. v. Bentheim, Geh. Regierungsrat. Reinbold, Kgl. Forstmeister. Schulze, Kgl. Forstmeister, Rothemühl. Düesberg, Kgl. Forstmeister, Gr.-Mützelburg. Klein, Städt. Oberförster. Braune, Kgl. Forstmeister. Schönwald, Oberförster. Richtsteig, Kgl. Prinzl. Forstmeister. Hünten, Reg.- und Forstrat. Hungershausen, Reg.- und Forstrat. Reusch, Forstmeister. Mohr, Forstmeister. Zehnpfund, Kgl. Oberförster. Dr. Gehrhardt, Oberförster. André, Oberförster. Alexander, Kgl. Forstmeister. Goetz, Gemeindeoberförster. Bonse, Forstmeister. Danckelmann, Reg.- und Forstrat. Elze, Reg.- und Forstrat. Conrad, Geh. Reg.- und Forstrat. Wendt, Reg.- und Forstrat. G. Müller, Reg.- und Forstrat. Graf Schmiesing, Reg.- und Forstrat. Gleinig, Forstmeister. Burkhardt, Geh. Regierungsrat. Jung, Kgl. Oberförster. Ochwadt, Oberforstmeister. Erdmann, Kgl. Forstmeister. Frhr. von der Borch zu Holzhausen. Frhr. v. d. Recke-Obernfelde. Frhr v. Ledebur-Crollage. v. Eschwege, Oberforstmeister. Frhr. v. Cornberg, Fürstl. Forstrat. Frhr. v. Stenglin, Oberforstmeister. Freyenhagen, Oberförster. Regenstein, Oberförster. Raßow, Oberförster. Schomburg, Herzogl. Forstmeister. Dr. Grundner, Oberforstmeister. Jürgens, Herzogl. Oberforstmeister. Nehring, Herzogl. Oberforstmeister. Langerfeldt, Forstassessor. Kuhne, Oberförster. Menzel, Oberförster. Bloch, Oberforstmeister. Dr. Weber, Universitätsprofessor.

Leitsätze

zu dem Thema:

Bedeutung der Kartellbestrebungen in den Vereinen der Holzinteressenten für die Forstwirtschaft.

1. Die wirtschaftliche, verkehrstechnische und verkehrspolitische Entwickelung im Zusammenhang mit der Bevölkerungszunahme des Deutschen Reiches haben die Nachfrage insbesondere nach Nutzholz derart gesteigert, daß der Bedarf auch durch die vermehrte einheimische Produktion bei weitem nicht gedeckt werden kann.

2. Infolge dieser Entwickelung wie auch durch die bessere Aufschließung der Waldungen durch in Gefäll und Fahrbahn gute Ab-

fuhrwege, wie auch infolge sorgfältigerer Ausformung und Sortierung haben insbesondere die Nutzholzpreise, unbeschadet der stetig gestiegenen Nutzholzeinfuhr, im allgemeinen eine erhebliche Steigerung erfahren, die sich für große Gebiete Süddeutschlands, von einzelnen kürzeren rückläufigen Bewegungen abgesehen, ausweislich der Statistik während der letzten 3 Jahrzehnte durchschnittlich auf $1^1/_2$—2% jährlich, für einzelne Sortimente auch erheblich höher, beziffert.

3. Diese Preisentwickelung wurde auch dadurch günstig beeinflußt, daß sich in Deutschland mit der wachsenden Bedeutung des holzindustriellen Gewerbes im allgemeinen ein geschäftstüchtiger und leistungsfähiger Stand von Holzhändlern und Holzindustriellen gebildet hat.

4. Die erwähnte natürliche Aufwärtsbewegung der Holzpreise erfährt in neuerer Zeit in bald mehr, bald weniger stärkerem Maße Hemmungen und Rückschläge. Diese Erscheinung ist nach den von den Forstverwaltungen gemachten Erfahrungen auf die engeren Zusammenschlüsse der Holzkäufer zurückzuführen, durch welche diese eine Beschränkung der öffentlichen Konkurrenz und als dessen Folge öfters und nachhaltiger als früher einen künstlichen Preisdruck erreichen.

5. Angesichts dieser veränderten Situation erwächst den Forstverwaltungen die Aufgabe, zur Fernhaltung finanzieller Verluste im Holzverkaufswesen Gegenmittel anzuwenden, die teils auf dem Gebiete einer allgemein schärferen Erkundung der Holzhandelslage durch die Organe der Forstverwaltungen, teils in der Benützung veränderter Kaufsmethoden gefunden werden müssen. In ersterer Hinsicht erscheint die Herstellung einer engeren Fühlungnahme der einzelnen Forstverwaltungen durch Einführung eines rascheren Nachrichtendienstes (Marktberichte) erwünscht. Am wirksamsten aber dürfte sich die Bestellung besonderer Holzhandelssekretäre erweisen, deren Aufgabe es wäre, die Verhältnisse des Holzhandels, der Marktkonjunkturen, fortgesetzt zu erforschen und diese Informationen in den Dienst der einzelnen Verwaltungen zu stellen. Insoweit sich Änderungen im Verfahren des Holzverkaufs nötig erweisen, empfiehlt es sich als wirksam, von jenen Verkaufsmethoden, die die Ringbildungen erfahrungsgemäß begünstigt haben, abzugehen und dafür solche zu wählen, die die Preisvereinbarungen mehr erschweren und dem Einzelkäufer Vorteile zuführen (Handverkäufe und Submission statt öffentlicher Versteigerung, Abgebotsverfahren, Bildung entsprechen-

der Lose u. a.). Wo für gewisse Sortimente (Papierholz, Schwellenholz, Grubenholz) nur ein beschränkter Kreis von Abnehmern besteht, die die Preise andauernd nieder halten, sollten wenigstens die größeren Waldbesitzer des gleichen Einkaufsgebietes unter Berücksichtigung der Transportkosten zu bestimmende Mindestpreise vereinbaren, unter denen ein Verkauf nicht stattfinden dürfte.

Gretsch.

Bericht

über die

Verhandlungen der XI. Hauptversammlung des Deutschen Forstvereins.

I. Verhandlungstag.
Dienstag, den 6. September 1910.

Beginn der Verhandlungen vormittags 8 Uhr.

Vorsitzender, Hofkammerpräsident von Stünzner: Meine hochverehrten Herren! Indem ich Ihnen ein kräftiges Weidmannsheil zurufe, heiße ich Sie in Ulm herzlichst willkommen und eröffne die XI. Hauptversammlung des Deutschen Forstvereins. Wir wollen auch heute unsere Verhandlungen beginnen, indem wir unserer Liebe und Treue zu Kaiser und Reich Ausdruck geben und einstimmen in den Ruf: Se. Majestät der Kaiser und Se. Majestät der König von Württemberg, in dessen schönem Lande wir in diesem Jahre zu tagen die Freude haben, sie leben hoch, hoch, hoch!

Im Anschluß hieran bitte ich Sie, an die beiden Majestäten Huldigungstelegramme absenden zu dürfen. (Bravo!)

Vor Eintritt in die Tagesordnung erteile ich zunächst das Wort dem Herrn Forstdirektor von Graner.

Forstdirektor Dr. von Graner: Sehr geehrte Herren! Werte Fachgenossen! Es ist mir der ehrenvolle Auftrag geworden, die XI. Hauptversammlung des Deutschen Forstvereins und 38. Versammlung Deutscher Forstmänner im Namen Seiner Majestät des Königs von Württemberg herzlichst willkommen zu heißen. Seine Majestät der König war von jeher dem Stande der Forstmänner mit besonderer Huld zugetan und verfolgt auch die Verhandlungen unserer Versammlung mit lebhaftem Interesse. Uns Württemberger

2*

aber erfüllt es mit besonderem Stolz und freudiger Genugtuung, daß unser in Ehrfurcht geliebter König, wie dies vor kurzem wieder bei der Zentenarfeier der Vereinigung der Stadt Ulm mit dem Königreich Württemberg zutage getreten ist, von echtem deutschem Empfinden getragen ist, und so glaube ich im Sinne Seiner Majestät zu handeln, wenn ich der besonderen Freude darüber Ausdruck gebe, daß so zahlreiche Fachgenossen aus allen Gauen, in welchen die deutsche Zunge klingt, sich in unserem Württemberger Lande eingefunden haben.

Weiterhin ist mir der Auftrag geworden, Sie zu begrüßen im Namen der Königlichen Staatsregierung und besonders im Namen des Herrn Staatsministers der Finanzen Exzellenz von Geßler. Ich habe gestern Abend noch von Seiner Exzellenz dem Herrn Finanzminister, der gegenwärtig in Urlaub außer Landes weilt, ein Telegramm erhalten mit dem Auftrage, Ihnen seinen Gruß und seine Wünsche für die Tagung zu entbieten.

Indem ich mich dieser Aufträge entledige, verbinde ich hiermit die Bitte um Ihre gütige Nachsicht. Diese Bitte wird begründet erscheinen, wenn ich daran erinnere, mit welcher Beschleunigung wir die Vorbereitungen zu der diesjährigen Tagung zu treffen hatten. Solches hängt, wie Ihnen bekannt ist, mit dem Umstande zusammen, daß die Tagung in Ulm, welche erst für 1911 vorgesehen war, auf das Jahr 1910 vorgerückt werden mußte, weil in Königsberg, der zuerst für 1910 in Aussicht genommenen Feststadt, wegen des dort stattfindenden Kaisermanövers sich nachträglich Schwierigkeiten ergeben hatten. Auch der vom Forstwirtschaftsrat in dessen Frühjahrstagung unternommene Versuch, eine andere Stadt im Norden an die Stelle von Königsberg zu setzen — es war von Hannover die Rede —, der anfänglich Erfolg zu versprechen schien, scheiterte nachträglich, und so glaubte ich, die von dem Herrn Präsidenten an mich gerichtete Frage, ob wir bereit wären, die Versammlung schon in diesem Jahre bei uns aufzunehmen, nach vorgängiger Einholung der Genehmigung des Herrn Staatsministers der Finanzen und der Zustimmung des Herrn Oberbürgermeisters der Stadt Ulm mit einem freudigen Ja beantworten zu sollen.

Was wir Ihnen bieten können, bewegt sich in engem Rahmen. Wir werden Sie heute Nachmittag in das Waldgebiet der Schwäbischen Alb und übermorgen in das oberschwäbische Waldgebiet führen, woran sich eine Rundfahrt auf dem Schwäbischen Meere anschließen soll. Außerdem haben wir eine Reihe von Schriften in Ihre Hände niedergelegt, und ich durfte in dem Vorwort der von mir verfaßten Schrift zum Ausdruck bringen, daß es mir eine besondere Freude sei, diese Schrift der Versammlung Deutscher Forstmänner zu widmen und den unser Land besuchenden werten Fachgenossen ein Bild des heutigen Standes der heimischen Forstverwaltung vorführen zu können.

Ich schließe mit einer Versicherung und mit einer Bitte. Es ist die Versicherung, daß Sie in unserem Lande freundlichst willkommen sind, und es ist die Bitte, Sie möchten, wenn Sie in ihre heimatlichen Gaue zurückkehren, eine angenehme Erinnerung mit sich nehmen an die Tage, die Sie in unserem geliebten Württemberger Lande verbracht haben. In diesem Sinne heiße ich Sie nochmals herzlichst willkommen. (Bravo!)

Geheimer Oberbaurat Schimpff, Vertreter der Stadt Ulm: Sehr geehrte Herren! Als Stellvertreter unseres wegen Krankheit leider abwesenden Herrn Oberbürgermeisters von Wagner ist mir der ehrenvolle Auftrag geworden, die Teilnehmer an der XI. Hauptversammlung des Deutschen Forstvereins im Auftrage der Stadtverwaltung zu begrüßen und Sie in den Mauern unserer Stadt herzlichst willkommen zu heißen. Es gereicht uns zur großen Ehre, daß Sie Ulm als Tagungsort gewählt haben und wir haben die Freude, eine stattliche Anzahl deutscher Forstmänner, die Pfleger des deutschen Waldes, aus allen Gauen des deutschen Vaterlandes zu ernster Tätigkeit hier zusammen zu sehen. Wir wünschen Ihren Verhandlungen, für die Sie ein so reichhaltiges und interessantes Arbeitsprogramm zusammengestellt haben, den besten Verlauf. Wir geben uns aber auch der Hoffnung hin, daß es Ihnen in unserer Stadt gefallen möge, und was an uns liegt, werden wir alles aufbieten, Ihnen den Aufenthalt in unserer Stadt so angenehm als möglich zu machen. In diesem Sinne, meine verehrten Herren, entbiete ich Ihnen nochmals den herzlichsten Willkommengruß der Stadt Ulm. (Bravo! Klatschen.)

Vorsitzender: Im Namen des Deutschen Forstvereins danke ich aus vollem Herzen den beiden hochverehrten Herren Vorrednern für die Worte der Begrüßung, die Sie im Auftrage Sr. Majestät des Königs von Württemberg und im Namen der Königlich Württembergischen Staatsregierung sowohl wie im Namen der städtischen Behörden von Ulm hier zum Ausdruck gebracht haben. Wir sind diesen beiden Verwaltungen ganz besonders dankbar dafür, daß Sie, als sich die Schwierigkeiten herausstellten, die in diesem Jahre einer Hauptversammlung in Königsberg entgegenstanden, bereitwilligst eingesprungen sind und mit großer Liebenswürdigkeit die umfangreiche und immerhin schwierige Aufgabe übernommen haben, uns schon in diesem Jahre hier in Ulm aufzunehmen. Allen Anzeichen nach, meine Herren, ist Ihnen die Lösung dieser Aufgabe glänzend gelungen, es ist Ihnen freilich bis jetzt noch nicht vergönnt gewesen, uns hier in Ulm viel Sonnenschein zu verschaffen. (Heiterkeit.) Aber trotzdem hege ich die Überzeugung, daß wir keine dunklen, sondern nur freudige Erinnerungen an das württemberger Land und seine Wälder und an die alte Reichsstadt Ulm in unsere Heimat mitnehmen werden. Das verdanken wir Ihrer Fürsorge.

Meine Herren! Ich bitte Sie, sich zum Ausdruck dieses Dankes von Ihren Plätzen zu erheben. (Geschieht.)

Zur Vervollständigung des Bureaus ernenne ich zum Schriftführer Herrn Forstamtmann Burger aus Stuttgart. Ich ersuche alle diejenigen, die in der Diskussion das Wort nehmen wollen, sich beim Herrn Schriftführer zu melden.

Wir treten nun in die Tagesordnung ein und kommen zu Punkt 1:

„Wahl des Vorsitzenden".

Meine Herren! Hierbei habe ich zu konstatieren, daß die Berufung der heutigen Versammlung durch den Vorstand in den Mitteilungen des Deutschen Forstvereins vom 3. August 1910 Nr. 5 rechtzeitig erfolgt ist und daß u. a. als Beratungsgegenstand die Wahl des Vorsitzenden des Vorstandes auf die Tagesordnung gesetzt ist und daß nach dem ausgelegten Verzeichnis 282 stimmberechtigte Mitglieder anwesend sind. — Ich bitte Herrn Geheimen Regierungsrat Quaet-Faslem, Ihnen den Vorschlag des Forstwirtschaftsrats vorzutragen.

Geheimer Regierungsrat Quaet-Faslem-Hannover: Meine hochverehrten Herren! Im Auftrage des Forstwirtschaftsrats habe ich die Ehre, die Vorschläge, welche der Forstwirtschaftsrat der Hauptversammlung in bezug auf die Neuwahl eines Vorsitzenden unterbreiten wird, zu begründen und darüber zu berichten. Dabei darf ich mir gestatten, zunächst in Ihr Gedächtnis die bezüglichen Bestimmungen der Statuten zurückzurufen, die unter § 9 besagen, daß der Vorsitzende von der Hauptversammlung auf die Dauer von je drei Jahren aus der Mitte der Vereinsmitglieder gewählt wird. Wiederwahl ist zulässig! Dagegen bestimmt der § 19: „Die Obliegenheiten des Forstwirtschaftsrats sind: 6. Vorbereitung der Wahl des Vorstandes."

Der Forstwirtschaftsrat mußte sich mit dieser Vorbereitung bereits in der vorigen Winterversammlung beschäftigen. Es teilte nämlich unser gegenwärtiger hochverehrter Herr Vorsitzender mit, er bitte dringend, von einer Wiederwahl, die ja schon einmal vor 3 Jahren stattgefunden hat, diesmal unter allen Umständen abzusehen mit Rücksicht auf seinen Gesundheitszustand, und obgleich wir uns bemüht haben, den geehrten Herrn von Stünzner in dieser Beziehung in seinem Beschluß wankend zu machen, so hat er doch die dringende Bitte ausgesprochen, davon abzusehen, ihn zur Wiederwahl vorzuschlagen, vielmehr hat unser hochverehrter Herr Präsident sich dahin geäußert, daß, nachdem nunmehr 7 Jahre lang ein Herr aus Norddeutschland den Verein als Vorsitzender geführt hat, es doch wünschenswert und zweckmäßig sei, daß nunmehr ein Herr aus den süddeutschen Staaten den Vorsitz im Verein übernehme. Der Forstwirtschaftsrat hat gerade diese Seite der Sache sehr eingehend geprüft, hier in Ulm ist zur Prüfung dieser Frage zunächst ein verstärkter Vorstand zusammengetreten, dann hat der Forstwirtschaftsrat sich eingehend weiter mit der Sache beschäftigt, und zu unserer aller Freude konnte der hochverehrte Herr Präsident von Stünzner mitteilen, daß er sich mit dem Chef der Bayerischen Forstverwaltung, dem Herrn Ministerialdirektor von Braza in München in Verbindung gesetzt und daß er von Herrn von Braza die Mitteilung erhalten habe, er sei bereit, wenn ohne irgend welche Agitation die Wahl auf ihn falle, auch eventl. diese Wahl anzunehmen. (Bravo!) Es wirkte diese Mitteilung geradezu erlösend auf die einzelnen Mitglieder des Forstwirtschaftsrats, und mit Dank für diese Bereitwilligkeit, uns das Opfer bringen zu wollen gegenüber den großen Obliegenheiten seines Hauptamts, haben wir im Forstwirtschaftsrat dann einstimmig den Beschluß gefaßt, der geehrten Hauptversammlung die Bitte vorzutragen, einstimmig und freudig Herrn Ministerialdirektor von Braza zum Vorsitzenden zu wählen. (Bravo!) Der Herr Ministerialdirektor von Braza ist ein guter Freund des Deutschen Forstvereins gewesen seit Bestehen des Vereins. An verschiedenen Forstwirtschaftsrats-Sitzungen hat er teilgenommen und sein größtes Interesse für die Verhandlungen des Vereins an den Tag gelegt. Ich brauche nichts weiter zu sagen. Herr von Braza hat sich in unserm Verein Freunde erworben und hat bestätigt, daß er ein Freund des Vereins ist. Ich beantrage daher namens des Forstwirtschaftsrats, Herrn Ministerialdirektor von Braza durch Zuruf zum Vorsitzenden des Deutschen Forstvereins zu wählen. (Bravo!)

Vorsitzender: Die Wahl durch Akklamation ist statuten=
mäßig zulässig, sobald kein Widerspruch aus der Versammlung er=
folgt. Ich konstatiere, daß kein Widerspruch erfolgt und daß daher
die Wahl des Herrn Ministerialdirektor von Braza aus München
zum Vorsitzenden des Deutschen Forstvereins einstimmig erfolgt ist.
(Bravo! Klatschen.) Ich frage den Herrn Ministerialdirektor, ob
er die Wahl annimmt.

Ministerialdirektor von Braza: Meine hochverehrten
Herren! Gestatten Sie mir, daß ich vor allem Ihnen meinen herz=
lichsten und verbindlichsten Dank ausspreche für das große Vertrauen,
daß Sie mir durch die Wahl zum Vorsitzenden des Deutschen Forst=
vereins entgegen zu bringen gewillt sind. Sie dürfen, verehrte Herren,
überzeugt sein, daß ich dieses Vertrauen und die mir damit er=
wiesene persönliche Ehrung voll und ganz zu schätzen weiß. Ich
darf aber auch nicht unterlassen, Ihnen zu sagen, daß ich große
Bedenken zu überwinden hatte, ehe ich mich entschloß, heute vor
Ihnen die Annahme der Wahl zu erklären und ich gestehe weiter,
daß ich auch in diesem Augenblick nicht ganz bedenkenfrei bin, ob
es mir gelingen wird, den an mich herantretenden Anforderungen
voll zu genügen, denn, verehrte Herren, Sie werden zugeben, es
ist immerhin ein anderes, einem kleinen Verein vorzustehen, dessen
Mitglieder man nicht nur nach ihrer Person, sondern auch hinsicht=
lich ihrer Meinung und Anschauung in beruflichen Fragen und An=
gelegenheiten im voraus mehr oder weniger genau kennt und ein
anderes, an der Spitze eines Vereins zu stehen von der Größe und
der Bedeutung des Deutschen Forstvereins, dessen Mitglieder sich
aus allen Volksstämmen des Reiches zusammensetzen und in welchem
in wichtigen Fragen nicht selten ganz erhebliche Interessengegensätze
und, wenn ich so sagen darf, auch weit auseinandergehende forstliche
Weltanschauungen bestehen. Ich muß daher schon in hohem Maße
um Ihre gütige Nachsicht, insbesondere für diese Tagung, bitten und
muß auch versichert sein der Unterstützung derjenigen Herren, welche
mit mir im Bureau sitzen und die ich um diese Unterstützung hiermit
ausdrücklich gebeten haben möchte.

Unter dieser Voraussetzung, sehr verehrte Herren, erkläre ich
mich bereit, die Wahl zum Vorsitzenden des Deutschen Forstvereins
anzunehmen. (Bravo! Klatschen.)

Vorsitzender: Bevor ich Ihnen, Herr Ministerialdirektor,
meinen Platz einräume, muß ich noch etwas nachholen, was im
vorigen Jahre unter meinem Vorsitz vergessen worden ist. Sie werden

sich erinnern, daß im vorigen Jahre statutenmäßig die Neuwahl der Beisitzer und ihrer Stellvertreter in Heidelberg stattgefunden hat. Da diese Wahl auf dieselben Herren fiel, welche bisher dieses Amt eingenommen hatten, so glaubte ich, es sei nicht notwendig, daß diese Wahl in Gegenwart eines Notars geschehe. Das Amtsgericht in Charlottenburg, wo der Verein bekanntlich seinen Sitz hat, hat es aber moniert, und darauf hingewiesen, daß nach den Bestimmungen des BGB. auch diese Wahl in Gegenwart eines Notars vollzogen werden muß und ich habe dem Gericht daraufhin mitgeteilt, daß es in diesem Jahre nachgeholt werden würde. Es sind damals als Beisitzer gewählt worden die Herren: Oberforstrat Dr. von Fürst als 1. Beisitzer und Herr Oberforstmeister Riebel als 2. Beisitzer und als deren Stellvertreter die Herren Geheimer Oberforstrat Dr. Neumeister und Oberforstmeister Riebel. Ich muß die Versammlung bitten, die Wahl dieser Herren noch auf zwei Jahre heute bestätigen zu wollen und zwar durch Akklamation. Es erfolgt kein Widerspruch. Also auch diese Wahl ist hiermit statutengemäß vollzogen.

Nun bitte ich Herrn Ministerialdirektor von Braza, meinen Platz einnehmen zu wollen. (Geschieht.)

Vorsitzender Ministerialdirektor von Braza: Meine sehr geehrten Herren! Meine erste und wohl auch angenehmste Pflicht ist es, nachdem ich den Vorsitz übernommen habe, in Ihrem Namen, wie in meinem eigenen unserem bisherigen hochverehrten Vorsitzenden, dem Herrn Hofkammerpräsidenten von Stünzner unseren wärmsten und verbindlichsten Dank auszusprechen für die ausgezeichnete Leitung und Führung des Deutschen Forstvereins. Wir alle und insbesondere jene, welche in den letzten 7 Jahren, während welcher Zeit der Herr Hofkammerpräsident an der Spitze des Vereins gestanden hat, sich an den Hauptversammlungen beteiligt oder den Verhandlungen des Forstwirtschaftsrats beigewohnt haben, bedauern es außerordentlich, daß der Herr Präsident sich veranlaßt gesehen hat, aus Gesundheitsrücksichten auf das bestimmteste auf eine Wiederwahl zu verzichten, eine Wiederwahl, die wir alle, dessen bin ich mir sicher, einstimmig und freudig vollzogen haben würden, weil sie uns die Gewißheit gegeben hätte, daß auch weiterhin das Steuer des stolzen Schiffes des Deutschen Forstvereins in den Händen des bewährtesten Steuermannes verbleibt. (Bravo!)

So erübrigt sich mir nichts anderes als Ihnen, hochverehrter Herr Präsident, unseren innigsten Dank für die ausgezeichnete Führung der Geschäfte des Deutschen Forstvereins auszusprechen. Wir sind dankerfüllt für die Opferwilligkeit und Hingabe, mit der Sie alle Angelegenheiten des Deutschen Forstvereins so überaus wirksam gefördert haben und ich kann nur bitten, wollen Sie auch weiterhin dem Deutschen Forstverein Ihre Gewogenheit bewahren. Sie aber, meine Herren, bitte ich, zum Zeichen des Dankes gegen unseren bisherigen Vorsitzenden sich von Ihren Plätzen zu erheben. (Bravo!) (Geschieht.)

Hofkammerpräsident von Stünzner: Ich danke Ihnen aus vollem Herzen für die freundlichen Worte der Anerkennung meiner Tätigkeit, die Sie durch den Mund des jetzigen Herrn Vorsitzenden ausgesprochen haben. Eine solche Anerkennung ist mir der beste Lohn für die geleistete Arbeit. Die 7 Jahre, welche ich die Ehre gehabt habe, an Ihrer Spitze zu stehen, sind ja zu meiner Freude völlig friedlich und ohne jeden Mißklang verlaufen und das verdanke ich nicht zum wenigsten der Nachsicht und der Unterstützung Ihrer aller und so wird denn die Erinnerung an diese Zeit in mir allezeit wachbleiben und ich werde mich freuen, wenn es mir vergönnt sein wird, noch recht oft in Ihrer Mitte zu erscheinen und die Erinnerung an jene Zeit wieder aufzufrischen. Meine Herren, haben Sie nochmals herzlichsten Dank. (Bravo!) (Diese Ausführungen werden stehend angehört.)

Vorsitzender Ministerialdirektor von Braza: Wir fahren in der Tagesordnung fort und kommen zu Punkt 2:

„Bestimmung über Ort, Zeit und Verhandlungsgegenstände der XII. Hauptversammlung im Jahre 1911.“

Hofkammerpräsident von Stünzner (zur Berichterstattung): Ich möchte Ihnen in einigen Sachen noch die Beschlüsse des Forstwirtschaftsrats mitteilen und zwar eigentlich in Vertretung des Herrn Vorsitzenden, der unseren Beratungen nicht beigewohnt hat und deshalb über die einzelnen Fragen noch nicht so orientiert sein kann, wie ich.

Meine Herren! Sie wissen, daß für dieses Jahr Königsberg als Tagungsort in Aussicht genommen war. Das hat sich nun leider nicht machen lassen, aber ich darf wohl annehmen, daß die Hauptversammlung dem Beschlusse des Forstwirtschaftsrats beistimmen und Königsberg nunmehr für 1911 in Aussicht nehmen wird.

Vorsitzender: Ein Widerspruch erfolgt nicht, daraus darf ich die Folgerung ziehen, daß die verehrten Herren mit dem Antrage des Forstwirtschaftsrats einverstanden sind.

Hofkammerpräsident von Stünzner: Dann ist es ja Sitte, gleich auch für das nächste Jahr 1912 eine Stadt für unsere Hauptversammlung in Aussicht zu nehmen. In der Annahme, daß im Jahre 1912 wieder Süddeutschland an die Reihe kommen würde und von Süddeutschland Bayern, habe ich mich mit dem Herrn Ministerialdirektor von Braza in Verbindung gesetzt und angefragt, ob der Verein in Bayern im Jahre 1912 willkommen sein würde. Er hat mir mitgeteilt, daß er nach Besprechung mit dem Herrn Finanzminister erklären könnte, daß der Verein in Bayern im Jahre 1912 höchst willkommen sein würde. (Bravo!) Die Verwaltung hat aber weiter gebeten, heute noch keine bestimmte Stadt in Aussicht zu nehmen, sondern nur dem zuzustimmen, daß wir 1912 nach Bayern gehen, weil die bayerische Staatsforstverwaltung sich vorbehalten möchte, der Versammlung besondere Vorschläge zu unterbreiten.

Vorsitzender: Gestatten Sie mir in meiner Eigenschaft als Bayer auch eine Bemerkung hieran zu knüpfen. Der Deutsche Forstverein darf, wie bereits der Herr Hofkammerpräsident ausgeführt hat, versichert sein, daß er bei seiner Tagung in Bayern herzlichst willkommen ist und daß wir alles tun werden, um dem Verein in den Tagen seiner Versammlung in Bayern viel angenehme Stunden zu bereiten. Was den Ort der Versammlung anbelangt, worüber erst im nächsten Jahre in Königsberg Beschluß zu fassen sein wird, so möchte ich nur bemerken, daß es sich voraussichtlich um die Wahl zwischen Nürnberg und München handeln wird. Ich bin aber nicht in der Lage, in diesem Augenblick irgend welche bestimmte Mitteilungen darüber zu machen.

Oberforstmeister Hellwig: Meine hochgeehrten Herren! Seitens der preußischen Staatsforstverwaltung ist mir der angenehme Auftrag geworden, Ihnen meine Freude darüber auszusprechen, daß Sie die alte Residenz- und Krönungsstadt Königsberg zum Versammlungsort für 1911 gewählt haben. Ich darf daran die Versicherung knüpfen, daß Sie in Königsberg herzlichst willkommen sein werden und bitte um zahlreiches Erscheinen. (Bravo!)

Hofkammerpräsident von Stünzner: Was die Zeit der Hauptversammlung angeht, so glaube ich nicht, daß Gründe vorliegen, von der statutenmäßigen Zeit abzuweichen. Die Tagung wird also voraussichtlich Ende August oder Anfang September stattfinden.

Was die Verhandlungsgegenstände anlangt, so ist ja im vorigen Jahre schon das waldbauliche Thema Ihnen bekannt gegeben worden, welches die Lokalverwaltung in Königsberg aufgestellt hat; es lautet: „Die Besonderheiten des ostpreußischen Waldes in bezug auf Standort, Bestockung und forstliches Verhalten der einzelnen Holzarten."

Es handelt sich noch um ein zweites Thema und da kommt nunmehr der Ihnen bekannte Antrag von Herrn Dr. Wappes und Genossen in Frage, der lautet:

„In Erwägung, daß die Fortbildung des Forstverwaltungspersonales in vielen deutschen Forstverwaltungen unzulänglich geregelt ist, hält die XI. Hauptversammlung des Deutschen Forstvereins den schleunigen Ausbau zeitgemäßer Fortbildungseinrichtungen für dringend geboten und ersucht den Forstwirtschaftsrat, den Gegenstand zur eingehenden Beratung auf die Tagesordnung der nächsten Hauptversammlung zu setzen."

Ich konstatiere, daß dieser Antrag statutenmäßig rechtzeitig in unseren Mitteilungen veröffentlicht worden ist und daß derselbe 170 Unterschriften trägt, während nach dem Statut dazu nur 50 erforderlich gewesen wären.

Ich bitte nun Herrn Dr. Wappes, diesen Antrag kurz begründen zu wollen, aber ohne heute irgendwie auf die Materie selbst einzugehen.

Regierungsdirektor Dr. Wappes = Speyer: Meine Herren! Ich darf wohl annehmen, daß der Antrag Ihnen allen bekannt ist und daß vielleicht niemand unter Ihnen hereingekommen ist, der sich nicht über seine Meinung dazu bis zu einem gewissen Grade im klaren wäre. Ich glaube, unter den Umständen und im Benehmen mit dem Herrn Mitantragsteller, der heute hier anwesend ist, Herrn Professor Martin, mich kurz fassen zu sollen, um von Ihrer schwerbelasteten Tagesordnung möglichst wenig Zeit in Anspruch zu nehmen. Ich komme deshalb dazu, die Sätze, die ich zur Begründung unseres Antrages bringe, nur knapp und lapidar auszusprechen und öfter auf den Beweis zu verzichten, indem ich annehme, daß die Stimmung und Auffassung der hohen Versammlung dahin geht, unserem Antrage zuzustimmen. Mit Rücksicht auf die Zeit will ich auch, was ich an Beweisen vorbringe, so kurz als möglich fassen und lieber den einen oder anderen Satz nicht in der Schroffheit aufstellen, wie ich es getan hätte, wenn es mir möglich gewesen wäre, weitere Ausführungen dazu zu machen.

Der Gedankengang, der uns zu diesem Antrage geführt hat, geht von folgender Auffassung aus: Ein Teil der uns anvertrauten Forstfläche produziert nicht in dem Maße, wie es nach dem Stande der Wissenschaft und vorgeschrittenen Praxis möglich wäre. Ein Grund dafür neben anderen ist, daß die Errungenschaften von Wissenschaft und Praxis nicht in dem Maße und in der Raschheit Allgemeingut zu werden vermögen, wie es für den Zweck wünschenswert wäre. Die Ursache dieser Erscheinung ist zu erblicken in dem Mangel an methodischer Fortbildung des Forstverwaltungspersonals, in dem Mangel an ausreichender Bildungsgelegenheit und hauptsächlich in dem Mangel an öffentlichen Mitteln für diesen Zweck.

Meine Herren! Wenn wir eine derartige Kritik unserer Verhältnisse aussprechen, so müssen wir hauptsächlich einen Vergleich anstellen mit anderen Fächern und da glaube ich, ein ganz einfaches Verfolgen der Tagespresse, ein Rückerinnern an das, was uns von anderen Fächern bekannt ist, an die Bildungsarbeit, die in anderen technischen und Verwaltungsbranchen geleistet wird, wird zu dem Ergebnis führen, daß bei uns noch viel getan werden muß, um auf die Höhe zu kommen, auf der andere stehen. Es ist also gewissermaßen die Relativität der Erscheinung, die uns als hauptsächlicher Beweis dafür dient, daß nach dieser Richtung hin etwas geschehen muß. Wenn wir aber behaupten und behaupten können, daß bei uns im Vergleich mit anderen manches nicht auf der Höhe steht, wie anderswo, so glaube ich, daß dieser Grund um deswillen doppelt wirkt, weil die Eigenart unseres Faches mit Naturnotwendigkeit darauf hinweist, der Fortbildung des Personals ein besonderes Augenmerk zuzuwenden.

Der größte Teil der Waldungen, die uns anvertraut sind, ist öffentlicher Besitz und die Bewirtschaftung dieses Besitzes erfolgt durch einen Beamtenstand. Es gibt bei uns nicht, wie etwa die Landwirtschaft einen Stand der Landwirte hat, einen Stand der Forstwirte, wir haben nicht das freie Wirtschaften wie bei anderen Berufsarten, wir haben nicht das, was den Impuls zum Fortschritt hauptsächlich gibt, die Verbindung des Fachinteresses mit dem eigenen Interesse. Ich glaube, diesen Punkt nicht weiter ausführen zu sollen: Es ist klar, daß da, wo das persönliche Interesse nicht in Erscheinung tritt, die Organisation einsetzen muß, die Organisation der Verwaltung und die Organisation der Standesgenossen selbst.

Unser heutiger Antrag ist, darf ich sagen, eine Konsequenz von Straßburg. Wir dürfen über den forstlichen Unterricht denken, wie wir wollen, so müssen wir zugestehen, daß derselbe dermalen auf einer hohen Stufe der Ausbildung steht. Man kann Universitäts=anhänger sein und kann die Akademie verfechten, es ist zweifellos, daß dem jungen Forstbeflissenen auf der Hochschule eine reiche Bildungsgelegenheit gegeben ist; ich glaube aber, daß kein großer Widerspruch erfolgt, wenn ich sage, daß zwischen der aus=übenden Praxis und der reichen Bildungsgelegen=heit der Hochschule eine gewaltige Spannung be=steht, daß die Einrichtungen, die an die Hochschule anschließen, nicht auf der Höhe stehen, wie die Hoch=schule selbst. (Sehr richtig!) Es muß also, wenn wir in Straß=burg uns über die forstliche Unterrichtsfrage entschieden und diese bis zu einem gewissen Abschluß gebracht haben, wenigstens tatsäch=lich, dann eine Aktion einsetzen, welche die Fortentwickelung der Bildungsgelegenheit ins Auge faßt.

Was mir heute obliegt, Ihnen vorzutragen, ist, welche Gründe zu unserem Antrage geführt haben. Was will unser Antrag? Ich bedauere, daß es durch die Verhältnisse der forstlichen Zeitschriften nicht möglich war, einen Artikel so rechtzeitig in die Literatur zu bringen, daß er Ihnen allen zugänglich geworden wäre, darf aber wohl darauf hinweisen, daß im 9. Heft der „Allgemeinen Forst= und Jagd=Zeitung" eine Abhandlung erscheint, in der ich die Sache dar=gelegt habe. Für jetzt beschränke ich mich, in der Hoffnung, daß aus der Hauptversammlung kein Widerspruch gegen unseren Antrag er=folgt, auf wenige Sätze.

Der Zweck unseres Antrages ist, erstens zu veranlassen, daß eine Erhebung über den tatsächlichen Stand der Fortbildung in deutschen Landen angestellt wird durch eine umfassende Meinungs=äußerung auf schriftlichem und mündlichem Wege darüber, was an Fortbildungsgelegenheit vorhanden ist und namentlich darüber, wie diese wirken, in zweiter Linie aber, einen Überblick zu erreichen über die vorzuschlagenden Mittel und eine Abwägung ihres Wertes her=beizuführen.

Meine Herren! Je mehr ich mich in diesen Gegenstand ver=tieft habe, desto mehr habe ich empfunden, daß der Vergleich mit anderen Fächern uns eine außerordentlich reiche Anregung geben wird über das, was wir tun könnten. Ich bin sicher, daß es mög=lich ist, Ihnen seinerzeit den Nachweis zu liefern, daß an unseren Fortbildungseinrichtungen noch außerordentlich viel zu bessern ist, daß insbesondere eine Reihe neuer Gedanken in die Diskussion ge=

worfen werden kann, Vorschläge, die bisher in forstlichen Kreisen wenig diskutiert werden, die vielleicht nicht einmal ihrem Begriff nach genügend bekannt sind. Ich darf heute auf die Materie des Antrages nicht eingehen und will deshalb nur zwei Punkte erwähnen, die bei uns nahezu noch gar nicht besprochen wurden, die aber nach meiner Meinung behandelt werden müssen, wenn wir zu einer Entwickelung kommen wollen. Das eine ist die Frage: In welchem Zeitpunkt soll die Spezialisierung der Fachbildung eintreten? Ich bin der Meinung, daß wir bei der Fortbildung so frühzeitig als möglich Vorkehrungen treffen sollen, daß sich für gewisse Richtungen Spezialisten ausbilden. Es ist das eine Frage, über die man verschiedener Meinung sein kann. Aber ich glaube, die Diskussion darüber wird ein reiches Feld der Besprechung bieten. Ich möchte da nur darauf verweisen, daß z. B. bei den deutschen Volksschullehrern ein sogenanntes Wahlfach eingeführt ist, daß also schon dem ganz jungen Manne Veranlassung gegeben wird, ein Fach sich besonders auszuwählen und sich nach dieser Richtung hin besonders auszubilden.

Eine weitere Frage ist die Bildung von Studiengesellschaften, eine Sache, die man bei uns noch gar nicht in Angriff genommen hat, die aber in anderen Fächern in außerordentlichem Maße entwickelt ist. An Stelle weiterer Ausführungen hierüber und über die dabei zu beanspruchenden Mittel will ich Ihnen nur zwei Zahlen sagen: Es hat sich vor einiger Zeit eine Studiengesellschaft über die Wasserkraftausnutzung gebildet mit 300 000 Mk. Stammkapital; es existiert ferner in Deutschland ein Betonausschuß, der sich vorgenommen hat, Versuche zu machen über die Wirkung von Beton und Eisen, um die Praktiker nach Anstellung von Versuchen über diese Verhältnisse zu unterrichten. Diesem Betonausschuß stehen bis zum Jahre 1911 nach einer Mitteilung des deutschen Katalogs der Brüsseler Ausstellung zur Verfügung 545 000 Mk. Meine Herren! Das sind Ziffern, gegenüber denen wir wohl verschwinden müssen.

Ein dritter Punkt, den wir noch bei der Fortbildungsfrage besprechen müssen, ist die Organisation des Fortbildungswesens, die Austeilung der Arbeit auf diejenigen Kreise, die dafür interessiert sind; wir müssen uns klar werden, was in der Fortbildungsarbeit zu leisten ist von den Forstverwaltungen und was zu leisten ist durch die freie Vereinigung der Standesgenossen.

Das sind mit wenigen Worten die Punkte, die nach meinem Dafürhalten seinerzeit zu berücksichtigen sind und ich glaube sagen zu dürfen, es liegt hier eine sehr wichtige und bedeutungsvolle Aufgabe vor uns. Es gibt ja dabei eine Reihe von Fragen, über die man sehr verschiedener Meinung sein kann; aber gerade daraus wird neue Anregung entstehen. Es gibt auf der anderen Seite aber auch Punkte, über die man, wenn sie zur Klärung kommen sollen, des Votums der deutschen Forstleute bedarf. — Wir müssen anstreben, daß wir relativ auf den Stand der anderen Verwaltungen und Branchen kommen; wir müssen zu den Einrichtungen und zu den Mitteln kommen, deren das Fach bedarf, zu dem, was in der Wichtigkeit unserer Berufsaufgabe seine Begründung findet. In diesem Sinne bitte ich Sie namens der Antragsteller, unserem Antrage zuzustimmen. Ich bin überzeugt, daß aus der Beratung in Königsberg eine reiche Quelle von Anregungen und Erfolgen erstehen wird. (Bravo!)

Vorsitzender: Wünscht jemand der Herren zu dem Antrage das Wort zu nehmen?

Hofkammerpräsident von Stünzner: Ich habe namens des Forstwirtschaftsrats zu erklären, daß derselbe, ohne irgendwie erneut in eine Prüfung der Materie selbst einzugehen, doch geglaubt hat, einem Antrage, der von so vielen Mitgliedern des Deutschen Forstvereins unterstützt worden ist, nicht entgegentreten zu können und zu dürfen. Er tritt deshalb dem Antrage Wappes und Genossen bei, behält sich aber ausdrücklich seine Stellungnahme zu etwaigen Anträgen oder Resolutionen, welche die Herren Antrag=steller stellen werden, vor.

Vorsitzender: Wünscht jemand der Herren zu dem Antrage noch das Wort? Das scheint nicht der Fall zu sein. Also darf ich Ihre Zustimmung dahin annehmen, daß Sie mit dem vorgetragenen Verhandlungsgegenstand bei der XII. Hauptversammlung in Königs=berg einverstanden sind.

Wir kommen zu dem 3. Punkt der geschäftlichen Vorlagen:

„Wahl der Landesobmänner".

Hofkammerpräsident von Stünzner (zur Bericht=erstattung): Die Wahlperiode der Landesobmänner ist in diesem Jahre abgelaufen. Die Herren, welche in Heidelberg waren, werden sich erinnern, daß ich damals vorgeschlagen habe, die Neuwahl der Landes=obmänner in derselben Weise vorzunehmen, wie vor 5 Jahren. Ich habe die Vorschläge des Forstwirtschaftsrats in dieser Beziehung in den „Mitteilungen" den Herren Mitgliedern bekannt gegeben und die Bitte ausgesprochen, daß, falls jemand andere Wünsche hegt, er diese dem Vorstand rechtzeitig bekannt machen möge. Ich kon=

statiere, daß keinerlei solche Anträge beim Vorstand eingegangen sind. Es fragt sich nun, ob Sie wünschen, daß ich diese Liste nochmals verlese oder ob sie bekannt ist. (Zuruf: Ist bekannt!)

Dann habe ich nur noch zu bemerken, daß doch seit Bekanntmachung der Liste einige Veränderungen haben vorgenommen werden müssen und zwar zunächst für den Landesbezirk 6 Hessen-Nassau, Rheinlande, Hohenzollern, wo bisher als Landesobmann Herr Rittergutsbesitzer v o n B o d e l s c h w i n g h fungiert hat und als Stellvertreter Herr Dr. Freiherr v o n S c h o r l e m e r - A l st. Nachdem Herr Freiherr v o n S c h o r l e m e r zum Minister ernannt worden ist, habe ich der Form halber bei ihm angefragt, ob er bereit wäre, auch in seiner neuen Stellung das Amt beizubehalten. Er hat dankend abgelehnt und anheimgestellt, einen anderen Herrn vorzuschlagen und ich möchte Ihnen empfehlen, an seiner Stelle den Herrn Grafen N e s s e l r o d e zu wählen. (Zustimmung.)

Dann handelt es sich um den Landesbezirk 9 — Württemberg. Da war in Vorschlag gebracht Herr Oberhofkammerrat B ö l t e r. Dieser hat aus persönlichen Gründen die Wahl nachträglich abgelehnt. Zu unserer großen Freude hat dann aber Herr Dr. v o n G r a n e r sich bereit erklärt, das Amt weiter zu führen. Leider hat auch sein Stellvertreter, Herr Oberförster K u r z, ausscheiden müssen. Wir schlagen Ihnen vor, an seiner Stelle Herrn Forstrat Dr. S p e i d e l zu wählen. (Zustimmung.)

Endlich ist auch für den 16. Bezirk für Braunschweig, Oldenburg, Anhalt, Lippe, Schaumburg, Waldeck, Bremen und Hamburg eine Änderung notwendig. Herr Landforstmeister L i n d e n b e r g - Braunschweig hat ebenfalls das Amt als Landesobmann niedergelegt und bittet, ihn nicht wieder zu wählen. Wir schlagen Ihnen vor, an seiner Stelle den bisher als Stellvertreter fungierenden herzoglichen Oberforstrat R e u ß als Landesobmann zu wählen und als seinen Stellvertreter den Herrn Oberforstmeister Dr. G r u n d n e r in Braunschweig.

Das sind die Veränderungen gegen die Ihnen bekanntgemachte Liste. Ich bitte den Herrn Vorsitzenden, zu konstatieren, daß gegen die Wahl der Herren kein Widerspruch erfolgt.

V o r s i t z e n d e r: Wenn niemand das Wort ergreift, so nehme ich an, daß Sie mit der Wahl der Landesobmänner und ihrer Stellvertreter, wie sie der Herr Hofkammerpräsident v o n S t ü n z n e r zum Vortrag gebracht hat, einverstanden sind? — Das ist der Fall.

Bevor wir in die Beratung des ersten Hauptgegenstandes eintreten, gebe ich das Wort zur Geschäftsordnung Herrn Dr. von Graner.

Dr. von Graner (macht einige geschäftliche Mitteilungen).

Ich möchte dann noch vorschlagen, heute nur die beiden Berichterstatter über das waldbauliche Thema sprechen zu lassen und die Diskussion darüber morgen eintreten zu lassen, aber nach der Berichterstattung heute noch Herrn Oberforstrat Dr. Haug zu seinem Vortrage das Wort zu gestatten.

Hofkammerpräsident von Stünzner: Ich habe dagegen doch gewisse Bedenken. Die Diskussion muß sich doch unmittelbar an die Vorträge der beiden Herren anschließen. Das ist bisher immer so gewesen.

Oberforstrat Dr. von Fürst: Ich möchte den Antrag des Herrn von Stünzner aufs wärmste unterstützen. Nach unseren Satzungen soll ein Redner, der das Referat übernommen hat, nicht über 30 Minuten sprechen. Wir haben jetzt erst $^{1}/_{4}$10 Uhr, wenn die beiden Herren sich nicht zu weit ausdehnen, so sind wir um $^{1}/_{2}$12 Uhr mit den Referaten zu Ende und es bleibt für die Diskussion noch Zeit genug. Eine Diskussion unmittelbar anschließend an die Vorträge hat aber mehr Wert als eine solche, die erst am anderen Tage zustande kommt. (Sehr richtig!)

Vorsitzender: Besteht eine Erinnerung gegen den Antrag des Herrn von Stünzner? — Das ist nicht der Fall, also werden wir, wenn die beiden Herren Berichterstatter zum ersten Verhandlungsgegenstand gesprochen haben, sofort in die Diskussion eintreten und nach Abschluß derselben den Gegenstand zur Verhandlung bringen, welchen Herr Forstdirektor von Graner als zunächst erwünscht bezeichnet hat.

Wir treten in die Beratung des ersten Hauptgegenstandes ein:

„Wie sind die für die Zwecke der Starkholzzucht vorgeschlagenen Formen des Lichtwuchsbetriebes (einschließlich des v. Seebach'schen Lichtungshiebs) zu beurteilen, und welche Erfahrungen liegen auf diesem Gebiete vor?"

Das Wort hat der Berichterstatter.

Oberforstmeister Professor Fricke-Münden: Hochverehrte Versammlung! Wenn die verschiedenen Lichtungsbetriebsarten zur Erziehung von Starkholz miteinander verglichen werden sollen, so ist es zunächst nötig, daß wir einen Maßstab besitzen, an dem wir die einzelnen Betriebsarten bezw. ihre Erfolge messen, denn,

meine Herren, vergleichen ist nichts anderes als messen von gleich=
artigen Eigenschaften resp. von Erfolgen gleicher Qualität. In dem
Wortlaut des Themas ist der Maßstab festgelegt, da die Frage lautet,
wie die verschiedenen Betriebsarten zum Zweck der Starkholz=
erziehung zu beurteilen sind. Wenn wir uns nun darauf be=
schränken wollten, festzustellen, in welchem Grade die einzelnen Be=
triebsarten die Starkholzerziehung begünstigen, so würde die Ant=
wort eine sehr einfache sein, sie würde dahin lauten, daß diejenigen
Betriebsarten das Ziel am besten erreichen, bei welchen die ein=
zelnen Stämme bereits vom ersten Jahre an möglichst frei erwachsen.
Wir würden dann etwa folgende Skala aufstellen können: Licht=
wuchserziehung der Fichte nach Schiffel, Lichtungsbetrieb nach
Gustav Wagener, Lichtungsbetrieb für Buchen nach Seebach,
für Eichen nach Burckhardt, für Fichte nach Vogl, der aus
gesteigertem Durchforstungsbetriebe sich allmählich entwickelnde Lich=
tungsbetrieb nach Michaelis. Wir könnten dann weiter anschließen
die Lichtungsbetriebsarten, mit denen sich eine Verjüngung der Be=
stände verbindet: Mittelwaldbetrieb, Hartigscher Konservations=
hieb, Homburgscher doppelhiebiger Hochwald, Borgmannscher
Lichtungsbetrieb, Naturverjüngung mit langer Verjüngungsdauer,
Überhaltbetrieb. Aber die ausschließliche Beurteilung der Lichtungs=
betriebsarten nach ihren Erfolgen für die Starkholzerziehung genügt
nicht den Zwecken der Forstwirtschaft. Die Erziehung des Starkholzes
ist nicht Selbstzweck, obgleich sich jeder Forstmann freut, wenn er
in seinem Walde noch recht schöne Exemplare starker alter Hölzer sieht,
und obgleich zu Frühstücksplätzen gelegentlich unserer Exkursionen
meist solche Stellen ausgesucht werden, an denen die stärksten Stämme
des Reviers die Schaffenskraft der Natur uns offenbaren und einen
Rekord — nicht der Forstwirtschaft, wohl aber des Waldes dar=
stellen. Trotz des unverdienten Stolzes, mit dem jeder Revierverwalter
die stärksten Stämme des Waldes seinen Freunden vorführt, ist doch
die Starkholzerziehung nur ein Mittel zum Zweck. Der Zweck unserer
forstlichen Produktion ist die Befriedigung des menschlichen Bedarfs
an Holz. Der Forderung der Wirtschaftlichkeit genügen wir nur dann,
wenn die Erzeugung forstlicher Werte auf der gegebenen Fläche nach
Maßgabe der zur Verfügung stehenden Naturkräfte eine möglichst große
und wohlfeile in der Zeiteinheit ist. Die Wirtschaftlichkeit wird an
dem Ertrage gemessen, welchen der Wald seinem Besitzer liefert.
Glücklicherweise brauche ich bei dieser Gelegenheit mich nicht darüber
zu äußern, ob von diesem Ertrage etwa noch die Zinsen des Vor=

ratskapitals abzuziehen sind, und die zu verschiedenen Zeiten ein=
gehenden Erträge diskontiert werden müssen, denn auch ohne Zinses=
zinsrechnung ist mit einem sachgemäßen Lichtungsbetriebe eine Steige=
rung des Geldertrages verbunden, so daß die Waldreinerträgler bei
einer zweckmäßigen Ausnutzung der Zuwachssteigerung durch räum=
lichere Erziehung der Stämme ebenso gut ihre Rechnung finden als
die Bodenreinerträgler, welche außer der Steigerung des Wert=
zuwachses noch eine Steigerung des Erwartungswertes durch Dis=
kontierung früher eingehender Nutzungen annehmen.

Die Gelderträge unseres Waldes werden zunächst durch die
Masse, welche produziert wird, dann aber auch durch die Qualität
des Erzeugnisses bedingt. Qualität ist abhängig von Stärke, Ast=
reinheit, Breite und Gleichmäßigkeit der Jahresringe, Gesundheit
und ähnlichem mehr. Sie sehen, daß die Stärke nur ein Faktor
des Ertrages ist, daß bei voller wirtschaftlicher Würdigung der ver=
schiedenen Betriebsarten noch viele andere Faktoren berücksichtigt
werden müssen. Das Ziel der Wirtschaftlichkeit ist nicht im höchsten
Ertrage schlechthin zu erblicken, sondern in dem dauernd höchsten
Ertrage, daher können diejenigen Betriebsarten, bei welchen die Er=
tragsfähigkeit des Waldes nicht auf ihrer gegenwärtigen Höhe er=
halten bleibt, nicht als wirtschaftlich zweckmäßige angesehen werden.
Jede Betriebsart, welche den Ertrag vorübergehend auf Kosten der
zukünftigen Produktionskraft steigert, muß als Raubbau aus der Zahl
der zulässigen Betriebsarten von vornherein ausgeschieden werden.
Prüft man die einzelnen, in der Literatur bekannt gewordenen Lich=
tungsbetriebsarten unter diesem Gesichtspunkte, so kommt man zu
dem Ergebnis, daß der mit allen Lichtungsbetriebsarten verbundene
vermehrte Einfall von Licht= und Wärmestrahlen auf den Boden
schädlich auf die Beschaffenheit der Oberkrume einwirken kann, nicht
aber in allen Fällen einwirken muß, und daß in allen Fällen einer
schädlichen Einwirkung durch Bodenpflege, in erster Linie durch
Unterbau, diesem Nachteil des Lichtungsbetriebes vorgebeugt, bezw.
abgeholfen werden kann. Daher können alle Lichtungsbetriebsarten
in Verbindung mit Maßnahmen der Bodenpflege ohne Schaden
für die dauernde Erhaltung der Ertragsfähigkeit
des Standorts zur Anwendung gebracht werden. Auch bei Er=
haltung des normalen Hochwaldschlusses werden häufig besondere
Arbeiten der Bodenpflege nötig, wenn eine nachteilige Veränderung
der Bodenbeschaffenheit vermieden werden soll.

Meine Herren! Ich bemerkte vorhin, daß die Qualität des
Holzes durch Astreinheit, Schaftlänge — und Stärke des Holzes be=

dingt wird. Leider nehmen diese Eigenschaften einen entgegengesetzten Verlauf. Die Bedingungen, welche Astreinheit und Langschäftigkeit befördern, sind der Entwickelung der Stammstärke nachteilig und umgekehrt veranlaßt der dem Stärkezuwachs vorteilhafte Freistand Astigkeit und Kurzschäftigkeit. Aus diesem Dilemma kommen wir am besten heraus, wenn wir die Pflege der Astreinheit und die der Stärke zeitlich voneinander trennen und zwar die erstere in das jugendliche Alter der Bestände verlegen, in welchem auch bei verhältnismäßigem Dichtstande die bestveranlagten Stämme einen voll befriedigenden Stärkenzuwachs haben, die Pflege der Stammstärke aber in das Bestandesalter, in dem die natürliche Ausscheidung eines Nebenbestandes nur langsam fortschreitet, so daß ohne Mitwirkung der Axt der Kronendurchmesser in ein Mißverhältnis zur Baumhöhe gerät. Die Mehrzahl der praktisch tätigen Forstleute hat einen wahren Schauder vor der „Astigkeit". Der Erziehung langer, astreiner Schäfte wird alles andere geopfert. Selbstverständlich ist die Produktion s t a r k ästigen Holzes wirtschaftlich unzweckmäßig, aber jene e i n s e i t i g e Betonung der Astreinheit ist nicht minder unwirtschaftlich. Man soll das eine tun und das andere nicht lassen. Die Extreme nach beiden Richtungen hin schädigen den Ertrag des Waldes. Für eine Eiche oder Kiefer, Buche, welche in dem unteren Drittel astrein ist und einen Brusthöhendurchmesser von 60 cm hat, bezahlt der Holzhändler einen höheren Preis pro fm als für eine Eiche, Kiefer, Buche, die nur 40 cm stark, aber bis $^2/_3$ der Länge astrein ist. Die höchste Rentabilität des forstlichen Betriebes wird erreicht, wenn der Schaft m ö g l i c h s t stark und gleichzeitig bis $^1/_3$ der Totalhöhe astrein ist. Die Astreinheit höher hinaufzutreiben, macht unverhältnismäßige Opfer an Zeit und damit am Massenertrage oder an der Stärke des Nutzholzes erforderlich. Die Kiefernbestände auf Standorten II. Kl. erreichen zur Zeit der Haubarkeit eine Höhe von 30 m. Folglich ist das untere Stammende bis auf 10 m astrein zu erziehen. Das wird schon bei einer Bestandeshöhe von 15—17 m erreicht sein. Diese Höhe entspricht auf II. Standortsklasse einem Alter von 50—60 Jahren. Bis zur Erreichung dieses Alters muß durch Wirtschaft — auch Trockenästung — auf Astreinheit gewirkt werden, danach muß Förderung des Stärkenzuwachses durch Freistand Aufgabe der Wirtschaft sein. —

Da die Fichte im mäßigen Freistande während der Jugendzeit keine s t a r k e n Äste entwickelt, durch die wagerechte bis hängende Lage der Äste wird deren Erstarkung verhindert, kann das Stärkenwachstum der Fichte durch Freistand schon früher gefördert werden als das der Eiche, Buche, Kiefer. Mäßige Astigkeit der Fichte drückt den Festmeterpreis nur ganz unbedeutend herunter.

Die Qualität des bei den verschiedenen Lichtungsbetriebsarten erzeugten Holzes ziffernmäßig festzustellen, ist unmöglich, wenn die Stammstärke und die Länge des astreinen Schaftstückes, Breite und Gleichmäßigkeit der Jahrringe, Kernholzbildung, Gesundheit und anderes mehr gleichzeitig berücksichtigt werden sollen. Geht man aber davon aus, daß bei allen Lichtungsbetriebsarten dahin gestrebt werden sollte, ein astreines Schaftende von mindestens $^1/_3$ der Totalhöhe zu erziehen, plötzliche starke Schwankungen der Jahrringsbreiten zu vermeiden, nur gesunde und gut geformte Stämme am Lichtungszuwachs teilnehmen zu lassen, so kann man als einzigsten Maßstab der Holzqualität die Stammstärke gelten lassen. Bei Eiche, Buche, Esche, Ahorn, Kiefer, Lärche verhalten sich die Festmeterpreise für verschieden starke Stämme meist wie die Brusthöhendurchmesser, d. h. für jeden Zentimeter Durchmesserzunahme steigt der Festmeterpreis um den gleichen Betrag, welcher nach Holzart und Gegend zwischen 40 und 100 Pfennige schwankt. Ist diese Preissteigerung für ein bestimmtes Revier aus den Verkaufsergebnissen festgestellt, so braucht man sie nur mit dem Mehr an Durchmesserzunahme zu multiplizieren, welches sich bei einem Lichtungsbetriebe gegenüber einer anderen Betriebsart ergibt, um die Qualitätssteigerung durch den Lichtungsbetrieb zu finden. Angenommen, daß bei einem Lichtungsbetriebe vom 60 bis 120 jährigen Alter die Durchmesserzunahme 10 cm mehr beträgt als beim normalen Hochwaldschlusse, und daß die Wertsteigerung pro Zentimeter Brusthöhendurchmesser 50 Pfennige ausmacht, so beträgt die Qualitätssteigerung je Festmeter der Abtriebsmasse 5 Mk. Um eine zutreffende Bilanz für die verschiedenen Betriebsarten aufzustellen, muß auch noch das Mehr oder Weniger des Massenzuwachses, bezw. des Materialertrages berücksichtigt werden. Den Maßstab für die Beurteilung des Massenzuwachses bildet in der Regel der Normalzuwachs der dauernd im Hochwaldschluß gehaltenen Bestände. Derselbe wird den anerkannten Ertragstafeln entnommen. Für die Bestände des Lichtungsbetriebes wird Alter und Bestandeshöhe im Zeitpunkt der Lichtung ermittelt, aus diesen beiden Zahlen mit Hilfe der Ertragstafeln die Standortsklasse festgestellt und dann der Normalzuwachs des geschlossenen Bestandes für das gegebene Alter und die gefundene Standortsklasse aus der Ertragstafel abgelesen. Bei diesem Verfahren wird vorausgesetzt, daß der laufende Zuwachs eine Funktion der Standortsklasse und des Alters, streng genommen des Alters und der Bestandeshöhe sei. Das physische Alter der Bestände ist aber tatsächlich nicht maßgebend für den Betrag des laufenden Zuwachses unserer Bestände. Wenn eine hundertjährige Tanne freigestellt wird, nachdem sie hundert Jahre lang unter Druck gestanden hat, so wächst sie nicht etwa mit dem Zuwachs eines hundertjährigen Stammes weiter, der bereits normalmäßig nach den Ertragstafeln im 20 bis 30 jährigen Alter freigestellt wurde, sondern nur mit dem Zuwachs eines 40—50 jährigen Stammes, während sie in Höhe und Durch= messer einer etwa 30 jährigen Tanne gleichkommt, welche vor 5 bis 10 Jahren freigestellt wurde. Ein 130 jähriger Buchenbestand, welcher während der ersten 30 Jahre seines Bestehens durch starken Druck des Mutterbestandes in der Entwickelung zurückgehalten ist, wird nicht den Zuwachs eines 130 jährigen Bestandes haben, dessen Ver= jüngungsdauer nur 10—15 Jahre betragen hat, sondern den laufen= den Zuwachs eines 100 jährigen Bestandes, der aus einer 10 bis 15 jährigen Verjüngungsdauer hervorgegangen ist. Wie mißlich die Beachtung des Bestandesalters bei Beurteilung des laufenden Zu= wachses ist, zeigen deutlich einige Stammscheiben, die ich hier vorn im Saale ausgelegt habe. Sie stammen aus den Beständen der Ober= försterei Uslar, in welchen Seebach den bekannten modifizierten Lichtungsbetrieb angewandt hat. Die Scheiben zeigen bis zum Zeit= punkt der Lichtung im 80 jährigen Alter ein so geringes Wachstum, daß der Standort nach den Ertragstafeln nur als IV. Kl. ange= sprochen werden kann. Nach der Lichtung in Verbindung mit Unter= bau hat dann aber das Höhenwachstum so zugenommen — die trocknen Mittelspitzen verschwanden und die Krone erfuhr eine Ver= längerung von mehr als 10 m —, daß die Bestände nach 40 jähriger Lichtungsdauer Höhen erreicht haben, welche in den Ertragstafeln für die 120 jährige Altersstufe der III. und II/III. Bonität ange= geben sind.

Welcher Zuwachs der Ertragstafeln soll nun zum Vergleich mit dem Zuwachs der Lichtungsflächen herangezogen werden? Wählt man den laufenden Zuwachs der IV. Standortsklasse für das Alter 80—120, so begeht man einen Fehler, denn nach der Bodenbedeckung durch Unterbau entsprach das Höhenwachstum einer Bonität über der III., nimmt man den Zuwachs der II/III. Bonität während des Alters 80—120, so wird der Vergleich auch wieder unzutreffend, denn der Bestand hatte im Zeitpunkt der Lichtung weder die Stamm= stärken und =höhen noch den Vorrat eines 80 jährigen Bestandes

II/III. Bonität nach den Ertragstafeln, folglich würde er ohne Lichtung auch nicht den Zuwachs der Ertragstafel für 80—120 jähriges Alter II/III. Bonität gehabt haben.

Nach den Ertragstafeln soll der laufende Zuwachs in der Jugend steigen, im 40—50 jährigen Alter kulminieren und dann wieder dauernd fallen. Dieser Zuwachsgang entspricht den allgemeinen Anschauungen über den Einfluß des Alters auf das Wachstum; in der Jugend geht es forsch in die Höhe und im Alter wird es immer schwächer bis zum Stillstand. Beim jährlichen Höhen- und Stärkenwachstum ist eine ähnliche Zuwachskurve vorhanden, entsprechend dem Verlauf der Erwärmung und der Bodenfeuchtigkeit während eines Jahres, ob aber bei unseren Waldbäumen mit der jährlichen Neubildung aller am Wachstum beteiligten Zellen von einem Jugendwachstum und Alterswachstum gesprochen werden kann, erscheint sehr zweifelhaft. Wenn man die in verschiedenen Ertragstafeln mitgeteilten Zuwachsgrößen, welche auf den einzelnen Ertragsprobeflächen tatsächlich ermittelt worden sind, zu Durchschnittswerten zusammenstellt, erhält man eine Kurve für den laufenden Zuwachs, welche viel flacher verläuft, als diejenige, welche sich aus den Angaben der Ertragstafeln ergibt. Vor allem fällt bei dieser Berechnung auf, daß die Zuwachsgrößen der 100—120 jährigen Bestände denjenigen der Ertragstafeln meist erheblich überlegen sind. Wer selbst in so alten Beständen den laufenden Zuwachs untersucht hat, wird häufig durch die Höhe dieses Zuwachses überrascht worden sein. Daraus entnehme ich die Berechtigung zu der Behauptung, daß der in unseren Ertragstafeln angegebene Zuwachsgang der Wirklichkeit nicht entspricht, und daß man zu falschen Schlüssen kommt, wenn man die größere oder geringere Ergiebigkeit des Zuwachses in Lichtungsbeständen nach dem sogenannten „Normal“-zuwachs der Ertragstafeln feststellt. Ich gehe nicht so weit wie Robert Hartig, Rudolph Weber, Borggreve, Martin, welche annehmen, daß sich der laufende Zuwachs nach Abschluß eines ersten Jugendstadiums bis zum Eintritt häufiger und reichlicher Fruktifikation gleich bleibt, denn mit der Abnahme der Stammzahl verringert sich die auf einem Hektar an den Baumschäften vorhandene Kambial-Mantelfläche, so daß selbst bei gleichbleibender Jahrringsbreite der Schaftzuwachs pro Hektar im Laufe der Bestandesentwickelung ohne Anzeichen eines Marasmus abnehmen muß. Aber dieses mit der Entwickelung der Bestandesstammzahlen zusammenhängende Nachlassen des Bestandeszuwachses ist nicht so groß, daß die sehr devote Neigung, welche alle Zuwachskurven der Ertragstafeln gegenüber dem sehr ehrenwerten Alter zeigen, gerechtfertigt wäre. Diese mit der Wirklichkeit schlecht harmonierenden Kurven haben leider zu der Legende geführt, daß alle Bestände über 100 Jahre alt „faule Gesellen" wären, welche schleunigst versilbert werden müßten. 120-jährige Fichtenbestände mit 10 fm Massen- und 200 Mk. jährlichem Wertzuwachs sind keine Seltenheit. Wenn durch auffälliges Schmalerwerden der Jahrringsbreiten ein Nachlassen der Wachstumsgeschwindigkeit offenbar wird, ist regelmäßig ein Rückgang des Bodenzustandes die Ursache — nicht aber das Bestandesalter —, und die Bodenverschlechterung kann und muß durch Bodenpflege beseitigt werden, oder der Schlußstand ist ein so gedrängter, daß die Kronen gehindert sind, sich normal zu entwickeln. Auch diesem Übelstande kann ohne Abtrieb des Bestandes abgeholfen werden.

Wenn wir nun die Ertragstafeln nicht benutzen können, um Vergleichswerte für die Beurteilung des Zuwachses in Lichtungsbeständen zu gewinnen, so bleibt uns nichts anderes übrig, als ungelichtete Vergleichsflächen neben den gelichteten Flächen zu beobachten. Das ist häufiger geschehen, namentlich seitens der forstlichen Versuchsstationen. Dabei hat sich dann herausgestellt, daß in einzelnen Fällen die gelichteten Bestände, in anderen aber die geschlossenen den höheren Massenzuwachs gehabt haben. Diese Verschiedenheit ist dann auf Unterschiede des Standortes — Boden, Höhenlage, geographische Lage — zurückgeführt. Es ist zuzugeben, daß die Böden auf den durch Lichtung herbeigeführten verstärkten Lichteinfall verschieden reagieren, aber in der Mehrzahl der Fälle ist die Beschaffenheit des Bestandes, welcher gelichtet wurde, die Ursache des günstigen oder ungünstigen Erfolges. War der Versuchsbestand bisher ungenügend durchforstet, so daß ein gedrängter Schlußstand eingetreten und die Breite der Jahresringe auf 1 mm und weniger zurückgegangen war, so wird eine Lichtung, welche etwa $1/2$ des Vorrats entnommen hat, eine Steigerung des Massenzuwachses herbeigeführt haben, war dagegen der Versuchsbestand infolge eines sachgemäßen Durchforstungsbetriebes nur locker geschlossen und betrug die Kronenlänge 0,4—0,5 der Totalhöhe, so wird ein Aushieb von der Hälfte des Vorrats zu einem Ausfall an Massenzuwachs geführt haben. Daher sind wir nicht berechtigt, die Ergebnisse sogenannter exakter Lichtungsversuche zu verallgemeinern. Je nach der bisherigen Bewirtschaftungsart der gelichteten Bestände und je nach der Stärke des Aushiebes wird sich bald ein Mehr, bald ein Weniger an Massenzuwachs ergeben.

In der Praxis kommen diejenigen Fälle am häufigsten vor, in denen das Streben des Wirtschafters dahingegangen ist, möglichst astreines, langschäftiges Holz zu erzielen und die Stammzahl auf das höchstmögliche Maß heraufzudrücken. Die Folge davon ist das Vorhandensein zahlreicher Stangenorte mit kleinen, in die Höhe geschobenen Kronen und stark nachlassendem Zuwachs. Daher sind wir zu der Annahme berechtigt, daß die meisten unserer Stangenhölzer durch einen sachgemäßen Lichtungsbetrieb eine Vermehrung des Massenzuwachses und in Verbindung mit dem Qualitätszuwachs eine noch größere Zunahme des Wertzuwachses erfahren werden.

Es wird häufig die Behauptung aufgestellt, daß beim Maximum der assimilierenden Blattfläche das Maximum der Produktion an Trockensubstanz erreicht werde. Dieser Satz trifft für den alleinstehenden Einzelstamm unbedingt zu, nicht aber für die Gesamtheit aller Bäume auf 1 ha Fläche. Alle grünen Blätter assimilieren, aber die Assimilationsenergie der in einem Bestande vorhandenen Blätter ist eine verschiedene, je nachdem sie dem Lichte ausgesetzt sind, und je nach der Menge der ihnen zugeführten Nährsalze. Daher steht die Größe der Holzproduktion nicht in einem gleichbleibenden Verhältnis zur assimilierenden Blattoberfläche, ja nicht einmal zur Menge der Assimilate, denn ein zeitlich stets wechselnder Teil der Assimilate wird nicht zur Holzproduktion verbraucht, sondern zerfällt wieder, um Energien verschiedener Formen zu liefern, die Atmung zu unterhalten u. a. m. Das Maximum an Blattoberfläche in einem Bestande ist vorhanden, wenn alle Bäume bis unten herunter beastet sind und die unteren Zweige sich berühren. Dieser Zustand ist aber nur zu erreichen, wenn verhältnismäßig wenige Stämme auf der Fläche stehen. Das Maximum an Blattoberfläche, von dem ein Teil nur schwach assimiliert, liefert nicht das Maximum an Zuwachs, da es mit einer geringen kambialen Schaftoberfläche auf 1 ha Fläche verbunden ist. Je höher die Kronen angesetzt sind, um so größer ist im geschlossenen Bestande der Vorrat an Kambiumzellen auf 1 ha. Mit der Steigerung der Kambiumzellen ist eine Verminderung der Blattoberfläche verbunden, so daß schließlich ein Punkt erreicht wird, bei dem die günstige Wirkung der Vermehrung der Zellteilungsfläche durch Verminderung der assimilierenden Blattfläche aufgehoben wird. Dieser Zustand wird nach unseren bisherigen, allerdings noch recht unvollkommenen Beobachtungen erreicht, wenn die Kronenlänge etwa 0,4 der Baumhöhe beträgt. Bei solcher Bestandesausformung dürfen wir auf ein Maximum des Holzzuwachses für eine gegebene Bestandeshöhe rechnen. Soll mit dem Lichtungsbetriebe kein bemerkbarer Ausfall am Massenertrage verbunden sein, so muß er so geleitet werden, daß die Baumkronen nie erheblich kürzer werden als 0,4 der Baumhöhe und daß der Bestandesschluß nach der Lichtung wieder eintritt, wenn die Kronenlänge die Hälfte der Baumhöhe erreicht hat. Ist die Lichtung so stark gewesen, daß der Bestandesschluß später eintritt, wird der Massenzuwachs hinter dem erreichbaren nicht unerheblich zurückbleiben. Läßt man die Baumkronen sich von Lichtung zu Lichtung zwischen 0,4 und 0,3 der Baumhöhe bewegen, so bleibt der Massenzuwachs gleichfalls hinter dem erreichbaren Maximum zurück und ein Qualitätszuwachs durch Erziehung von Starkholz ist nicht zu erwarten. Eine Kronenlänge von 0,4 der Baumlänge muß das Minimum sein, dann gibt es ausreichend Starkholz ohne große Astigkeit und ohne bemerkbaren Verlust am Massenzuwachs. Diese Wirtschaftsart liefert den höchsten Wertzuwachs und den größten Ertrag des forstlichen Betriebes, sowohl vom Standpunkt der Wald- wie auch der Bodenreinerträgler.

Verschiedene Freunde des Lichtungsbetriebes halten die Anwendung dieser Betriebsart auf geringen Bonitäten nicht für rentabel. Die Beobachtung lehrt uns, daß das Wachstum eines dichten Bestandes, z. B. einer übersäten Kultur, auf schlechtem Boden viel eher ins Stocken gerät, als auf gutem Boden. Auch in der Landwirtschaft hat man die Erfahrung gemacht, daß ein enger Pflanzenstand auf geringem Boden viel nachteiliger für den Ernteertrag ist, als der weitere Stand. Deshalb glaube ich, daß die Annahme, man habe von der Erziehung der Bestände in lichtem Schluß auf geringeren Bonitäten keinen Vorteil, in der Wirklichkeit keine Bestätigung findet. Bei dieser Behauptung sehe ich allerdings von denjenigen Standorten ab, welche der Laubverwehung stark ausgesetzt sind, ferner von nassen Böden und von zu Beerkraut- und Heidewuchs neigenden Böden, wenn die Erziehung eines Bodenschutzholzes nicht möglich ist.

Mein Freund, Forstmeister Michaelis in Hemeln, hat in Buchen- und in Fichtenbeständen auf IV. Standortsklasse schon seit 20 Jahren einen Lichtungsbetrieb geführt und gerade in diesen Beständen besonders günstige Erfolge der Lichtungen beobachtet. Die Jahrringsbreiten in denselben sind nicht wesentlich geringer als in den Lichtungsbeständen auf besseren Standorten, der Massenzuwachs ist natürlich geringer, weil die Stammstärken und Höhen der besseren Bestände größer sind.

Behringer hat in seiner preisgekrönten Studie über den Einfluß der wirtschaftlichen Maßregeln auf die Rentabilität der Waldwirtschaft vor der Anwendung des Lichtungsbetriebes auf geringeren Standorten gewarnt, weil man nicht alles auf eine Karte setzen dürfe. Das Risiko wäre zu groß, wenn der Lichtungsbetrieb ganz allgemein durchgeführt würde. Stammarme Bestände, welche aus starken Stämmen mit allseitig entwickelten und tief angesetzten Kronen zusammengesetzt sind, haben unter Sturm und Schneelast weniger zu leiden als stammreiche, gedrängt geschlossene Bestände. Der Boden unter Lichtungsbeständen mit Unterbau ist dem Austrocknen durch Wind und Sonne weniger ausgesetzt als der unter einem hochhinaufgeschobenen Kronendache. Die Nonne sucht bekanntlich dicht geschlossene Fichtenbestände lieber auf als lichtstehende und Bäume mit kleinen Kronen gehen durch Raupenfraß leichter zugrunde als solche mit großen, reichbenadelten Kronen. Alles in allem genommen sind die Gefahren in verständig gelichteten Beständen geringer als in voll geschlossenen Orten mit kleinen, hochangesetzten Kronen. Daher liegt im „Risiko“ kein Grund, den Lichtungsbetrieb in einem g a n z e n Revier a l l g e m e i n zur Anwendung zu bringen.

Ich wende mich nunmehr der Besprechung der einzelnen, in Vorschlag gebrachten Lichtungsbetriebsarten zu. Unter ihnen nimmt der von S c h i f f e l für die Fichte empfohlene Lichtwuchsbetrieb eine ganz besondere Stelle ein. Während alle übrigen Lichtungsbetriebe erst im Stangenholzalter nach Vollendung des Haupthöhenwachstums einsetzen, will S c h i f f e l die Fichte von erster Jugend an bis zum Schluß des Haupthöhenwachstums im Lichtstande erziehen und dann die Bäume zum normalen Hochwaldschluß zusammenwachsen lassen. Die Fichten sollen nach S c h i f f e l im Verbande von 2 m Quadrat gepflanzt werden, so daß der Schluß erst eintritt, wenn die Fichten 8 m hoch geworden sind. Dann sollen sie im Schlusse wachsen, bis die Kronenlänge auf etwa 0,4 der Totalhöhe gesunken ist. Nunmehr setzt eine Lichtung ein, bei welcher etwa die halbe Stammzahl fällt. Infolge des noch herrschenden lebhaften Höhenwachstums steigt die Kronenlänge bald auf mehr als 0,5 der Totalhöhe. Nach Erreichung dieser Kronenlänge tritt wieder Kronenschluß ein, der bei dem noch immer anhaltenden lebhaften Höhenwachstum ein rasches Absterben der unteren Äste zur Folge haben wird, so daß die Kronenlänge wieder auf 0,4 der Totalhöhe sinkt. Dann soll zum zweiten Male gelichtet werden. Ist abermals Bestandesschluß eingetreten, sollen weiterhin nur Durchforstungen gewöhnlicher Art ausgeführt werden, damit Ast-

reinheit und vor allem Vollholzigkeit gefördert werden. Dieses Ver=
fahren hat die besondere Eigentümlichkeit, daß man bei ihm mit
den Lichtungen zum Zwecke der Starkholzerziehung nie zu spät
kommt.

Ich habe schon häufig in Fichtenbeständen gestanden, deren
Anblick in mir die Empfindung wachrief, daß etwas versäumt sei.
Wenn ich mich dann mit dem Revierverwalter darüber unterhielt
und auf den übermäßig gedrängten Stand der Bäume aufmerksam
machte, wurde mir in der Regel geantwortet: Ja, der Bestand ist
nun einmal so geschlossen und ich muß sehr vorsichtig durchforsten,
sonst erlebe ich ein Unglück. Ich gebe ihm recht, denn derartige
Bestände, welche von Jugend an lange in engem Schluß aufgewachsen
sind, erscheinen bei starken und plötzlichen Eingriffen sehr gefährdet,
sie dürfen nur vorsichtig, allmählich lockerer gestellt werden. Aber
dieses Prinzip erhält sich von Durchforstung zu Durchforstung, bis
der Bestand für die I. Periode in Frage kommt. Dann soll schleunigst
nachgeholt werden, was schon seit Dezennien versäumt ist, aber —
zu spät! In den ein bis zwei noch übrig bleibenden Dezennien läßt
sich kein Starkholz mehr erziehen. Dazu bedarf es schon von jungauf
einer zielbewußten Wirtschaft.

Ich habe ältere Bestände, welche nach der Schiffelschen Me=
thode behandelt sind, nicht gesehen, aber es sind mir einige ältere
Bestände bekannt, welche ein beschränktes Urteil über die Erfolge
der Erziehung der Fichte in weitem Verbande während der Jugend=
zeit gestatten. Zur Genossenschaftsforst Bühren bei Münden gehört
ein jetzt 60 jähriger Fichtenbestand, welcher aus Anflug unter alten
Huteeichen erwachsen ist. Als die alten Huteeichen gefällt waren,
stand der Fichtenanflug so spärlich, daß die Frage erörtert wurde,
ihn abzuräumen, um eine geschlossene Fichtenkultur auf die Fläche
zu setzen. Das unterblieb, wahrscheinlich aus Sparsamkeitsrücksichten.
Die Fichten fingen an zu wachsen, aber der Bestand war doch so
raum, daß die Gemeindeverwaltung schließlich beim Oberförster den
Antrag stellte, ihn ganz abzutreiben. Jetzt wollte der Oberförster
nicht, er gestattete nur, zur Befriedigung des Holzbedarfs einzelne
Stämme herauszuplentern. Der nunmehr 60 jährige Bestand hat
kaum 300 Stämme pro ha, er hat aber der Gemeinde schon viel
Geld geliefert, weil das Nutzholz infolge seiner Stärke und trotz
seiner Ästigkeit mit 20 Mk. pro fm bezahlt wird. Der laufende
Derbholzzuwachs des Bestandes auf II/III. Standortsklasse beträgt
8—9 fm. — In diesem Falle hat die Erziehung der Fichte im Licht=

stande während des Dickungs- und Stangenholzalters schon sehr frühzeitig gut bezahltes Starkholz geliefert, ohne den Massenertrag erheblich zu schädigen. Trotzdem will ich eine solche Wirtschaftsweise nicht als eine mustergültige oder nachahmenswerte hinstellen.

In Ostpreußen habe ich Fichtenbestände gesehen, welche aus Kulturen in sehr weitem Pflanzverbande erwachsen waren. Die Bestände zeichneten sich durch große Stammstärken und Höhen aus. Eine auffallende Ästigkeit konnte ich nicht wahrnehmen. Das gleiche ist von Fichtenbeständen in Sachsen und Böhmen berichtet, die in der Jugend weitständig erwachsen sind.

Auf Böden, auf welchen auch das erste Jugendwachstum der Fichte ein kräftiges ist, und in Revieren, in denen es an den nötigen Arbeitskräften fehlt, um frühzeitig und ausgiebig zu durchforsten, oder in denen kein Absatz für schwaches Durchforstungsmaterial vorhanden ist, dürfte die Anwendung des Schiffelschen Verfahrens empfehlenswert sein. In allen anderen Fällen halte ich es für zweckmäßig, auch bei der Fichte mit dem Lichtungsbetriebe erst zu beginnen, wenn die grüne Krone bis 8—12 m — je nach der Güte des Standorts — über den Boden emporgerückt ist. Der Lichtung müssen vorbereitende, starke Durchforstungen vorausgehen. Dann wird man ohne Gefährdung der Bestände Starkholz erziehen und den höchsten Reinertrag herauswirtschaften.

Eine andere Methode des Lichtungsbetriebes ist der Wagenersche Lichtungsbetrieb. Gustav Wagener schrieb vor, vom 30 jährigen Alter ab die Zukunftsstämme frei zu stellen, dazwischen soll ein Zwischenbestand stehen bleiben. Es ist sehr schwer, schon so früh diejenigen Stämme herauszufinden, die geeignet sind, den späteren Hauptbestand zu bilden. Damit die ausgesuchten Zukunftsstämme dauernd durch Freihiebe gepflegt werden, sollen sie durch weiße Ölfarbenringe dauernd kenntlich gemacht werden. Ich halte es nicht für zweckmäßig, alle Nachfolger in der Revierverwaltung in der Behandlung der Bestände von vornherein festzulegen. Wenn ich mir anmaße, die Zukunftsstämme schon im 30 jährigen Bestandesalter herauszufinden, so werden meine Nachfolger es doch wohl noch viel besser fertig bekommen, in 50-, 60 jährigen Beständen diejenigen Stämme zu erkennen, welche bei den Durchforstungs- und Lichtungshieben eine besondere Beachtung verdienen. Die Wirtschafter sollen bei der Auszeichnung der Durchforstungen ganz frei sein von der Rücksichtnahme auf die Ansichten eines Vorgängers und sich nur nach der Beschaffenheit des Bestandes richten. Bei Buchen und Kiefern ist beobachtet worden, daß sie durch die Umlichtung im 30 jährigen Alter starkkronig, buschig geworden sind. Ihre Qualität hat nach längerem Freistande nicht befriedigt.

Ein besonderes Interesse wird dem Seebachschen modifizierten Hochwaldbetriebe entgegengebracht, weil dieser Lichtungsbetrieb schon vor mehr denn 60 Jahren auf großen Flächen zur Ausführung gebracht ist und seitdem von zahlreichen, hochangesehenen Forstleuten in der Literatur empfehlend besprochen ist. Ich erwähne nur die Namen Burckhardt und Kraft. Mehrere forstliche Versuchsstationen, auch die württembergische, haben schon vor einer langen Reihe von Jahren Versuchsflächen für diese Betriebsart angelegt, so daß bereits ein stattliches, exakt gewonnenes Zahlenmaterial bezüglich des modifizierten Hochwaldbetriebes vorliegt. Ihnen diese Zahlen heute im einzelnen vorzuführen, würde zu viel Zeit in Anspruch nehmen, auch verschwinden die gehörten Zahlen wieder zu leicht aus dem Gedächtnis. Ich will mich daher begnügen, Ihnen ein die Einzelresultate zusammenfassendes Schlußurteil mitzuteilen, und Ihnen über den Eindruck zu berichten, den die von mir besuchten Seebach=Flächen auf mich gemacht haben. Die Zuwachsuntersuchungen der forstlichen Versuchsstationen haben in einigen Fällen einen Gewinn, in anderen Fällen einen Verlust an Massenzuwachs auf den gelichteten Flächen gegenüber stark durchforsteten Vergleichsbeständen ergeben. Bei vorurteilsfreier Prüfung aller bekannt gewordenen Untersuchungen läßt sich ein deutlicher Einfluß des Standorts auf das Versuchsergebnis nicht wahrnehmen. Ob eine Zuwachsmehrung oder =minderung durch die Lichtung nach Seebachschen Vorschriften eintritt, scheint vielmehr von der bisherigen Wirtschaftsart und von der Wahl der übergehaltenen Stämme, der Stammzahl und Stärke der überhaltstämme und ähnlichem abzuhängen. Wenn die Stammgrundfläche der übergehaltenen Stämme nicht zu niedrig genommen und für Bodenpflege gesorgt wird, dürfte ein Gewinn an Zuwachs gegenüber gedrängtem Schlußstande und ein nur geringer Zuwachsverlust gegenüber lockerem Schluß die Regel sein. In allen Fällen ist aber Qualitätszuwachs zu erwarten. Die von mir besichtigten Seebachschen Flächen, auf denen der Betrieb schon mehrere Jahrzehnte angedauert hat, machten durchweg einen vorzüglichen Eindruck. Sie zeichneten sich durch starke Durchmesser, gute Schaftformen, volle und regelmäßig gebaute Baumkronen und einen guten Bodenzustand aus. In denjenigen Beständen, in denen die natürliche Verjüngung eingeleitet worden ist, nachdem wieder voller Bestandesschluß eingetreten war, hat sich die Verjüngung ohne Schwierigkeiten gut vollzogen. Das forstmännische Empfinden sträubt sich gegen den starken und plötzlichen Eingriff in das Bestandesleben, welcher mit dem S e e b a c h schen Betrieb verbunden ist, aber — die Erfolge sprechen nicht dagegen. Wenn die einmalige Lichtung nach S e e b a c h auf zwei oder drei Lichtungen verteilt wird, dürften die Erfolge des Buchenlichtungsbetriebs nach Ausbildung eines ausreichend langen, astreinen Schaftes durchweg finanziell günstiger sein als die des dauernd geschlossenen Hochwaldes. — Eine allgemeine Anerkennung haben sich die Grundsätze erworben, nach denen B u r c k = h a r d t den Eichenlichtungsbetrieb ausgebildet hat: allmähliche Lichtung der Eichenbestände vom geringen Baumholzalter ab und Unterbau mit Laubholz, in der Regel Rot= oder Weißbuche. Aus Rücksicht auf Wasserreiserbildung sollen die einzelnen Lichtungen nicht zu stark ausgeführt werden. — Die Eiche zeigt nach Lichtungen regelmäßig einen starken Lichtungszuwachs, der Unterbau ist in vielen Fällen eine notwendige Maßregel, namentlich auf Böden mittlerer und geringer Standortsklasse. Die Eiche kann einen engen Schlußstand dauernd nicht vertragen. Soll sie starkes Holz liefern, muß für die Krone der Einzelstämme ein fast unbeschränkter Entwickelungsraum vorhanden sein. Der kann nur durch Lichtungen geliefert werden, starke Durchforstungen reichen nicht aus. Aus Rücksicht auf Ast= reinheit darf mit den Lichtungen erst begonnen werden, wenn der Kronenansatz je nach der Bodengüte 10—15 m hoch ist, oder ein Mißverhältnis zwischen Stammlänge und Stammstärke auch bei den vorherrschenden Stämmen zu entstehen beginnt. Die Ausbildung von Wasserreisern wird bei der Eiche ebensogut durch versäumte Lichtungen wie durch zu starke Lichtungen herbeigeführt. Hier gilt es, den richtigen Mittelweg zu finden, er läßt sich nicht in Zahlen ausdrücken, er muß durch örtliche Erfahrung gefunden werden, da muß der forst= liche Blick mitwirken. Eine Rentabilitätsberechnung des Eichen= lichtungsbetriebs ist nicht erforderlich, denn die schlechten Kronen= und Stammformen in Verbindung mit schwachen Stammstärken in Eichenbeständen, welche dauernd im Hochwaldschluß gehalten sind, demonstrieren ohne weiteres die Unzweckmäßigkeit solcher Wirtschaftsart.

Ein Fichtenlichtungsbetrieb, welcher erst im 60—80 jährigen Alter der Bestände einsetzt, ist vom Forstmeister V o g l in der Freiherr v o n M e l n h o f schen Forstverwaltung Kogl bei Salzburg im An= fang der sechziger Jahre des vorigen Jahrhunderts eingeführt. Es wurden 300—400 Stämme pro ha als Hauptbestand belassen. Der jährliche Zuwachs soll während der 20 jährigen Lichtung in manchen

Forstorten 15 fm betragen haben. Reicher Fichten= und Tannen=anflug hat den Boden bedeckt und geschützt, die Sturmschäden sind geringer gewesen als in benachbarten Forsten, in denen der Hoch=waldschluß dauernd erhalten blieb. Ich selbst habe jene Forsten nicht gesehen, es wurde mir aber von Forstleuten, die dort gewesen sind, der Zustand der Vogl schen Forsten als ein vorzüglicher gerühmt. Für die Starkholzerziehung hat das Vogl sche Verfahren Gutes ge=leistet. Voraussetzung des Erfolges ist aber ein längere Zeit dauernder starker Durchforstungsbetrieb vor der Einlegung der Lichtung. Der Vogl sche und Schiffel sche Fichtenlichtwuchsbetrieb sind Gegen=sätze, der erstere erfolgt in der zweiten, der letztere in der ersten Hälfte der Umtriebszeit. Für die vorhandenen geschlossenen Fichten=stangenorte kann selbstverständlich nur der Lichtwuchsbetrieb nach Vogl in Frage kommen. Für die noch zu begründenden Bestände empfiehlt sich gleichfalls der Vogl sche Betrieb, wenn Aussicht vor=handen ist, daß die Durchforstungen rechtzeitig und im erforderlichen Umfange zur Ausführung kommen können, weil er bei annähernd gleicher Starkholzerzeugung eine größere Astreinheit des unteren Stammteils herbeiführt.

Den Lichtungszuwachs an Samenbäumen gelegentlich der natür=lichen Verjüngung wird jeder Wirtschafter gern mitnehmen. Es ist aber ein wirtschaftlicher Fehler, den Verjüngungszeitraum nur zum Zweck der Ausnutzung des Lichtungszuwachses über die Bedürfnisse des Jungwuchses hinaus zu verlängern, weil dadurch die Güte des zukünftigen Bestandes verschlechtert wird. Die Starkholzerziehung durch Lichtungen muß bereits lange vor dem Beginn der Verjüngung ein=setzen, während der Verjüngung darf nur auf die Entwickelung des Jungwuchses Rücksicht genommen werden, sonst geht die Qualität des Waldes zurück.

Die Befriedigung des Bedarfs an Starkholz dadurch zu sichern, daß man einzelne Überhälter eine zweite Umtriebszeit durchmachen läßt, ist in der Regel unwirtschaftlich, weil diese Methode einen zu großen Aufwand an Zeit nötig macht, und viele Überhälter durch eintretende Holzfäule, Bildung von Wasserreisern, Wipfeltrocknis während der zweiten Umtriebszeit an Wert verlieren.

Meine Herren! Da ein sachgemäß geleiteter Lichtungsbetrieb wertvolles Starkholz liefert, ohne die Bodengüte zu gefährden und eine merkliche Einbuße am Gesamtmassenertrage herbeizuführen, setzt seine Anwendung uns in den Stand, höhere Gelderträge aus dem Walde herauszuwirtschaften als bei dem bisherigen Hochwaldbetriebe.

Ein Teil der Stammabschnitte, die ich hier im Saale ausgelegt habe, ist bereits auf der Versammlung deutscher Forstmänner in Hannover 1882 von dem verstorbenen Oberforstmeister Kraft vorgelegt worden. Trotzdem dieser ausgezeichnete Forstmann mit großer Beredsamkeit und reichem Wissen damals auf die Bedeutung des Lichtungsbetriebes hingewiesen hat, ist dieser Anregung von durchaus kompetenter Seite nur von wenigen Forstleuten Folge gegeben worden. Ich wünsche, daß Sie sich diese Scheiben wieder ansehen und daß dann der Erfolg ein besserer ist als im Jahre 1882. (Bravo! Klatschen.)

Vorsitzender: Ich erteile jetzt das Wort dem Herrn Mitberichterstatter.

Forstrat Dr. Speidel-Stuttgart: Meine Herren! Für die Zwecke des Mitberichterstatters möge es erlaubt sein, zunächst die Fragestellung unseres Themas umzukehren und zu sagen:

„Welche Erfahrungen liegen auf dem Gebiet der Starkholzzucht vor und wie sind hiernach die für die letztere vorgeschlagenen Formen des Lichtwuchsbetriebs, einschließlich des v. Seebach schen Lichtungshiebs, zu beurteilen?"

Als „Erfahrungen" sehe ich hierbei nur die Ergebnisse genauer Messungen von Beständen 'an, welche schon längere Zeit im Lichtwuchsbetrieb stehen und nach Bestandesmaterial wie Versuchsausführung wissenschaftlichen Anforderungen einigermaßen entsprechen. Weiterhin vermag ich neue derartige Erfahrungen nur aus Württemberg zu bieten, da ich bei der Weitschichtigkeit des Themas und der Kürze der mir zugemessenen Zeit nicht in der Lage war, nach auswärtigen Erfahrungen Umfrage zu halten und diese mit zu verarbeiten. Ich setzte voraus, der Herr Berichterstatter werde nach dieser Seite hin in die Weite und ferner hinsichtlich der über die Frage vorhandene Literatur in die Tiefe gegangen sein, in welcher Hinsicht der Akademiker sich noch mehr auf dem Laufenden befinden dürfte, als der Praktiker. Auch hoffe ich, daß die Debatte aus anderen Waldgebieten Ersprießliches zutage fördern und sich so aus der Erörterung ein für die Praxis brauchbarer Kern herausschälen wird. Einleitend endlich noch die Bemerkung, daß ein guter Teil meines Untersuchungsmaterials in dem großen Laubholzgebiet der Schwäbischen Alb erhoben worden ist, in welches uns die heutige Nachmittagsexkursion führen wird, so daß Sie einzelne Belege für meine Ausführungen an Ort und Stelle kennen zu lernen und auf Grund des Augenscheins zu urteilen vermögen.

Doch zu den Erfahrungen in der Starkholzzucht! Dieselben erstrecken sich in der Hauptsache auf Lichtungshiebe nach v. Seebachschem Muster im Buchenhochwald. Den sogenannten D=Grad der Durchforstungsversuche der Versuchsanstalten, auch die Hochdurchforstung und freie Durchforstung von Heck betrachte ich als zunächst nicht im Rahmen der Fragestellung liegend, wie auch nicht die Durchhiebe, welche den Anfang der Endverjüngung eines Bestandes darstellen, die eigentlichen Verjüngungshiebe. Auch glaube ich nach der Fassung der Verhandlungsfrage und im Hinblick auf unser Erfahrungs= und Ausflugsgebiet annehmen zu dürfen, daß es sich nur um Lichtwuchsbetrieb im Hochwald handelt, die Starkholzzucht im Mittel= und Plenterwald nicht einzubeziehen ist.

Versuche mit Starkholzzucht im Lichtwuchsbetrieb, speziell im Buchenwald wurden in Württemberg verhältnismäßig früh angestellt, wenn auch nicht folgerichtig fortgeführt. In den Jahren 1863—66 hat der damalige Revierförster und Professor Heinrich Fischbach in Hohenheim, der spätere Oberforstrat und Direktor in Stuttgart, in dem unfern Hohenheim gelegenen Staatswald Kötzle des Forstbezirks Nürtingen, vormals Denkendrf, auf einem Ausläufer des der Alb nordwestlich vorgelagerten Schönbuch und einer über 12 ha großen Fläche einen Lichtungshieb genau nach v. Seebachscher Vorschrift ausgeführt und daneben eine Dunkelfläche zur Durchforstung in damals üblicher Art zum Vergleich belassen. Auch wurde nicht versäumt, in den Vergleichsbeständen besondere Probeflächen für genaue Vorratsaufnahme usw. abzustecken. Entlang den Vergleichsflächen ist ferner ein sogenannter Mantel belassen worden, in welchem keine Hiebe stattfinden sollten — wie lange ist nicht gesagt. Es ist noch eine eingehende Darstellung der Anlage mit Bestandesbeschreibung, Verzeichnung der Holzanfälle usw. von Fischbachs Hand vorhanden, wie auch der wohlbegründete Antrag auf Ausführung des Versuches. Die letztere lag bei Fischbach, welcher die Seebachschen Hiebe in ihrer Heimat kennen gelernt hatte, in den richtigen Händen. Leider war die Erhebung des Holzvorrats und der Holzanfälle, die Buchung späterer Aushiebe usw. für derzeitige Anforderungen nicht genügend genau, aber immerhin gibt die jetzige Beschaffenheit der Vergleichsbestände wertvolle Fingerzeige, so daß eine genaue Bestandesaufnahme mit Fällung und Untersuchung von Mittelstämmen in dem nunmehr ca. 120 jährigen haubaren Bestand für angezeigt erachtet wurde.

4*

Nahezu 20 Jahre nach Anlage des Fischbach'schen Lich=
tungshiebes hat sich unserer Frage die württembergische forstliche
Versuchsanstalt unter Leitung von Professor Lorey, wie
auch einige Zeit später die württembergische Forstverwaltung
angenommen. Es war dies in den Zeiten, in welchen die Bestrebungen
einsetzten, die Buchenwirtschaft rentabler zu gestalten,
nachdem das geflügelte Wort von der „verlorenen Holzart“ gefallen
war, Bestrebungen, welche später auch auf der 25. Versammlung
deutscher Forstmänner 1897 in Stuttgart zu besonderem Ausdruck
kamen in Erörterung der Frage: „In welcher Weise ist der reine
Buchenhochwald auf Standorten, welche der Eiche nicht zusagen, in
einen Nutzholzhochwald umzuwandeln?“

Die Anlage von Versuchsflächen und Probe=
hieben auf größerer Fläche fand damals im Hauptbuchen=
gebiet des Schwäbischen Jura, auch im nördlichen Vorland, dem
Schurwald, statt. So hatte ich 1885 als Assistent der württem=
bergischen Versuchsanstalt Gelegenheit, im Uracher Gebiet einen
Seebachhieb mit Vergleichsfläche anzulegen und aufzunehmen. In
der Nähe hievon wurden nachgehends von der Staatsforstverwaltung
ausgedehntere Versuchshiebe ausgeführt. Ferner wurden ständige
Buchenversuchsflächen, die seither als Durchforstungsvergleichsbestände
dienten, in Seebachhiebe übergeführt, so im Geislinger Gebiet,
welches wir besuchen werden. Die wichtigsten dieser Ver=
suchsbestände alter und neuer Zeit hat für die vorliegenden
Zwecke die württembergische Versuchsanstalt in entgegenkommender
Weise im Laufe dieses Sommers neu aufgenommen und mir
die rechnerischen Ergebnisse dieser Erhebungen, wie auch ältere Auf=
nahme=Akten zur Verfügung gestellt, wofür ich auch an dieser Stelle
dem Vorstand jener Anstalt, Herrn Professor Dr. Bühler, z. Zt.
Rektor der Universität Tübingen, danken möchte. Diese Bestände,
welchen ich gleich eine kurze Beschreibung und Charakterisierung bei=
füge, waren:

1. 120jähriger Bestand des Forstbezirks Nür=
tingen im Staatswald „Kötzle“, auf unterem Schwarzjura und
kalkhaltigem Sandboden stockend, aus ehemaligem Mittelwald nach
Auszug der Waldrechter hervorgegangen, insofern hinsichtlich der Ver=
gangenheit nicht ganz einwandfrei, vor durchschnittlich 43 Jahren,
also in 77jährigem Alter gelichtet. I.—II. Buchenbonität.

2. 102—103jähriger Bestand des Forstbezirks St.
Johann=Urach im Staatswald „Hintere Roßhalde“ auf Weißem

Jura, in 760 m Meereshöhe, aus natürlicher Verjüngung hervor=
gegangen, 78 jährig nach v. Seebach gelichtet, seit 25 Jahren in
Behandlung und 3 mal nachgelichtet, mit Vergleichsdunkelfläche;
II. Buchenbonität wie auch:

3. 85 jähriger Bestand des Forstbezirks Geis=
lingen im Staatswald „Fleins" auf weißem Jura, möglicher=
weise mit Diluviallehm überlagert, aus natürlicher Verjüngung ent=
standen, 75 jährig nach v. Seebach gelichtet, nachdem der Bestand
von der Versuchsanstalt 53 jährig als Durchforstungsvergleichsfläche
im früheren sogenannten B=Grad angelegt, 63 jährig im B/C=Grad
durchforstet und so für Lichtwuchsbetrieb gut vorbereitet war. Von
der Reihe der vorhandenen Vergleichsflächen will die C=Fläche in
erster Linie zum Vergleich herangezogen werden.

Mehr zur Ergänzung soll noch ein von der Verwaltung an=
gelegter und aufgenommener Lichtwuchsbestand benützt werden:

4. 90 jähr. Bestand des Forstbezirks Plochingen
im Staatswald „Eschenplatte", auf Keuper (Stubensand) stockend,
aus natürlicher Verjüngung, in 78 jährigem Alter gelichtet, ohne
Vergleichsdunkelfläche, auf I. Buchenbonität.

Sämtliche Versuchsbestände stocken, wie ersichtlich, auf den zwei
ersten Buchenbonitäten; ferner dürfte von ihnen zu sagen sein, daß
sie vor dem 50. Jahr schwach oder kaum durchforstet worden sind,
teilweise unter einer Überfülle von Stämmen zu leiden hatten, wie
ein Teil der Geislinger Flächen.

Was die Art meiner Untersuchungen anbelangt, so
ging ich davon aus, daß für die vorliegende Frage der Einfluß
der Lichtungshiebe auf die Stärkeentwickelung der
Bestände, zunächst in der leicht zugänglichen Brusthöhe, aber auch,
wenn tunlich, in größerer Höhe, maßgebend sei, und fernerhin in
erster Linie der Einfluß auf die Anzahl von stärksten Stämmen,
welche der Bestand mutmaßlich im Haubarkeitsalter haben wird, in
jüngeren Beständen aber auch der Einfluß auf eine größere Anzahl
von Stämmen, von welchen ein Teil den Nachlichtungen zum Opfer
fällt. Da die Stammzahl der haubaren Nürtinger Fläche nahezu
genau 200 Stück pro ha beträgt, dieselbe Zahl, welche seinerzeit
Wagener=Castell seinen Untersuchungen über Bestandsentwicke=
lung usw. zugrunde legte, so habe ich diese Zahl als normale End=
bestockung und als Vergleichsgröße für die Stärkenentwickelung der
jüngeren Bestände angenommen, auf den Satz gestützt, daß der
künftige Haubarkeitsbestand schon verhältnismäßig früh in einer be=

stimmten Anzahl stärkster Stämme pro ha ausgeprägt sei. In den jüngeren Beständen habe ich außer den 200 stärksten noch die 360 stärksten Stämme pro ha untersucht, die derzeitige Stammzahl der 85 jährigen Geislinger Seebachfläche.

Die Stärkeentwickelung nach rückwärts konnte ich an den Nürtinger Flächen an Holzscheiben aus Brusthöhe und solchen aus halber Höhe von Mittelstämmen untersuchen, für die übrigen Bestände aus periodisch wiederholten Aufnahmen der Versuchsanstalt, welche bei St. Johann auf 25 Jahre, bei Geislingen auf 32 Jahre zurückgehen, ableiten.

Kahlhiebsergebnisse einer Lichtwuchsfläche, welche die beste Entscheidung bringen würden, standen mir nicht zur Verfügung, auch sonstige Schlagerhebungen nicht.

Es wäre nun das Gegebene, meine Berichterstattung so einzurichten, daß ich unter Ziffer

I. die Aufnahme-Ergebnisse der Versuchsbestände vortrüge, unter Ziffer

II. einen Überblick über diese Ergebnisse unter Hervorhebung bestimmter Erscheinungen und Merkmale lieferte und unter Ziffer

III. die wirtschaftlichen Folgerungen unter Beantwortung der gestellten Frage zöge.

Ich muß es mir jedoch bei der Fülle der erhobenen Zahlen, die in Ruhe überlegt sein wollen, versagen, dieselben im einzelnen hier vorzutragen, sondern behalte mir vor, sie in dem zu druckenden Versammlungsbericht mitzuteilen[1]), bin auch bereit, Interessenten nach dem Vortrag Einblick in meine Zahlenreihen und graphischen Darstellungen zu gewähren. Hier bitte ich zunächst die Zahlen auf Treu und Glauben anzunehmen und mir zu gestatten, daß ich gleich auf Ziffer II übergehe, den

Überblick über die Aufnahmeergebnisse der Versuchsbestände.

Bei Zusammenfassung der Aufnahmeergebnisse gehe ich von dem haubaren Nürtinger Bestand aus, bemerke aber mit Rücksicht auf die Entstehung desselben aus Mittelwaldbetrieb und auf seine Lage außerhalb des eigentlichen Buchengebiets, daß ich größeres Gewicht

---

[1]) Vgl. S. 63 ff.

auf die Versuche von St. Johann und Geislingen im Bereich des Kalkgebiets vom Schwäbischen Jura lege.

A. In dem Nürtinger Bestand konnte nachstehendes festgestellt werden:

1. Infolge des Lichtungshiebs im 77jährigen Alter hat sich ein erhöhter Zuwachs ergeben, welcher alsbald eingetreten ist, 3 Jahre lang ein auffallend hohes Maß zeigte, in den nachfolgenden zwei Jahrzehnten fortlaufend abnahm.

2. Der Lichtungszuwachs hat in Brusthöhe 23 Jahre gewirkt und betrug die Differenz desselben zwischen Licht- und Dunkelfläche in den ersten drei Jahren 4%, in den folgenden zwei Jahrzehnten 1%.

3. Der Lichtungszuwachs hat entgegen sonstigen Feststellungen am Schaft von unten nach oben relativ zugenommen, indem inmitten des Schaftes das Flächenzuwachsprozent in den letzten 40 Jahren durchweg das $1^1/_2$—2fache von unten betragen hat und in der Höhe von 10 m die Querfläche des Lichtbestandes noch $^2/_3$ der Brusthöhenquerfläche, während diejenige des Dunkelbestandes nur $^1/_2$ der Brusthöhenfläche aufweist.

4. Als Folge dieses Wuchsganges ergibt sich für die Lichtwuchsfläche der nahezu doppelt so hohe Derbholz-Massengehalt und Durchschnittszuwachs gegenüber diesen Faktoren auf der Dunkelfläche, für die Bestandsmittelstämme der Lichtfläche den 3fachen Derbholzgehalt gegenüber demjenigen der Dunkelfläche (3,9 : 1,3 fm), während die Derbholzformzahl der ersteren Fläche die doppelte Größe von derjenigen der Dunkelfläche erreicht hat (1,0 : 0,5).

5. Nach dem Sortimentsanfall der Mittelstämme des Bestandes zu schließen, steht das Nutzholzerzeugnis der Lichtfläche im Zusammenhang mit der üppigeren Kronenentwickelung und damit verbundenen Gabel- und Astbildung relativ wesentlich unter demjenigen der Dunkelfläche, was jedoch nicht hindert, daß der Wertsbetrag der Lichtfläche noch nahezu das doppelte von demjenigen der Dunkelfläche (das rd. 1,8fache) beträgt. Immerhin ist ein Optimum der Wertserzeugung für einen Lichtungsgrad zu vermuten, welcher zwischen demjenigen der v. Seebachschen Fläche und dem der Dunkelfläche liegt. Sämtliche Stärkenklassen werden voraussichtlich beim Endabtrieb anfallen, wenn auch Klasse I (über 60 cm) nur in einigen Stücken!

6. Bezüglich der Qualität des Nutzholzes ist anzufügen, daß dieselbe auf der Lichtfläche durch Ausbildung einer Zone überbreiter Jahresringe zufolge des Seebachhiebs möglicherweise eine Verringerung erfahren hat, während sich das Holz der Dunkelfläche durch gleichmäßigen Jahrringbau auszeichnet.

7. Hinsichtlich der Verjüngung ist zu bemerken: ein brauchbarer Jungwuchs ist trotz einzelner Lücken auf der Lichtfläche weder auf letzterer noch auf der Dunkelfläche vorhanden. Bei nunmehriger Vornahme eines Verjüngungshiebes ist bei der Kronenweite der Lichtwuchsstämme und bei der Qualität des Bodens Verrasung und Mißlingen der natürlichen Verjüngung auf Buche zu befürchten.

B. Aus den St. Johanner Beständen, deren Wuchsleistungen und Zustand, läßt sich für die nächstjüngere Altersstufe von 20 Jahren und unter Erinnerung daran, daß bei der Lichtfläche eine Veränderung des Seebachhiebes durch Nachlichtungen stattgefunden hat, folgern:

1. Der Lichtungshieb im 78jährigen Alter hat erhöhten Zuwachs an Kreisfläche in Brusthöhe gezeitigt, doch war der Zuwachs in dem Bestandesteil des mutmaßlichen Endbestandes (200 stärkste Stämme) erheblich größer als im Gesamtbestand, betrug hier in den letzten 25 Jahren das 1,5—1,8fache von demjenigen der Dunkelfläche, während die Zuwachsleistung des Gesamtbestandes der Lichtfläche sehr wenig über demjenigen der Dunkelfläche steht.

Wird dagegen je die Derbholzerzeugung des Gesamtbestandes in Vergleich gestellt, so berechnet sich vorbehaltlich der Richtigkeit der Massenermittlungen für die letzten 25 Jahre, wie für das Gesamtalter eine erhebliche Minderleistung der Lichtfläche, wie die letztere auch in der Höhenentwickelung zurückgeblieben ist.

2. Die Dauer des Lichtungszuwachses kann zu 20 Jahren angenommen werden, da der Stärkenzuwachs der Vergleichsbestände nach Ablauf dieser Zeit von der ersten Lichtung ab gleich geworden ist, besonders im Bestandesteil des mutmaßlichen Endbestandes die absoluten Größen der Kreisflächensummen für beide Bestände gleich geworden sind.

Der Unterschied in der Größe des jährlichen Zuwachses der Vergleichsbestände war in den 5—7 Jahren unmittelbar nach der Lichtung am größten und hat in den nächsten 13 Jahren fortlaufend abgenommen. Die Zuwachsprozente sind fürs 100jährige Alter unter

2 gesunken, während dieser Zuwachs noch in dem 120 jährigen Nür=
tinger Bestand vorhanden war.

3. Das Nutzholzerzeugnis kann noch nicht hinreichend beurteilt
werden, doch ist eigentliches Starkholz im 100 jährigen Alter nicht
vorhanden, höchstens weniges Stammholz III. Klasse (von —: 40
bis 49 cm Mittendurchmesser). Die Schaftbildung ist befriedigend,
wie auch die Gabel= und Astbildung der Lichtfläche.

4. Auf der ganzen Lichtfläche ist ein 1—2 m hoher dichter
Jungwuchs vorhanden, welcher in dem Fall weiterer Nachlichtungen
für die Endverjüngung brauchbar erscheint.

Auf die Lichtung im Jahre 1885 kam die historisch reiche Mast
von 1888, welche für die Besamung genügend sorgte, durch spätere
Sprengmasten, so 1895, noch bereichert worden ist. Der Jungwuchs
hat sich infolge der Nachlichtungen gut erhalten, dürfte aber, wenn
er für die Endverjüngung benützt werden will, erheblich zu ver=
dünnen sein.

C. Die Geislinger Bestände lassen für eine noch
jüngere Altersstufe, als wir sie bei lit. B haben, nur bedingte
Urteile zu, da die Lichtungsdauer erst 10 Jahre beträgt, nur die
ungefähre Hälfte des Zeitraumes, auf welchen z. B. in St. Johann
der Seebach hieb einschließlich der Nachlichtungen gewirkt hat.

Bis jetzt ergaben sich:

1. Der Lichtungshieb im 75 jährigen Alter hat nachweisbar er=
höhten Zuwachs an Kreisfläche in Brusthöhe nicht bewirkt,
weder im Vergleich der Lichtfläche mit der Dunkelfläche (C=Fläche),
noch in demjenigen mit den übrigen Durchforstungsvergleichsflächen
(D= und E=Fläche), ferner weder im Vergleich der Wuchsleistungen
in dem mutmaßlichen Endbestand (200 stärkste Stämme pro ha),
noch in demjenigen des Gesamtbestandes, je Licht= und Durchforstungs=
versuchsflächen verglichen. Im Gegenteil:

Die gesamte Zuwachsleistung an Kreisfläche, noch mehr
aber an Derbholzmasse steht auf der Lichtfläche erheblich
hinter der Dunkelfläche zurück, wenn auch der Zuwachs der
Vergleichsflächen an sich in den ersten 7 Jahren wesentlich höher
war, als in den nachfolgenden 3 Jahren.

2. Im mutmaßlichen Endbestand der Lichtfläche belief sich der
Kreisflächenzuwachs auf nur etwa die Hälfte von demjenigen der
Dunkelfläche, im Gesamtbestand (360 Stämme pro ha) der Licht=
fläche jedoch, verglichen mit derselben Stammzahl der C=Fläche, ist
die Differenz nur etwa halb so groß.

3. Die sämtlichen Vergleichsbestände im „Fleins" haben für das Alter 85 und die Gruppe der mutmaßlichen Haubarkeitsstämme (200 stärkste pro ha) nahezu das gleiche Zuwachsprozent an Brust=höhenquerfläche (2,2—2,5%), immerhin steht das Prozent der Lichtfläche am niedersten.

4. Die durchschnittliche Erzeugung an Quer=fläche in Brusthöhe durch die Gruppe der 360 stärksten Stämme pro ha war in sämtlichen, zum Vergleich herangezogenen Versuchs=beständen vom „Fleins" und in den letzten 35 Jahren nicht er=heblich verschieden, schwankt zwischen 0,11 und 0,12 qm jähr=lich, immerhin kommt hier das Maximum der Lichtfläche zu, wie auch, wenn wir die durchschnittlich=jährliche Kreisflächenerzeugung pro Stamm berechnen, welche zwischen 0,030 und 0,033 schwankt.

5. Auf der Lichtfläche ist —: 0,25 cm hoher, wenn auch nicht dichter und gleichmäßiger Aufschlag vorhanden, der durch denjenigen von 1909/10 vermehrt worden ist. Ob der Aufschlag für die End=verjüngung benützt werden kann, ist fraglich.

Weiteres ist abzuwarten!

D. Der Plochinger Bestand. Während des 12 jährigen Lichtwuchsbetriebs vom 78—90 jährigen Alter ist im mutmaßlichen Endbestand eine Steigerung des Zuwachsprozentes in den ersten 7 Jahren eingetreten, doch hat dieselbe in den folgenden 5 Jahren erheblich nachgelassen, so daß das Prozent von 3,5 auf 1,4, also unter dasjenige der über 100 jährigen St. Johanner und Nürtinger Bestände gesunken ist.

Der vorhandene, keineswegs gleichmäßige Jungwuchs erscheint als Bodenschutz nicht mehr erforderlich, für die Endverjüngung nicht brauchbar.

Das sind die Schlüsse, welche aus unseren Aufnahme=Ergebnissen gezogen werden konnten.

Ich gehe nun über zu Ziffer III:

Wirtschaftliche Folgerungen.

überblicke ich die Schlüsse, welche aus den Aufnahme=Ergeb=nissen und dem Zustand unserer Versuchsbestände gezogen werden konnten, so halte ich es zunächst für angezeigt, eine Trennung der Wuchsgebiete in solche außerhalb des Weißjuragebietes und solche innerhalb des letzteren vorzunehmen.

Außerhalb des Weißjuragebietes, im hügeligen nordwestlichen Vorland der Schwäbischen Alb, sind durch Einlegung eines Seebachhiebes in ehemals mittelwaldartigem Hochwaldbestand von nahezu reinen Buchen sowohl nach Massen= als nach Wertserzeugung hervorragende Ergebnisse erzielt worden, wenn auch hinsichtlich der Wertserzeugung Bedenken dahingehend vorliegen, daß das Nutzholzerzeugnis durch zu starke Kronenentwickelung, Gabel= und Astbildung gegenüber der Dunkelfläche relativ herabgedrückt, auch die Qualität des Nutzholzes durch unvermittelte Ausbildung einer Zone überbreiter Jahresringe möglicherweise geschädigt worden ist. Die Möglichkeit befriedigender natürlicher Verjüngung dürfte derzeit in Frage gestellt sein. Immerhin kann der Zweck der Starkholzzucht im 120jährigen Alter, ohne Erhöhung der Umtriebszeit über dieses Alter hinaus und mit genügenber Verzinsung des Holzvorrats, als erreicht betrachtet werden.

Im Gebiet des Weißen Jura dagegen, im Mittelgebirge der Schwäbischen Alb, mahnen die Aufnahme=Ergebnisse wie der Zustand der Versuchsbestände zur Vorsicht! In dem 100jährigen St. Johanner Bestand ist zwar für die Brusthöhenquerfläche Lichtungszuwachs auf die Dauer von 20 Jahren, am größten in den ersten 5—7 Jahren, dann fortlaufend abnehmend, übrigens wesentlich höher in der Stammzahlgruppe des mutmaßlichen Endbestandes als im Gesamtbestand, erzielt worden, aber in der Derbholzerzeugung des Gesamtbestandes liegt eine erhebliche Minderleistung der Lichtfläche gegenüber der Dunkelfläche vor.

Ähnlich, nur noch ungünstiger, ist das Verhältnis auf der Geislinger Lichtwuchsfläche, auf welcher im Vergleich zur Dunkelfläche (C=Grad), auch zu den übrigen Versuchsflächen daselbst, ein eigentlicher Lichtungszuwachs an Kreisfläche überhaupt nicht nachgewiesen werden konnte, der Kreisflächenzuwachs des mutmaßlichen Endbestandes der Lichtfläche sich in den letzten 10 Jahren tief unter demjenigen der übrigen Versuchsflächen bewegt hat, in den letzten 35 Jahren überhaupt auf sämtlichen Flächen ein wesentlicher Unterschied in der Kreisflächenerzeugung der 360 stärksten Stämme pro ha nicht zutage getreten ist. Mildernd kommt allerdings in Betracht, daß die Lichtwuchsdauer erst 10 Jahre währt, eine anderweitige Entwickelung noch eintreten kann, wenn auch nach den Vorgängen bei St. Johann und Nürtingen, auch anderwärts, nicht wahrscheinlich ist.

Die Ursachen dieser Erscheinung, daß die starken Lichtungshiebe teils nicht genügend gewirkt, teils bis jetzt versagt haben, suche ich weniger in der Art, Zusammensetzung und Vorgeschichte der betreffenden Bestände, als in der Ausführung der Hiebe an sich, welche zu viele kräftige Zuwachsträger vorzeitig und ohne entsprechenden Vorteil für den Zuwachs der Nachbarstämme entfernt haben (vgl. Belege Ziffer 3a), und insbesondere in den Verhältnissen des Standortes. Der letztere ist bei der Durchlässigkeit der oberen Weißjuraschichten vorherrschend trocken, wird durch unvermittelte starke Lichtungen auf eine Reihe von Jahren der Sonne und noch mehr den Winden preisgegeben usw. ausgetrocknet, bis sich die Kronen des Bestandes erweitert haben und wieder zu berühren beginnen. Auch haben die Jurastandorte vielfach Steinbeimengung, welche bei Bloßlegung gleichfalls austrocknend wirkt, ferner sind dieselben vielfach flachgründig, was bei Geislingen allerdings nicht zutrifft. Sodann dürfte die in den meisten Fällen rasch sich einstellende natürliche Verjüngung teils durch Wegnahme der atmosphärischen Niederschläge, teils durch die mit den Jahren fortschreitende Wurzelkonkurrenz mit dem häufig oberflächlich wurzelnden Mutterbestand schädigend wirken.

Gerade bezüglich dieser vorzeitigen natürlichen Verjüngung habe ich noch besondere Bedenken!

Nach v. Seebach soll sie mit eintretendem Bestandesschluß wieder verschwinden, erhält sich jedoch in unserem Buchengebiet des Weißen Jura nicht nur aufs beste, sondern wird durch spätere Masten, welche als Sprengmasten alle paar Jahre eintreten, noch vermehrt. Die Verjüngung setzt sich so aus mehreren Generationen zusammen und wächst um so üppiger heran. Hierdurch werden, abgesehen von der Verfilzung des Bodens durch die Wurzeln, durch die hierdurch verursachte Austrocknung und Ausmagerung im obersten Teil der vorherrschend flachgründigen Kalkböden der Endverjüngung des Bestandes große Schwierigkeiten bereitet. Es liegt ja an sich nahe, wenn diese Verjüngung eingeleitet werden will, den Jungwuchs abzuräumen und so neuer Besamung Platz zu schaffen. Allein — die auf den Stock gesetzten kräftigeren Buchen treiben Stockausschläge und verdämmen die junge Mast. Es ist Gefahr vorhanden, daß wir auf diese Weise einen Jungwuchs von vorherrschend Stockausschlägen bekommen — also einen Brennholzbestand, ferner wird die Begünstigung von besseren Nutzhölzern, der für die Alb so wichtigen Eschen und Ahorn,

welche an sich so leicht anfliegen und sich gerne schon vor Buche ein=
finden, erschwert, wenn nicht unmöglich gemacht.

In dem Vermögen des Laubholzes, zumal der Buche, aus dem
Stock auszuschlagen, liegt ein wesentlicher Unterschied gegenüber der
Weißtanne vor, bei welcher von dem Abräumen unbrauchbarer Vor=
wüchse zur Einleitung der Verjüngung mit Vorteil Gebrauch ge=
macht wird.

In Erwägung der zum Teil schwerwiegenden
Bedenken, welche sich sowohl bezüglich des Eintritts, der Größe
und Dauer des Lichtungszuwachses nach scharfem Durchhieb in v. See=
bachscher Weise, als auch bezüglich der Nutzholzquantität und =qualität,
endlich auch bezüglich der Möglichkeit und Güte der Endverjüngung
ergeben haben — Bedenken, von welchen ein Teil schon von Martin
in seinem vortrefflichen Werk: „Die Folgerungen der Bodenreinertrags=
theorie" (Bd. I) erhoben worden ist —, läßt sich eine weitere Aus=
dehnung der eingeleiteten Versuche nicht empfehlen,
noch weniger die Übertragung der Seebachhiebe in
die Praxis in größerem Maßstab. Es heißt bezüglich dieser Hiebe:
„Adhuc sub judice lis est!"

Das Endurteil kann erst auf Grund von Hiebs= und Ver=
jüngungsergebnissen der bestehenden Versuchsflächen gesprochen werden!

Mit meinem vorläufigen Urteil — der Mahnung zur Vor=
sicht — möchte ich übrigens die Verdienste v. Seebachs, welche
für die damalige Zeit und die örtlichen Verhältnisse unbestreitbar
sind und welchen insbesondere Kraft als warmer Freund des modi=
fizierten Buchenhochwaldbetriebs in seiner bahnbrechenden Schrift über
„Durchforstungen, Schlagstellungen und Lichtungshiebe" gerecht ge=
worden ist, durchaus nicht schmälern, aber eines schickt sich nicht für
alle! Generalisieren ist auch auf diesem Gebiet von Übel! Schon
Homburg erklärt in seiner „Nutzholzwirtschaft" bezüglich des
Seebachschen Hiebes:

„Man sprang ohne weiteres aus dem Dunkeln
in das Helle hinaus! Der gute Boden half zwar den Schaden
ausbessern, der geringe dagegen nahm es übel."

Bei unseren Versuchsbeständen des Jura hat es sich aber nicht
einmal um geringe Böden gehandelt, sondern um bessere Standorte,
bei welchen jedoch die Erhaltung der Bodenfeuchtigkeit eine große
Rolle spielt.

Sodann kommt bezüglich des Seebachhiebs in Betracht,
daß er eben auch ein Kind seiner Zeit war, der Brennholz=

wirtschaft in Beständen, welche vordem nicht oder ungenügend durchforstet waren. Die Praxis der Durchforstung lag damals noch im argen — begreiflich für Zeiten, in welchen der Absatz für schwache Sortimente ein geringer war, die Erziehung von starkem Buchenbrennholz die Hauptaufgabe der Wirtschaft bildete. Aber die Wirtschaftsziele sind inzwischen andere geworden! Nutzholzwirtschaft schon im Jungbestand und dementsprechende Bestandeserziehung ist die Losung! Die Förderung des Wertszuwachses ist gegenüber derjenigen des Massenzuwachses bei den Erziehungshieben in den Vordergrund getreten. Die neuere Durchforstungslehre und Praxis hat dahin geführt, daß schon im Stangenholz lichtwuchsfreundliche Hiebe mit entsprechender Stammzahlverminderung, mit Auflösung von Gruppen und insbesondere mit Pflege der guten Schaftformen eingelegt werden, daß so früh als möglich die Begünstigung von mutmaßlich künftigen Haubarkeitsstämmen in den stärksten und nutzholztauglichsten Gliedern des Bestandes Platz greift, daß sich weiterhin nach Abschluß des Hauptlängenwachstums an die Nutzholzdurchforstungen Lichtungshiebe anschließen, welche — an Stärke zunehmend und die Sonderansprüche der einzelnen Holzarten berücksichtigend — einerseits die Erziehung von Starkhölzern in mäßigem Umtrieb, andererseits der Mehrzahl der Holzarten die natürliche Verjüngung ermöglichen.

Von diesen Gesichtspunkten aus bedarf es meines Erachtens besonderer Formen des Lichtwuchsbetriebes nicht, wie sie außer v. Seebach mit dem modifizierten Buchenhochwaldbetrieb, Urich mit seinem Kulissenhieb, Homburg in seiner Nutzholzwirtschaft, Wagener, Borgmann u. a. vorgeschlagen, auch wie die letzteren versuchsweise angewendet, wie Vogl in Salzburg in Nadelholz- und gemischten Beständen grundsätzlich durchgeführt haben. Vollends liegt kein Bedürfnis besonderer Lichtwuchsformen, wie sie auf dem Boden des Laubwaldes, vor allem Buchenhochwaldes erwachsen sind, für das Nadelholz vor, bei welchem während des größten Teils der Umtriebszeit die Langholzzucht im Vordergrund steht, die Rücksicht auf Starkholzzucht erst in zweiter Linie kommt, die Zwecke der letzteren in den vom Markt geforderten Sortimenten im Rahmen eines Durchforstungs- und Lichtungsbetriebs in modernem Sinn und mäßiger oder für Kiefer nur wenig höherer Umtriebszeiten erreicht werden können.

Die Antwort auf die Frage unseres Themas, welche in vorstehenden Ausführungen schon enthalten ist, lassen Sie mich dahin nochmals zusammenfassen:

Die Erfahrungen mit den versuchsweise angewendeten besonderen Formen des Lichtwuchsbetriebes für die Zwecke der Starkholzzucht, insbesondere mit dem v. Seebach schen Lichtungshieb, zumal im Kalkgebiet des Schwäbischen Jura, sind bis jetzt nicht derart, daß die Anwendung dieser Hiebsform auf größeren Flächen, jedenfalls nicht auf geringen Standorten empfohlen werden könnte. Die vorgeschlagenen Formen können aber auch für diejenigen Waldgebiete nicht mehr als Bedürfnis erachtet werden, in welchen der Durchforstungsbetrieb auf der Höhe der Zeit steht, in welchen von Jugend auf die wichtigste Vorarbeit der Starkholzzucht geleistet wird: die lichtwuchsfreundliche Bestandeserziehung mit Auswahl und Pflege der besten Schaftformen im Sinn der Heck schen freien Durchforstung und stets das Ziel der Nutzholzwerbung vor Augen! (Lebhaftes Bravo.)

Rechnerische Belege zum Vortrag des Mitberichterstatters zu Thema I.

Die Aufnahmeergebnisse der Versuchsbestände.

1. Die Ergebnisse der haubaren Bestände von Nürtingen.

Die für die Vergleichsbestände charakteristischen Zahlen sind in nachstehender Tabelle enthalten:

	Dunkel-Fläche	Licht-Fläche
Größe	— : 0,79 ha	— : 0,74 ha
Stammzahl pro ha	— : 328	— : 201 oder 200 [1])
Kreisfläche „ „		
a) Gesamtbestand	— : 28,60 qm	} 24,55 qm
b) Endbestand	— : 17,61 „	
Mittelstamm-Durchmesser in 1,3 m beim		
a) Gesamtbestand	— : 33,3 cm	} — : 39,5 cm
b) Endbestand	— : 37,7 „	
Der Bestandsmittelstämme durchschnittlich		
a) Derbholzgehalt	— : 1,3 fm	— : 3,9 fm
b) Höhe	— : 30,2 m	— : 31,7 m
c) Derbholzformzahl	— : 0,51	— : 1,00
d) Durchmesser in 5 m Höhe	— : 29,4 cm	— : 35,1 cm

Nach diesen Aufnahmeergebnissen beträgt die Stammzahl (N) der Lichtfläche etwa $^2/_3$ von derjenigen der Dunkelfläche, welch letztere übrigens nur ca. 90% der St. unserer Normalbestände enthält, die Kreisfläche (G) der Lichtfläche rund 85% von derjenigen der Dunkelfläche, der Mittelstamm-Durchmesser in Brusthöhe bei der Lichtfläche 39,5 cm, bei der Dunkelfläche 33,3 cm, der Derbholzgehalt (V) der Bestandsmittelstämme auf der Lichtfläche — : 3,9 fm, auf der Dunkelfläche 1,3 fm, die Formzahl (f) des Derbholzes auf der Lichtfläche — : 1,0, auf der Dunkelfläche 0,5.

---

[1]) = 200, wenn ein schwacher Stamm mit 15 cm Brusthöhenstärke unberücksichtigt bleibt.

Werden die Derbholzmassen (V) der Vergleichsbestände berechnet einerseits nach dem Mittelstammverfahren direkt, andererseits als Produkt aus Kreisflächensumme (G) und der mittleren Formhöhe (hf) der Probestämme, so erhalten wir nach)

v N = V der Dunkelfläche = 423 fm, der Lichtfläche —: 784 fm
hf G = „   „   = 440 „   „   „   —: 777 „

als Mittelwerte rd. = 430 fm, der Lichtfläche —: 780 fm
je pro ha, welche Massen jährliche Durchschnittszuwachse von

3,6 fm auf der Dunkelfläche ⎫
6,5 „   „   „   Lichtfläche ⎭ je pro ha

ergeben.

Aus diesen Ergebnissen ist hervorzuheben:

1. Der derzeitige Massengehalt der haubaren Lichtfläche ist nahezu gleich dem doppelten (genau 1,8fachen) Gehalt der Dunkelfläche und infolgedessen stellt sich der jährliche Durchschnitszuwachs der Lichtfläche ebenfalls auf nahezu das Doppelte (genau das 1,8fache) vom Zuwachs der Dunkel= fläche; er steht mit 6,5 fm über dem Durchschnittszuwachs unserer Normal= bestände für Bu I Bon. und das Alter 120 (6,1 fm) bei ungefähr halber Stammzahl, während der Dz der Dunkelfläche mit 3,6 fm nur demjenigen von III/IV Bon. gleichkommt.

2. Der Massengehalt des Bestandsmittelstammes der Lichtfläche ist gleich dem dreifachen Gehalt von demjenigen der Dunkelfläche, während die Formzahl des ersteren Mittelstammes doppelt so hoch wie diejenige der Dunkelflächen=Mittelstämme ist.

Das Ergebnis von Ziffer 2 ist für den Sortimentsanfall und be= sonders das Nutzholzerzeugnis von wesentlicher Bedeutung. Ich habe versucht, jenen Anfall theoretisch an der Hand von Übersichten über die Durchmesser= abnahme mit zunehmender Höhe an den Mittelstämmen der Vergleichsbestände zu konstruieren, bin aber zu der Ansicht gekommen, daß die Zahl der unter= suchten Stämme zu gering ist, um ein zuverlässiges Urteil zu gewinnen. Die Feststellung des Sortimentanfalls von Mittelstämmen des Bestandes genügt an sich nicht; es müßten mindestens Klassenprobestämme, etwa nach Hartig= schem Auswahlverfahren, gefällt und untersucht werden. Mit allem Vorbehalte teile ich folgendes mit:

Von 100 fm entfallen
auf der Dunkelfläche —: 84 fm auf Nutzholz, 16 fm auf Brennholz
„   „   Lichtfläche —: 45 fm „   „   55 fm „   „
Werden die durchschnittlichen Reinerlöse für Nutzholz auf der Dunkel= fläche zu 17 Mk., auf der Lichtfläche zu 21 Mk. für 1 fm, diejenigen für Brennholz zu 9 Mk. bezw. 11 Mk. für 1 fm veranschlagt, so ergibt sich als Wert der 100 fm auf der Dunkelfl. —: 1572 Mk., Lichtfläche —: 1550 Mk.

Bestandeswert ⎫
pro ha   ⎭ „ „ „ —: 6760 Mk., „ —: 12010 Mk.,

die Lichtfläche hiernach den 1,8fachen Wertbetrag der Dunkelfläche.

Das relativ geringere Nutzholzerzeugnis der Lichtfläche — dem Prozent= satz nach — fällt hier auf, dürfte sich auch infolge der Ableitung aus Bestands= mittelstämmen zu nieder ergeben haben, aber in dem Lichtungsbestand spielt die ſtärkere Aſt- und Gabelentwickelung, also die üppigere Kronenent-wickelung von der Freiſtellung ab eine gewiſſe Rolle. Ein entſcheidendes Urteil kann hier nur Kahlhieb bringen! Immerhin iſt der Schluß gerechtfertigt, daß ſich zwiſchen den beiden Lichtungsgraden der Vergleichsflächen ein Optimum befindet, bei welchen ſowohl das Geſamtmaſſen-, als auch das Nutzholzerzeugnis befriedigt bezw. die höchſten Reinerlöſe pro ha liefert.

Von beſonderem Intereſſe muß es nun ſein, zu unterſuchen, wie ſich der Durchmeſſer- und Kreisflächenzuwachs der Beſtandsmittel-ſtämme im Lauf des Lichtwuchsbetriebs im Vergleich zum Dunkelbeſtand entwickelt hat. Ich habe zu dem Zweck Stärkenanalyſen an Scheiben aus Bruſthöhe und aus halber Höhe der Stämme ausgeführt und das in nach-folgender Tabelle Enthaltene feſtgeſtellt.

Die periodiſchen Flächenzuwachsprozente mit Hilfe der Preß-lerſchen Näherungsformel und als arithmet. Mittel von 3 St. der Dunkel-flächen und von 2 St. der Lichtfläche berechnet, betrugen:

Im Versuchsbestand der	in Brusthöhe in den rückliegenden Wuchsperioden von vor					in halber Schafthöhe in den rückliegenden Wuchsperioden von vor				
	1—10	11—20	21—30	31—40	41—43	1—10	11—20	21—30	31—40	41—43
	Jahren					Jahren				
Dunkelfläche	2,1	1,7	1,9	2,9	4,2	3,0	3,8	4,8	5,6	8,1
Lichtfläche	1,8	1,8	3,3	4,1	8,2	2,8	3,5	3,8	6,4	7,9

Runden wir die vorſtehenden Poſitionen auf ganze Prozentbeträge auf bezw. ab, ſo erhalten wir folgende Zahlen, welche für unſere Feſtſtellungen ge-eigneter ſind:

Fläche	in Brusthöhe und für die Wuchs-periode von vor					in halber Schafthöhe und für die Wuchs-periode von vor				
	1—10	11—20	21—30	31—40	41—43	1—10	11—20	21—30	31—40	41—43
	Jahren					Jahren				
Dunkelfläche	2	2	2	3	4	3	4	5	6	8
Lichtfläche	2	2	3	4	8	3	3	4	6	8

Hiernach hat der Lichtungszuwachs in den ersten 3 Jahren nach der Lichtung in Brusthöhe das Doppelte ($= 8\%$) von demjenigen der Dunkelfläche ($= 4\%$) betragen, ist in den folgenden 10 Jahren auf die Hälfte ($= 4\%$) bezw. auf den Anfangsstand der Dunkelfläche zurückgegangen, aber noch um 1% höher als auf der letzteren Fläche, im 2. folgenden Jahrzehnt auf 3%, einen immer noch um 1% höheren Betrag gegenüber der Dunkelfläche, um sich sodann nach 23 Jahren dem Zuwachsprozent der Dunkelfläche mit 2% gleichzustellen und die weiteren 2 Jahrzehnte bis jetzt gleichzubleiben auf beiden Flächen.

Der Lichtungszuwachs hat somit in Brusthöhe auf 23 Jahre gewirkt; in den ersten 3 Jahren unvermittelt in sehr hohem Maß, in den nachfolgenden 2 Jahrzehnten sukzessiv abnehmend. Die Differenz zwischen Licht- und Dunkelfläche betrug in den ersten 3 Jahren 4%, in den weiteren 2 Jahrzehnten 1%.

In halber Höhe des Schaftes (15 m Durchschn.), von wo ab vielfach Ast- und Gabelbildung beginnt, tritt in den ersten 13 Jahren nach der Lichtung ein Unterschied zwischen den beiden Vergleichsbeständen nicht hervor; der beiden gleich hohe Prozentsatz des Flächenzuwachses (8% in den ersten 3 Jahren, 6% in den folgenden 10 Jahren) sinkt in den nachfolgenden 2 Jahrzehnten auf der Lichtfläche je um 1% unter denjenigen der Dunkelfläche, um im letzten Jahrzehnt wieder gleich zu werden. Aber — um dies hier ausdrücklich entgegen sonstigen Feststellungen, wie früher von H. Nördlinger, später R. Hartig und von Professor Martin hervorzuheben —, sind die Flächenzuwachsprozente in den letzten 10 Jahren oben durchweg höher als unten gewesen und zwar um das $1\frac{1}{2}$—2fache. Nur in den ersten 3 Jahren nach der Lichtung war der Prozentsatz auf der Lichtfläche oben und unten gleich; auf der Dunkelfläche oben doppelt so hoch wie unten.

Der Querflächenzuwachs ist derzeit mit 2% unten und 3% oben für das 120jährige Alter in beiden Vergleichsbeständen noch ein befriedigender zu nennen.

Ein Bild der Querflächenabnahme nach oben als Ausdruck der Vollholzigkeitsverhältnisse und damit der Nutzholzerzeugung für die 200 stärksten Stämme pro ha gibt folgende Übersicht. Es betragen:

Die Querfläche G in der Höhe von m	auf der Dunkelfläche		auf der Lichtfläche	
	qm	in % von $G_{1,3}$	qm	in % von $G_{1,3}$
15	6,90	$= 39$	10,26	$= 56$
10	8,97	$= 51$	12,20	$= 67$
5	10,73	$= 61$	14,40	$= 80$
1,3	17,61	$= 100$	18,17	$= 100$

Die Querflächenabnahme nach oben ist demnach eine erheblich geringere auf der Lichtfläche als auf der Dunkelfläche; in der für die Nutzholzausformung wichtigen Höhe von 10 m beträgt die Querfläche des gelichteten Bestandes noch rund $\frac{2}{3}$ der Brusthöhen-Querfläche, diejenige des Dunkelbestandes nur $\frac{1}{2}$ dieser Querfläche.

2. Die Ergebnisse der angehend haubaren Bestände von St. Johann-Urach (Stw. Roßhalde).

Über die von mir vor 25 Jahren angelegten und seitdem von der Versuchsanstalt behandelten, nunmehr 102 bezw. 103 jähr., 0,25 ha großen Vergleichsbestände ist zu bemerken, daß die Lichtfläche ursprünglich eine etwas größere Stammzahl besessen hat als die Dunkelfläche und daß die letztere anfangs im B-Grad der Versuchsanstalt behandelt, später im C-Grad (Eingriff in die beherrschten Stämme) durchforstet worden ist.

Auf der Lichtwuchsfläche wurde stufenweise in der Art vorgegangen, daß nach Stellung des Schlages noch 3 weitere Lichtungen in Zwischenräumen von 5 bezw. 6 und 10 Jahren ausgeführt worden sind; ein Vorgehen, welches nicht beabsichtigt war. Streng genommen liegt hier somit kein rechter Seebach mehr vor, sondern schon eine Modifikation desselben.

Im einzelnen wurden von der ursprünglichen Stammzahl vor der Lichtung von 1000 St. pro ha entfernt:

bei der 1. Lichtung (Seebach) im Alter 78 — : 400 St. = 40 %
     2.   „   „ „   83 — : 150 „ = 15 „
     3.   „   „ „   89 — : 110 „ = 11 „
     4.   „   „ „   99 — : 60 „ = 6 „
                             Sa. — : 720 St. = 72 %

es bleiben somit nach 4 Lichtungen in 21 Jahren noch übrig — : 28 % von der Stammzahl des nicht gelichteten Bestandes.

Auf die bei der Hauptlichtung entfernten 400 St. entfielen 35 % der Kreisfläche und nach seinerzeitiger Berechnung ebensoviel Prozent von der Derbholzmasse.

Auf der Dunkelfläche mit der Anfangsstammzahl von 900 St. pro ha entfernte die

Lichtung im Alter 82 — : 324 St. = 36,0 %
   „   „   „ 88 — : 104 „ = 11,5 „
   „   „   „ 98 — : 88 „ = 9,8 „
             Sa. — : 516 St. = 57,3 %

während an Stammzahl verblieben — : 42,7 %.

Es liegen 6 periodisch wiederholte Kreisflächen- und sonstige Aufnahmen vor, von welchen 4 mit den Hieben zusammenfielen.

Von den Ergebnissen der Aufnahme ist für unsere Zwecke herauszugreifen:

a) Betreffs des Gesamtbestandes.

Einschließlich des Lichtungs- bezw. Durchforstungsanfalls betrug in den letzten 25 Jahren der

	Gesamtzuwachs		Jährliche Durchschnittszuwachs	
	Kreisfl. Sa. qm	Derbholz Masse: fm	Kreisfl. Sa. qm	Derbholz Masse: fm
Lichtfl.	— : 13,9	245	0,56	9,8
Dunkelfl.	— : 12.4	308	0,50	12,3

Dabei ist die Kreisflächen-Summa des bleibenden Bestandes bei der Lichtfläche von 32,4 qm nach den 3 Lichtungen wieder auf 22,8 qm gekommen, bei der Dunkelfläche hat sich dieselbe von 33,5 qm nach 3 Durchforstungen auf —: 28,5 qm erniedrigt, steht aber noch um 5,7 qm höher als auf der Lichtfläche.

Der Durchhiebsanfall ergab bei der

<pre>
        Lichtfläche: 1. Lichtung   11,9 qm Kreisfl. mit 138 fm
                3 Durchforstungen 13,5 „   „   „   167 „
                                   ───────   ───────
                             —: 25,4 qm   „   —: 305 fm
Dunkelfläche: 3   „   —: 17,4 „   „   —: 225 „
</pre>

Die Zuwachsleistung von 25 Jahren der Lichtfläche an Kreisfläche steht nach obigem sehr wenig über derjenigen der Dunkelfläche, die Leistung der ersteren an Derbholz-Zuwachs sogar erheblich unter demjenigen der Dunkelfläche, infolgedessen sich stellen die derzeitige

<pre>
        Kreisflächen-Sa. der Lichtfläche   auf 22,8 qm
              „   „   Dunkelfläche   „ 28,5 „
        Derbholzmasse   „   Lichtfläche   „ 329   fm
              „   „   Dunkelfläche   „ 471   „
</pre>

Die Gesamtholzerzeugung der 78 Jahre betrug, wenn die früheren Durchforstungsanfälle außer Betracht bleiben, bei der

<pre>
        Lichtfläche   —: 634 fm = 8,1 fm jährlich
        Dunkelfläche —: 696 „ = 8,9 „   „
</pre>

Die Lichtfläche steht sonach rücksichtlich der Derbholz-Zuwachs-Leistung sowohl in den letzten 25 Jahren, als während des Gesamtalters von 78 Jahren, abgesehen von früheren Durchforstungsanfällen, welche als gleich unterstellt werden können, erheblich hinter der Dunkelfläche zurück, nur hinsichtlich der Kreisflächensumme in Brusthöhe und der mittleren Stärke der Stämme mit 32,5 cm gegenüber derjenigen der Dunkelfläche mit 30,8 cm, auch in der Bestandsformzahl mit 0,63 (gegenüber 0,55) ist sie überlegen, dagegen steht sie an mittlerer Höhe mit 28,2 m hinter derjenigen der Dunkelfläche mit 29,8 m, also um 1,6 m zurück.

b) Betreffs des mutmaßlichen Endbestandes.
(200 st. St. pro ha.)

Hier können wir nur die Veränderungen der Kreisflächensummen, der prozentualen Anteile dieser an den Kreisflächensummen des Bestandes, der Mittelstämme und ihres Zuwachses untersuchen. Die graphische Auftragung der Kreisflächengrößen für die einzelnen Aufnahmen in ein Koordinatennetz vermittelt uns die Feststellung des Zuwachsgangs der Kreisflächensummen des Endbestandes, eine analoge Darstellung die Kenntnis des Zuwachsgangs der Mittelstammstärken während der 25 Jahre.

Es betrugen:

Im Versuchsbestand der	im Alter	die Kreisflächensummen		
		des bleibenden Bestandes qm	des Endbestandes	
			absolut qm	in % des bleibenden Bestandes
Lichtfläche	{ 78	22,4	10,7	48,0 }
	103	22,8	18,5	81,1 }
			Diff. = 7,8	
Dunkelfläche . .	{ 77	33,5	12,8	38,2 }
	102	28,5	18,4	64,5 }
			Diff. = 5,6	

Die Mittelstammstärken haben sich entwickelt

auf der Lichtfläche von —: 26,1 cm auf 34,3 cm

„ „ Dunkelfläche „ —: 28,5 „ „ 34,2 „

welche Beträge einem jährlichen Durchschnittszuwachs von —: 0,33 cm im Lichten, 0,23 cm im Dunkeln entsprechen.

Die Lichtfläche hat, obgleich die beiderseitigen absoluten Größen derzeit gleich sind, einen höheren Zuwachs als die Dunkelfläche gehabt: nämlich von 7,8 qm gegenüber 5,6 qm, durchschnittlich jährlich von 0,31 qm gegenüber 0,22 qm der Dunkelfläche; die Lichtfläche ist in der Kreisflächensumme trotz der um 2,1 qm niedrigeren Anfangssumme nach 25 Jahren auf den gleichen Kreisflächenbetrag wie die Dunkelfläche gekommen.

Der prozentuale Anteil des Endbestandes an der Kreisflächensumme des gesamten bleibenden Bestandes ist bei der Lichtfläche auf ⁴/₅, bei der Dunkelfläche auf nur rd. ²/₃ gestiegen. Der Kreisflächenzuwachs betrug in den 25 Jahren für je 5 jährige Wuchsperioden:

Im Versuchsbestand der	in den Perioden von . . . . Jahren				
	75—80	80—85	85—90	90—95	95—100
	Zuwachsprozente der Kreisfläche				
Lichtfläche	2,5	2,8	2,5	2,2	1,8
Dunkelfläche . . .	1,7	1,5	1,4	1,3	1,4

Aus der Tabelle ist zu entnehmen, daß auf der Lichtstandsfläche ein höherer Zuwachs als auf der Dunkelfläche erfolgt ist, daß auf ersterer das Zuwachsprozent das 1,5—1,8fache von demjenigen der Dunkelfläche in den letzten 25 Jahren betragen hat, der Unterschied in der Höhe des Prozentes unmittelbar nach der Lichtung, im Alter 80—85 am größten gewesen ist, dann sukzessive abgenommen hat, von

1,3 auf 0,4 gefallen ist. Auf der Lichtfläche ist das % im Alter 95—100 mit 1,8 unter 2 % und annähernd auf dasjenige der Dunkelfläche im Alter 75—80 gesunken. Die Zuwachsprozente der Vergleichsflächen sind sich nunmehr sehr nahe gekommen, so daß eine Nachwirkung der Lichtungen bald nicht mehr nachzuweisen sein wird. Die Zuwachsprozente sind an sich niederer als in den Versuchsbeständen von Nürtingen.

Diese Wachstumsverhältnisse kommen in dem Stärkezuwachs der Mittelstämme (in 1,3 m) des Endbestandes entsprechend zum Ausdruck.

Der Stärkezuwachs in Brusthöhe belief sich:

Versuchs-bestand	in der Altersperiode von . . . . Jahren					
	75—80	80—85	85—90	90—95	95—100	100—105
	Millimeter					
Licht . .	2,6	2,6	2,6	2,8	2,6	—
Dunkel . .	2,4	2,2	2,2	2,2	2,6	2,6

Nach dieser Übersicht ist der Stärkenzuwachs der Vergleichsbestände im Alter 95—100, also etwa 20 Jahre nach der 1. Lichtung gleich geworden.

Das vorläufige Urteil über die St. Johanner Bestände kann dahin gehen, daß, wenn auch die Lichtfläche in der gesamten Derbholzerzeugung in den letzten 25 Jahren und im Gesamtalter erheblich hinter der Dunkelfläche zurückgestanden ist, doch in dem für die Starkholzzucht entscheidenden Teil des Bestandes der 200 stärksten Stämme pro ha das Zuwachsprozent der Querfläche ein größeres gewesen ist und infolgedessen hier der Anteil an der Kreisflächensumme des Bestandes und damit auch mutmaßlich im Derbholzzuwachs auf über ⁴/₅ geht. Die absoluten Größen der Kreisflächensummen und Mittelstammstärken sind für beide Vergleichsbestände nunmehr gleich geworden, während die Vornutzungen mit der werbenden Eigenschaft der Gelderträge auf der Lichtfläche das etwas über 1 ¹/₃ fache von denjenigen der Dunkelfläche betragen haben.

Ein endgültiges Urteil kann erst gefällt werden, wenn der Bestand haubar geworden ist und der Sortimentsanfall auf den Vergleichsflächen festgestellt werden kann. Eines möchte ich aber betonen, daß eigentliches Starkholz noch verschwindend wenig in dem 103 jährigen Bestand vorhanden ist, das Stammholz vorwiegend in IV. und V. Klasse fällt.

3. Die Ergebnisse der 85 jährigen Vergleichsbestände von Geislingen.

Von der interessanten Serie der Durchforstungs- und Lichtungs-Versuchsflächen stelle ich, wie früher bemerkt, in erster Linie den im früheren C-Grad der Versuchsanstalten durchforsteten Bestand in Vergleich mit der Seebach-Fläche, welche vom 53—68 jährigen Alter im B-Grad, im 68—75 jährigen Alter im B—C-Grad behandelt und im 75 jährigen Alter nach v. Seebach gelichtet worden ist.

Der eigentliche Lichtwuchsbetrieb dauert daher hier erst 10 Jahre, so daß seine volle Wirkung noch nicht übersehen werden kann.

Die übrigen Versuchsflächen werde ich nur teilweise zum Vergleich heranziehen. Sämtliche Flächen stehen übrigens 35 Jahre als Durchforstungsvergleichsflächen in Behandlung, sind seinerzeit von Herrn Professor Dr. Bühler als Assistent der Forstlichen Versuchsanstalt angelegt worden.

Von den Aufnahmeergebnissen greife ich hier wiederum heraus: die Erzeugung an gesamter Derbholzmasse, diejenige des mutmaßlichen Endbestandes an Kreisflächensumme, Mittelstammstärken usw.

Im einzelnen ist zu bemerken, daß von den Vergleichsflächen die Dunkelfläche (C-Fl.) ursprünglich eine übergroße Stammzahl besessen, der Durchforstung offenbar entbehrt hat. Es wurden im 53 jährigen Alter zur Herstellung des C-Grads der Durchforstung nahezu 90 % der Stammzahl entfernt, diese von 15 844 auf 1844 gebracht, während auf der ehemaligen B-Fläche, jetzigen Lichtungs- bezw. Seebach-Fläche ursprünglich sich nur 2976 Stämme befunden haben und diese auf 1516 (= 51 %) reduziert, also 49 % der Stammzahl entfernt worden sind.

Auf letzterer Fläche wurde der Lichtungshieb in der Art geführt, daß von der Stammzahl vor der Lichtung mit

$$876 \text{ St. pro ha} - : 508 \text{ St.} = 58\%$$

entfernt worden sind, so daß die Stammzahl der Seebachfläche 368 St. pro ha betrug. Inzwischen, also seit 10 Jahren sind nur 8 Stämme im Scheidholzweg abgegangen, so daß die derzeitige Stammzahl sich auf

$$360 \text{ St. pro ha beläuft.}$$

Die Kreisflächensumme wurde bei der Lichtung von 31,9 qm auf 17,0 qm gebracht, also 14,9 qm = 47 % entfernt.

Die Vergleichung der Wachstumsleistungen ergab folgendes:

a) Bezüglich des Gesamtbestandes.

Unter Einbeziehung des Lichtungs- bezw. Durchforstungsanfalls erhielten wir für die letzten 10 Jahre:

	Wuchsperiode vom Alter	Gesamtzuwachs		Jährl. Durchschnittszuwachs	
		Kreisfl.-Sa. qm.	Derbh.-Masse fm	Kreisfl.Sa. qm	Derbh.Masse fm
Licht-fläche	$\frac{75}{82}$	—: 5,09	85	—: 0,73	12,1
	$\frac{82}{85}$	—: 1,68	27	—: 0,56	9,0
	Durchschnitt: $\frac{75}{85}$	—: 6,77	112	—: 0,68	11,2
Dunkel-fläche	$\frac{75}{82}$	—: 6,00	101	—: 0,86	14,4
	$\frac{82}{85}$	—: 1,70	35	—: 0,57	11,7
	Durchschnitt: $\frac{75}{85}$	—: 7,70	136	—: 0,77	13,6

Nach dieser Übersicht stand in den letzten 10 Jahren die gesamte Zuwachsleistung der Lichtfläche sowohl hinsichtlich der Kreisfläche als noch mehr bezüglich der Derbholzerzeugung erheblich hinter der Leistung der Dunkelfläche zurück, was insbesondere beim jährlichen Dz mit

0,68 qm und 11,2 fm auf d. Lichtfläche
0,77 qm und 13,6 fm auf d. Dunkelfläche

sich zeigt. Es dürfte hier zum Ausdruck kommen, daß auf der Lichtfläche die Lichtstandsdauer noch eine relativ kurze, nur 10jährige, auf der Dunkelfläche eine erheblich größere Anzahl kräftiger Zuwachsträger vorhanden ist und wirkt.

Aus den Tabellen geht weiter hervor, daß auf den beiden Vergleichsflächen der Zuwachs in den ersten 7 Jahren wesentlich höher war als in den letzten 3 Jahren der Wuchsperiode.

Der mittlere Durchmesser der Bestände hat sich seit 10 Jahren entwickelt auf der

Lichtfläche   von 24,3 cm auf 28,8 cm = 0,45 cm Dz
Dunkelfläche   „   20,7 „   „   24,3 „ = 0,36 „   „

die mittlere Höhe auf der

Lichtfläche   von 24,4 m auf 25,8 m = 0,14 m Dz
Dunkelfläche   „   22,5 „   „   26,2 „ = 0,37 „   „

Hiernach hat auf der Lichtfläche ein relativ größerer Stärkenzuwachs, als Höhenzuwachs stattgefunden, indem die Lichtfläche eine Mehrleistung an jährlich. Stärkenzuwachs von 0,09 cm, eine Minderleistung 'an jährlichem Höhenzuwachs von 0,23 m aufweist.

b) Bezüglich des mutmaßlichen Endbestandes.
(200 st. St. pro ha.)

Die Untersuchung der Kreisflächenentwickelung von dem stärksten Bestandteil, des Mittelstammzuwachses usw. nach dem Vorgang bei Ziffer 2 b ergab nachstehendes:

Es betrugen pro ha:

Versuchsbestand	im Alter	die Kreisflächensummen		
		des bleibenden Bestandes qm	des Endbestandes	
			absolut qm	in % des bleibenden Bestandes
		(cm)	(cm)	
Lichtfläche {	75	17,03 (24,3)	12,52 (28,0)	73,5
	85	23,42 (28,8)	14,84 (37,7)	63,4
			Diff. = 2,32 = 0,23	
Dunkelfläche {	75	23,3 (20,7)	10,96 (26,1)	47,0
	85	29,2 (24,3)	15,60 (31,9)	53,4
			Diff. = 4,64 = 0,46	

Die Mittelstammstärken haben sich entwickelt auf der

Lichtfläche   von — : 28,0 cm auf 31,7 cm
Dunkelfläche „   — : 26,1 „   „ 31,9 „

welche Beträge einen Durchschnittszuwachs

von 0,37 cm im Lichten
„ 0,58 „ „ Dunkeln

entsprechen.

Die Lichtfläche hat hier bei Annäherung der absoluten Kreisflächen=summenbeträge (Differenz nur noch — : 0,8 qm) nur etwa die Hälfte vom Zuwachs der Dunkelfläche gezeitigt, so daß der Anteil des End=bestandes an der Kreisflächensumme des bleibenden Bestandes von 73,5 % auf 63,4 %, d. h. ungefähr von $^3/_4$ auf $^2/_3$ zurückgegangen ist, während jener Anteil auf der Dunkelfläche von 47,0 % auf 53,4 % gestiegen ist.

Der Kreisflächenanteil der Dunkelfläche mit 47 % entspricht etwa dem=jenigen der Lichtfläche von St. Johann für dasselbe Alter.

Zur Erklärung dieser Zuwachsverhältnisse möchte ich die analogen Zahlen von der D und E=Versuchsfläche im „Fleins" zuziehen. Hier stellen sich pro **ha**:

Versuchs=bestand		Im Alter	die Kreisflächensummen		
			des bleibenden Bestandes qm	des Endbestandes	
				absolut qm	in % des bleibenden Bestandes
D	{	74	22,9	10,40	45,4
		91	27,8	15,88	57,1
				Diff. = $\overline{5,48}$ = 0,32	
E	{	75	25,2	10,32	41,0
		85	29,2	13,36	45,7
				Diff. = $\overline{3,04}$	
				= 0,30 p. a.	

Die Durchschnittsleistung der 200 stärksten Stämme stellt sich bei beiden Flächen auf — : 0,31 qm fürs Jahr, so daß sich der prozentuale Anteil jener Stämme an der Kreisflächensumme des Bestandes auf der D=Fläche von 45 auf 57 in 17 Jahren, auf der E=Fläche von 41 auf 46 in 10 Jahren gehoben hat. Die beiden Flächen leisteten etwas weniger als das $1^1/_2$fache der Seebachschen Fläche — bei welcher allerdings die Versuchsdauer noch an=hält bezw. weitere 10—15 Jahre bis zu einem endgültigen Urteil mindestens abgewartet werden müssen.

Der Kreisflächenzuwachs an sich betrug in den 10 Jahren vom 75—85jährigen Alter für 2 fünfjährige Perioden:

Im Versuchsbestand der	In der Wuchsperiode der Altersstufen von . . Jahren	
	75—80	80—85
	Zuwachsprozente	
Lichtfläche . . .	2,5	2,2
Dunkelfläche (C) .	3,8	3,2
D.=Fläche . . .	2,7	2,5
E=Fläche . . .	2,7	2,4

Für die Lichtstandsfläche ist, wie nach obigem zu vermuten, ein erheblich geringeres Zuwachsprozent als auf der Dunkelfläche festzustellen, so daß auf letztere der 1½ fache Betrag des Zuwachsprozentes der Lichtfläche entfällt. Die Lichtfläche hat nahezu das gleiche Prozent aufzuweisen wie die zur Vergleichung beigezogenen D= und E=Flächen.

Die C=Fläche dürfte besonders günstige Wuchsverhältnisse haben, was bei der Vergleichung mit den Leistungen der Lichtfläche das Urteil über die letztere herabdrückt.

Im Stärkenzuwachs der Mittelstämme drücken sich diese Verhältnisse folgendermaßen aus:

Versuchsbestand	Stärkenzuwachs in der Altersperiode von . . Jahren	
	75—80	80—85
	Millimeter	
Lichtfläche . . .	3,6	3,8
Dunkelfläche . .	5,8	5,8
D = Fläche . .	3,6	3,6
E = Fläche . .	3,6	3,6

Der Stärkenzuwachs der Lichtfläche steht auch hier wesentlich unter demjenigen der Dunkelfläche, jedoch demjenigen der stärksten Durchforstungsgrade der Versuchsanstalt, den D= und E=Durchforstungen gleich.

Hervorzuheben ist, daß die sämtlichen Vergleichsbestände, welche stärker oder nach anderem System (Hochdurchforstung) gelichtet worden sind als die C=Fläche derzeit im 85jährigen Alter nahezu das gleiche Zuwachsprozent an Kreisfläche für die 200 stärksten Stämme haben = 2,2—2,5.

Ein anderes und zwar günstigeres Bild von den Zuwachsleistungen der Lichtfläche erhalten wir, wenn wir die Wuchsleistungen der 360 stärksten Stämme pro ha, also der derzeitigen Stammzahl der Lichtfläche, in Vergleich stellen mit der korresp. Stammzahl der C-Fläche, ergänzend auch der D und E-Fläche, weiterhin die Leistungen in den letzten 35 Jahren, also nicht bloß in den letzten 10 Jahren.

Im Versuchs-bestand der	In der Wuchsperiode von . . . . Jahren					
	60—65	65—70	70—75	75—80	80—85	85—90
	betrugen die Zuwachsprozente					
Lichtfl. (S)	3,2	3,0	2,7	2,4	2,1	1,9
Dunkelfl. (C)	4,8	4,0	3,5	3,1	2,7	2,3
D = Fläche	2,4	2,3	2,3	3,0	2,6	2,4
E = Fläche	3,3	2,9	3,1	2,7	2,4	2,2

Die Unterschiede in den Zuwachsprozenten zwischen Licht (S) und Dunkelfläche (C) sind hier nur halb so groß wie bei Vergleichung der 200 stärksten Stämme, wenn auch die Lichtfläche noch das niederste Zuwachsprozent zeigt; entsprechend gestaltet sich auch der Stärkenzuwachs der Mittelstämme wie folgt:

Im Versuchs-bestand der	In der Wuchsperiode von . . . . Jahren					
	60—65	65—70	70—75	75—80	80—85	85—90
	betrug der Stärkenzuwachs in mm					
Lichtfl. (S.)	3,2	3,6	3,6	3,8	3,8	3,6
Dunkelfl. (C)	3,6	3,4	3,4	3,6	3,2	3,0
D = Fläche	2,4	2,4	2,6	3,2	3,2	3,2
E = Fläche	3,0	2,8	3,0	3,0	3,2	2,8

Der Stärkezuwachs von Mittelstämmen der 360 stärksten Stämme pro ha ist demnach auf der Lichtfläche schon vom 65. Jahr an höher als auf der Dunkelfläche und in den übrigen Versuchsbeständen, ist vom 80. Jahr an um 0,6 mm höher als auf den übrigen Flächen, welche völlig gleichen Stärkenzuwachs zeigen.

Zum Vergleich habe ich auch für die 360 stärksten Stämme pro ha die durchschnittliche Produktion an Kreisfläche in den letzten 35 Jahren berechnet und gefunden, daß diese immerhin bei der Lichtfläche mit 0,120 qm etwas höher ist als auf der Dunkelfläche (mit 0,115 qm) und als auf den beiden anderen Flächen (D = 0,108; E = 0,107). Der Unterschied ist wie ersichtlich gering, wie auch dann, wenn wir die durchschnittliche jährliche Kreisflächenerzeugung pro 1 Stamm berechnen, welche sich stellt auf:

0,033 qm auf der Lichtfläche (Seebach)
0,032 „ „ „ Dunkelfläche (C)
0,030 „ „ „ D-Durchforstungsfläche
0,030 „ „ „ E-   „

4. Die Ergebnisse der 90jährigen Lichtwuchsfläche von Plochingen.

Die Lichtwuchsfläche, seit 12 Jahren im Betrieb, entbehrt des Vergleichs-Dunkelbestandes, weshalb die Aufnahmeergebnisse daselbst nur ergänzend herangezogen werden können.

Der Hieb wurde seinerzeit in der Art ausgeführt, daß 45% der Holz-masse ansgezogen, 55% derselben in dem 78jährigen Bestand belassen worden sind.

Größe der Fläche —: 0,88 ha mit 176 Stämmen.

Der Zuwachsgang der Kreisfläche für die 200 stärksten Stämme pro ha, welche mit 87,6% an der gesamten Kreisfläche beteiligt sind, zeigt folgende Zuwachsprozente:

In der Wuchsperiode von . . . Jahren		
75—80	80—85	85—90
Zuwachsprozente		
2,9	3,5	1,4

Eine Steigerung des Zuwachsprozents durch die Lichtung bei den 200 stärksten Stämmen ist hier entschieden in den ersten 7 Jahren eingetreten, aber von da an ein erhebliches Nachlassen, so daß das Prozent der Altersstufen 85/90 nur noch halb so groß, wie dasjenige der Altersstufe von 75—80 ist.

Der durchschnittliche jährliche Stärkenzuwachs des Mittelstammes ist in der Zeit vom Alter 75/90 mit 4,2 mm völlig gleich geblieben, was immerhin steigenden Flächenzuwachs bedeutet.

Vorsitzender: Ihr Beifall hat den beiden Herren Bericht-erstattern bereits gezeigt, daß sie durch ihre Ausführungen lebhaftes Interesse zu erwecken vermochten. In Ihrem Namen sage ich den beiden Herren verbindlichen Dank für ihre nach Form und Inhalt gleich vollendeten und sehr lehrreichen Vorträge. Ich hätte selbst den lebhaften Wunsch, daß diese Vorträge nicht mit dem Schluß der heutigen Versammlung verhallen, sondern daß sie auf recht frucht-baren Boden fallen. Wenn wir wirtschaftlich arbeiten wollen, müssen wir unsere Produktionstechnik, namentlich den Durchforstungsbetrieb, allmählich und konsequent im Sinne der sehr klaren Ausführungen des Herrn Hauptberichterstatters, die durch die Ausführungen des Herrn Mitberichterstatters wesentliche Stütze gefunden haben, ändern. — Ich eröffne die Diskussion.

Geheimer Forstrat Professor Dr. Wimmenauer-Gießen: Meine sehr geehrten Herren! Noch mehr als der geehrte Herr Vorredner möchte ich mich darauf beschränken, Ihnen in Be-

antwortung des letzten Teils der vorliegenden Frage einige Er=
fahrungen mitzuteilen, welche ich in meiner Tätigkeit in der forst=
lichen Versuchsanstalt in Hessen seit 23 Jahren gesammelt habe.
Meine Bemühungen waren darauf gerichtet, die beiden Fragen zu
beantworten: Welche Art der Behandlung der Bestände, resp. welche
Art der Durchforstung oder des Aushiebs ist erforderlich, um Stark=
holz in geeigneter Zeit heranzuziehen. Und dann zweitens: Innerhalb
welcher Zeit kann dieses Ziel etwa erreicht werden. — Das wäre die
Frage des Umtriebs. Dabei setze ich gleichaltrige Bestände voraus,
wie wir sie gegenwärtig in unseren Waldungen vorwiegend noch haben.

In neuester Zeit ist vielfach das Bestreben auf die Heranziehung
ungleichaltriger Bestände, auf Rückkehr zum Plenterbetrieb u. dgl.
gerichtet. Darauf werde ich hier gar nicht eingehen; denn das mag
alles sehr richtig sein, aber es ist Zukunftsmusik. Vorläufig haben
wir doch noch unsere gleichaltrigen Hochwaldbestände und wir müssen
uns die Frage vorlegen: Was machen wir mit denen? Wie behandeln
wir sie, um das vorhin angedeutete Ziel zu erreichen?

Ich beschränke mich darauf, die Erfahrungen mitzuteilen, welche
ich in dieser Richtung aus meinen Versuchen gezogen habe, und zwar
bei den drei Holzarten, welche in unserem Lande, in Hessen, die
Hauptrolle spielen; es ist das die Eiche, Kiefer und Buche. Über
Fichtenwirtschaft kann ich keinerlei Mitteilung machen, denn die
Fichte ist zwar in unserem Lande in neuerer Zeit in großer Aus=
dehnung angebaut worden, aber in älteren Beständen fehlt sie.

Ich wende mich zunächst zu der Frage: Wie ist es bei der
Eiche? Ich habe eine große Anzahl von Versuchsflächen von Eichen=
beständen unseres Landes, das daran reich ist, angelegt, habe die
Ergebnisse veröffentlicht und habe Ertragstafeln dafür konstruiert;
aber diese Ertragstafeln setzen vollkommen geschlossene Bestände vor=
aus, die nur mäßig durchforstet werden, wie man es früher all=
gemein zu machen pflegte.

Seit der Anlage dieser Flächen bin ich nun aber zu einer anderen
Behandlung übergegangen und zwar auf Grund der Beobachtungen,
welche ich gemacht habe an den Zuwachsleistungen der verschiedenen
Stärkeklassen. Ich habe in vielen Beständen, im ganzen auf 30 Ver=
suchsflächen, die Stämme eingeteilt in drei Klassen (nach Kraft),
nämlich: vorherrschende Stämme mit besonders kräftig entwickelter
Krone; diese wurden mit Nr. 1 bezeichnet; zweitens herrschende
Stämme mit gut entwickelter Krone und drittens Stämme mit
schwachen, eingeklemmten und teilweise überwachsenen Kronen. Etwas

weiteres gab es in den durchforsteten Eichenbeständen nicht, denn was unterdrückt war, war eben herausgenommen. Diese Stammklassen wurden im Bestande ausgeschieden, jeder Stamm bekam seine Nummer (1, 2 oder 3) und nun wurde beobachtet, wie in diesen drei verschiedenen Stärkeklassen der Zuwachs sich anließ. — Ich will noch im voraus bemerken: Die Stammklasse I, die stärksten Stämme mit hervorragend ausgebildeter Krone, nahmen bis zu einem Viertel der gesamten Grundfläche des Bestandes und der gesamten Holzmasse ein; in vielen Beständen aber auch viel weniger. Der Anteil der dritten Klasse schwankte in ziemlich weiten Grenzen; er betrug anfänglich im Durchschnitt etwa 16% der Grundfläche resp. der Masse, ist aber nach und nach durch die Aushiebe natürlich immer kleiner geworden und in vielen Fällen nach 10 Jahren auf den Betrag 0 herabgegangen. Dabei ist vorausgesetzt, daß jeder Stamm der Klasse, der er anfänglich zugeteilt war, auf die Dauer angehört.

Nun hat sich herausgestellt, daß der Zuwachs, prozentisch ausgedrückt, in den drei Klassen ein sehr verschiedener ist, und das Zuwachsprozent ist, meine Herren, meiner Meinung nach immer der maßgebende Faktor bei der Frage: welche Stämme sind bei der Durchforstung wegzunehmen? Die Antwort lautet naturgemäß: In erster Reihe die, die eben keinen erheblichen Zuwachs mehr leisten können, die das in ihnen steckende Kapital durch ihren Zuwachs nicht mehr genügend verzinsen.

Nun habe ich die Zuwachsprozente der drei Stammklassen zusammengestellt und da kam heraus, daß die Mittelklasse das Zuwachsprozent des ganzen Bestandes repräsentierte, wie man sich von vornherein denken kann. Die stärkste Stammklasse, die mit hervorragend entwickelter Krone, hatte nicht nur einen absolut größeren Zuwachs, was selbstverständlich ist, sondern auch ein höheres Zuwachsprozent. Die geringste Klasse dagegen hatte ein Zuwachsprozent, das der Regel nach nur die Hälfte von dem betrug, welches die Mittelklasse und der Bestand im ganzen aufwies.

Die Versuchsflächen, die ich in Behandlung habe, stehen im Alter zwischen 50 und 150 Jahren, also ein weiter Spielraum. Ich will nur ganz wenig Zahlen anführen. — Im Durchschnitt der sämtlichen Flächen stellte sich das Zuwachsprozent auf 2%, in der I. Klasse auf 2,2% und in der III. Klasse auf 1%.

Daraus geht meiner Meinung nach hervor, daß bei den Eichenbeständen das Hauptgewicht auf die Pflege der stärksten Stämme zu legen ist; denn in gut erzogenen Eichenbeständen wird man leicht die Beobachtung machen können, daß die stärksten Stämme der Regel nach auch die besten Schäfte haben. Das ist bei anderen Holzarten vielleicht anders, aber bei der Eiche trifft es zu.

Und nun habe ich noch besonders für ältere Bestände über 100 Jahren die Zuwachsprozente ermittelt und zusammengestellt und da fand sich, daß im Durchschnitt bei den Stämmen von über 100 Jahren ein Zuwachs der Grundfläche von 1,2% und ein solcher an Masse von 1,5% vorhanden war, was ungefähr einer Zuwachskonstanten = 500 entspricht.

Wenn man weiter berücksichtigt, daß der Stärkezuwachs (der Zuwachs des Durchmessers) prozentisch ausgedrückt halb so groß ist wie der der Kreisfläche, und wenn man unterstellt, wie es vielfach getan wird, daß die Preissteigerung mit dem Stärkezuwachs gleichen Schritt hält, so kann man demnach in dem Alter von über 100 bis 150 Jahren etwa auf einen Stärkezuwachs von 0,6% und demgemäß auf einen Preis- oder Qualitätszuwachs von ebenfalls 0,6% rechnen.

Auch die Frage, ob diese Unterstellung richtig ist, war zu untersuchen und in dieser Beziehung bot mir die kürzlich von der Forstabteilung in Darmstadt veröffentlichte Statistik über die Nutzholzpreise das gewünschte Material. Danach konnte ich konstatieren, daß bei der Eiche bis zum Durchmesser von 50 cm, höchstens 60 cm, der Preiszuwachs mit dem Stärkezuwachs parallel geht; vorher, bei 30—45 cm, ist der Preiszuwachs noch bedeutend größer als der Stärkezuwachs.

Wenn man das alles zusammennimmt, so wird man sagen können: Im Alter von 100—150 Jahren werden Eichenbestände, welche entsprechend behandelt, also gelichtet und dann auch unterbaut sind, immerhin noch einen Massenzuwachs von $1^1/_2$% haben; dazu 0,6% Preiszuwachs macht über 2% Wertzuwachs im ganzen, und da man bei Laubholzbeständen mit überhaupt nicht mehr als 2% Rente zu rechnen berechtigt ist, so können wir den Schluß ziehen, daß Eichenbestände, frei durchforstet und rechtzeitig unterbaut, ein Umtriebsalter, auch nach den Forderungen der Reinertragslehre, bis zu 140—150, selbst 160 Jahren rechtfertigen. Denn da bei alten Eichenbeständen der Bodenwert kaum $^1/_{10}$ des Bestandswertes ausmacht, stellt sich das Weiserprozent dem Wertzuwachsprozent des Bestandes nahezu gleich.

Das wäre das, was ich Ihnen über die Eiche sagen möchte.

Von der Kiefer gilt ähnliches. Aber da findet sich nach meinen Untersuchungen das gegenseitige Zuwachsverhältnis in den verschiedenen Stammklassen wesentlich anders als bei der Eiche, und zwar so, daß das Zuwachsprozent bald bei den stärksten, bald bei den schwächsten, bald bei den mittleren Stämmen sein Maximum erreicht. Und wenn ich das ganze Ergebnis zusammennehme, so stellt sich heraus, daß in den verschiedenen Stärkeklassen im Durchschnitt das Zuwachsprozent das nämliche ist.

Daraus würde zu schließen sein, daß man bei der Kiefer nicht wie bei der Eiche die stärksten Stämme vorwiegend zu begünstigen hätte, sondern daß man ohne Rücksicht auf den Durchmesser nur die bestgeformten Stämme begünstigen und die schlechten herausnehmen müßte. Dabei käme man in noch höherem Maße auf das Prinzip der freien Durchforstung, die ich seit über 20 Jahren bereits anwende, allerdings ohne die Feinheiten im System des Herrn Kollegen H e ck.

Ich will Sie mit weiteren Zahlen verschonen und nur noch bemerken, daß auch bei der Kiefer nach den Ergebnissen meiner gesamten Untersuchungen und mit Berücksichtigung der veröffentlichten Preisstatistik der Nutzholzpreis dem Durchmesser proportional steigt bis zu einer Stärke von 10—50 cm; dann aber hört's auf.

Ich will ferner noch bemerken, daß ich für Lichtungsbetriebe mit Unterbau Kiefernertragstafeln aus meinem Material bearbeitet habe, die schon vor zwei Jahren veröffentlicht sind; die näheren Mitteilungen darüber erscheinen im Septemberheft der „Allgemeinen Forst- und Jagd-Zeitung" und sind für die Teilnehmer der Versammlung hier aufgelegt.

Ich wollte dann noch kurz auf die Buche zu sprechen kommen. Aber meine Zeit scheint abgelaufen zu sein, ich will mich also darauf beschränken, zu sagen, daß bei der Buche sich die Sache ähnlich verhält wie bei der Eiche, nur mit dem Unterschiede, daß man nicht allgemein behaupten kann: die stärksten Stämme haben die schönsten Schäfte. Da kommen Abweichungen vor und da ist unter Umständen die B o r g g r e v e sche Art der Plenterdurchforstung vielleicht ein- bis zweimal gerechtfertigt. Ob sie sich weiter durchführen läßt, ist mir sehr zweifelhaft.

Als Schlußergebnis meiner Untersuchungen möchte ich hier folgendes aussprechen:

Für die Eiche empfehle ich freie Durchforstung, später entsprechende Lichtung mit Buchenunterbau, eventl. tut's auch die Linde. Begünstigung in der Regel die stärksten Stämme. Umtriebe bis zu

140—160 Jahren. Weiter hinaus würde ich sie nach unseren Verhältnissen nicht rechtfertigen können.

Für die Kiefer ebenfalls freie Durchforstung, Lichtung mit Unterbau in dem Maße, daß die Stamm-Grundfläche pro ha den Betrag von 30 qm nicht überschreiten soll. Und Umtriebe bis zum Höchstalter von 140 Jahren, wenn man eben Starkholz erzielen will und auf die Rentabilität noch einiges Gewicht legt.

Für die Buche freie und starke Durchforstung, insbesondere Aushieb schlechtgeformter Stämme, Erhaltung des Bestandesschlusses bis zu höchstens 100 Jahren und dann Einleitung des Verjüngungshiebs. (Bravo! Klatschen.)

Vorsitzender: Es ist 11 Uhr geworden. Um 12 Uhr müssen wir mit den Verhandlungen abbrechen. Zum Wort sind noch 4 Herren gemeldet. Ich bitte die Herren, es so einzuteilen, daß wir möglichst um 12 zum Schluß kommen.

Professor Dr. Martin-Tharandt: Meine hochgeehrten Herren! Ich bin erst gestern von einer längeren Reise aus Süddeutschland und der Schweiz zurückgekommen. Ich habe sie ausgeführt im Interesse meiner forstlichen Statik, um für dieselbe Material in großen Zügen zu gewinnen. Aber wenn ich heute zurückblicke auf meine Reise und nachdem ich eben die beiden Vorträge gehört habe, so sehe ich, daß sehr viel von dem, womit ich mich beschäftigt habe, mit unserem Gegenstand in engster Beziehung steht. Ich will deshalb kurz das, was in dieser Richtung von Interesse sein könnte, mitteilen.

Zunächst war ich im Sächsischen Erzgebirge, wo die Fichte vorherrschend ist. Frage ich, was dort, für die Fichtenwirtschaft im Gebirge, in Beziehung auf unser Thema geschehen soll, so sage ich: gar nichts; ein eigentlicher Lichtwuchsbetrieb braucht nicht stattzufinden. Wenn wir unsere Fichtenbestände rechtzeitig durchforsten, so werden die Sortimente, um die es sich bei der Fichte handelt, bei entsprechenden Umtrieben ohne Lichtung erzeugt. Es kommt noch in Betracht, daß in solchen Höhenlagen die Bestände, deren Kronenschluß gelockert und unterbrochen wird, der Gefahr des Schnee- und Windbruchs stärker ausgesetzt sind als in der Ebene. Ganz etwas anderes ist es, wenn man es mit milderen Lagen zu tun hat, und wenn auf starkes Schneideholz besonderer Wert gelegt werden muß, wie es gerade bei Vogl in Salzburg der Fall ist. Ich habe ein sehr schönes Beispiel zu dem Voglschen Betrieb aus den schweizerischen Revieren, die ich besucht habe, anzuführen. Dort war der Lichtungsbetrieb in 60—80jährigen Beständen eingelegt worden und das Resultat der Lichtungen war ganz ausgezeichnet, ähnlich dem, was Herr Oberforstmeister Fricke vorgetragen hat. Daneben hatte, da die Tanne in der Nähe war, eine vorzügliche Verjüngung stattgefunden.

Dann bin ich in die bayerische Pfalz und nach Elsaß=Lothringen gereist. Dort lagen ganz entgegengesetzte Verhältnisse vor. Da war die Eiche die wirtschaftlich wichtigste Holzart, und bei der Eiche spielt der Lichtungszuwachs für die Erziehung von Starkholz eine außerordentlich wichtige Rolle. Wir haben uns dort in den Revieren etwas eingehender mit der Frage der Umtriebszeit beschäftigt, angeregt durch die neuesten amtlichen Bestimmungen über Forsteinrichtung seitens der bayerischen und elsaß=lothringischen Forstverwaltungen, die von außerordentlicher Wichtigkeit sind, weil sie die Umtriebszeit zum Stärkezuwachs in Beziehung setzen. Wir kamen zu der Ansicht, daß, wenn Stämme von 60 cm Durchmesser erzeugt werden sollen, zwei Grundbedingungen vorliegen müssen, erstens: eine genügend hohe Umtriebszeit und zweitens: Anwendung des Lichtungszuwachses. Neue Methoden sind dabei nicht anzuwenden, sondern die bewährten alten. Hinsichtlich der Höhe des Kronenansatzes stimme ich mit Herrn Oberforstmeister Fricke im wesentlichen überein. Deshalb ist meines Erachtens der Lichtwuchsbetrieb des Mittelwaldes nicht mehr anwendbar. Die Mittelwaldeichen entsprechen nicht den angegebenen Maßen; bei ihnen reichen die Kronen viel tiefer hinab. Im Rahmen des regelmäßigen Hochwaldes kommt in Betracht: erstens die gleichzeitige Erziehung von Eiche und Buche. Zweitens der mehrfach hervorgehobene Lichtungsbetrieb mit Unterbau. Drittens, und darauf möchte ich ganz besonders hinweisen, kann bei der Eiche — ich habe das in Elsaß=Lothringen und der Pfalz konstatieren können — vom überhalt reichlich Anwendung gemacht werden. Ich bin kein Freund des überhaltbetriebs; aber bei der Eiche ist eine Ausnahme zu machen, wegen der außerordentlichen Nachhaltigkeit des Wertzuwachses. Allmählich an den Freistand gewöhnte, rechtzeitig gepflegte Eichen machen, wie ich dort gesehen habe, einen vortrefflichen Eindruck. Endlich ist die natürliche Verjüngung der Eiche hervorzuheben. Wo es geht, ist sie sehr zu empfehlen. In Elsaß=Lothringen, wo Bestände von 100—160 Jahren vorhanden sind, geht es sehr gut. Leider können wir sie in so großem Maßstabe nicht anwenden, weil es uns in den meisten Waldgebieten an geeigneten Beständen fehlt.

Von Elsaß=Lothringen bin ich nach dem Schwarzwald gereist, und zwar nach dem südlichen Schwarzwald, nachdem ich im vorigen Jahre den nördlichen Teil des Schwarzwaldes besucht hatte. —— Baden

ift mit Recht berühmt wegen der guten Ausnutzung des Lichtungszuwachfes. Wenn man sich gefällte Stämme im badischen Schwarzwalde näher ansieht, so findet man die guten Erfolge einer planmäßigen
Ausnutzung des Lichtungszuwachfes. Es ist höchst interessant, wenn
man in Baden reist, wahrzunehmen, daß dort jetzt verschiedene Richtungen vertreten sind, eine alte und eine neue Schule. Ich möchte
hierbei bemerken, daß ich es unter allen Umständen, nicht nur auf
diesem, sondern auch auf vielen anderen Gebieten, für sehr erwünscht
halte, wenn solche verschiedenen Richtungen vorhanden sind; sie bewahren uns vor der Stagnation.

Wenn man sich die in der Verjüngung begriffenen Bestände in
Baden ansieht, so findet man vielfach: Der Lichtungszuwachs wird
an sehr starken Stämmen angelegt; die Mutterbäume werden lange
übergehalten. Dagegen hat sich die neue Schule gerichtet; die sagt:
der Lichtungszuwachs muß früher einsetzen, mit 80—100 Jahren.
Wenn die Tannen einen Meter hoch sind, dann müssen die alten
Stämme heraus. Wenn man auch anerkennt, daß in Baden die
Ausnutzung des Lichtungszuwachfes von jeher gut gehandhabt worden
ist, so erscheint es doch zweifellos, daß in der neueren Zeitströmung
ein berechtigter Kern enthalten ist.

Um so interessanter war es mir, daß, als ich in der Schweiz
reiste, mir von ausgezeichneten Praktikern eine außerordentlich kon-
servative Richtung in der Leitung der Verjüngung entgegentrat. Die
Forstwirtschaft in Biel und in Winterthur arbeitet mit Verjüngungs-
zeiträumen von 40—50 Jahren. Unter günstigen Verhältnissen sind
die Erfolge der dortigen Wirtschaft sehr gute. Die Bodenzustände
waren so günstige, daß unter dem Tannenvorwuchs, der in Beständen
von 80 Jahren entstand, der Boden sich in sehr gutem Zustande
erhielt. Wenn man nach 30—40 Jahren diesen ersten Anflug be-
seitigte, bildete sich noch eine sehr gute zweite Verjüngung.

Aber das bei weitem Interessanteste, was ich in der Schweiz
gesehen habe, war der Plenterbetrieb. Ich habe nirgends so schöne
Plenterwaldungen gesehen, als in der Schweiz. Sie sind mir zuerst
in der Ebene des Kantons Bern entgegengetreten. Die betreffenden
Waldungen, aus Tannen, Fichten, etwas Buche bestehend, gehören
einer Genossenschaft von Bauern. Die haben ihren Waldvorstand;
und dieser zeichnet mit den Forstbeamten die Bestände alljährlich
aus, untersucht sie mit praktischem Blick, nach dem Zustand der
Kronen, auf den Zuwachs und entfernt alle kranken Stämme. Die
Erfolge waren ausgezeichnet; der Wald war gesund und vortrefflich

erwachsen. Diese Bestände sind auch von der schweizerischen Versuchs=
anstalt aufgenommen worden. Ebenso, zum Zwecke des Vergleichs,
angrenzende regelmäßige Fichtenbestände. Die Ergebnisse sind noch
nicht veröffentlicht, aber sie werden voraussichtlich dahin führen, daß
der nachhaltige Zuwachs in diesen Plenterwaldungen dem regelmäßigen
Hochwalde nicht nachsteht. Und was den Boden betrifft, so hat man
schon jetzt ein sicheres Urteil: der Bodenzustand ist ein besserer in
den Plenterwaldungen.

Ich möchte nun das ausgesprochene Urteil nicht verallgemeinern,
sondern hervorheben, daß man den Plenterwald nur dann mit gutem
Erfolg anwenden kann, wenn günstige Bedingungen für die Natur=
verjüngung vorliegen. Sobald das nicht der Fall ist, sieht die Sache
anders aus. Das haben die Schweizer auch eingesehen.

Weiter habe ich Plenterwälder in Höhenlagen besucht, wo die
Lärche an erster Stelle steht, in Höhenlagen von etwa 1500 Meter.
Es sind meist Mischbestände von Lärche und Fichte. Zu erfolgreicher
Naturverjüngung hat sich dort in der Schweiz ein Verfahren heraus=
gebildet, das dem bayerischen Femelschlagverfahren ähnlich ist. Die
Verjüngung wurde horstweise eingeleitet und vom Lichtungszuwachs
besonders bei der Lärche Anwendung gemacht. Die Lärchen wurden
so lange übergehalten als möglich. Zuerst wurden die Fichten heraus=
gehauen und zuletzt die guten Lärchen. Ich habe Lichtwuchsstämme
in einigen Beständen untersucht. Da trat der Lichtungszuwachs derart
hervor, daß die Jahrringe, die sonst stark zurückgegangen waren,
sich annähernd gleichblieben.

Ich bin dann der Lärche gefolgt bis an die Grenze des Waldes;
und da liegen die Verhältnisse so, daß da jeder Stamm von vornherein
gewissermaßen im Lichtungsbetriebe erwächst. Da gibt es nur Einzel=
stämme, die sich von früher Jugend an im Lichtstand befinden. Unter=
suchte man die Jahrringe — die Schweizer hatten solche Untersuchungen
gemacht —, so ergab sich trotz des anhaltenden Lichtstandes eine
minimale Stärke derselben, im Durchschnitt etwa $1/2$ mm. Licht
allein tut es also nicht, sondern Boden und Lage müssen ent=
sprechend sein.

Nur noch wenige Worte über die beiden Holzarten, die ich noch
nicht genannt habe. Erstens die Buche. — Als treuer Sohn meiner
hessischen Heimat habe ich für die Buche von jeher eine besondere
Vorliebe gehabt, und habe, trotzdem ich Reinerträgler bin, diese Vor=
liebe bei der Bewirtschaftung der von mir verwalteten Reviere be=
tätigt, und betätige sie noch heute in der sächsischen Forstwirtschaft,

wo die Fichte an erster Stelle steht. Die Buche ist von allergrößter Bedeutung, nicht nur durch ihren guten Einfluß auf den Boden, sondern auch in ökonomischer Beziehung. Der Wert des Buchen=holzes wird in Zukunft noch mehr zunehmen als gegenwärtig. Wir haben uns in der Schweiz mit dem Lichtungszuwachs beschäftigt und zwar mit der Anwendung des Lichtungszuwachses, die in unserem Thema besonders genannt ist, mit dem Seebachschen Betriebe. Es war dort tatsächlich der Seebachsche Betrieb vertreten, wenn er auch nicht so genannt war. Der Bestand, mit dem wir uns ein=gehend beschäftigten, war stark gelichtet. Später waren die gelichteten Stämme zusammengewachsen. Die Maßregel war sehr wohl gelungen und der Zuwachs ein ganz bedeutender. Trotzdem kann ich mich, in übereinstimmung mit Herrn Fricke, für den Seebachschen Betrieb nicht sehr begeistern. Erstens ist die Lichtung beim See=bachschen Betrieb viel zu stark und zu plötzlich; zweitens ist in vielen Verhältnissen die erste Verjüngung sehr unsicher; und drittens ist es sehr schwer, die erste Verjüngung zu beseitigen. Kurzum, ich glaube, daß wir bei der Buche, um Starkholz zu erziehen, erstens stark durchforsten und zweitens entsprechend hohe Umtriebszeit an=wenden müssen. Auch bei der Buche komme ich zu 120—140 jähriger Umtriebszeit. Ich möchte die Herren, die von hier nach Brüssel reisen, hinweisen auf die prachtvollen belgischen Bestände zwischen Brüssel und Waterloo; sie sind für die vorliegende Frage sehr lehrreich.

Zum Schluß ist auf die Holzart, die ich noch nicht genannt habe, die Kiefer, kurz hinzuweisen. Auf meiner Reise ist sie mir fast gar nicht entgegengetreten. Aber ich will noch weiterreisen und mich in Württemberg mit der Naturverjüngung der Kiefer beschäftigen. Ich bin ein Freund derselben, wo die entsprechenden Standorts=Bedingungen vorhanden sind. Aber, auch wenn die natürliche Ver=jüngung möglich ist, so glaube ich doch, daß der Lichtungszuwachs bei derselben zurücktritt. Das beste Mittel der Kiefernstarkholzzucht ist dasjenige, welches der verstorbene Landforstmeister Danckelmann und der Oberforstmeister Runnebaum in den Lehrrevieren von Eberswalde betätigt haben, und welches in vielen anderen Wald=gebieten in Bayern und Hessen üblich ist, nämlich der Lichtungsbetrieb in Verbindung mit dem Laubholzunterbau.

Blicke ich zurück auf die mannigfaltigen Waldbilder, die mir auf meiner Reise entgegengetreten sind, so geben sie von A bis Z eine Bestätigung des Satzes, den der alte Pfeil am Schlusse seines Lebens, vor 50 Jahren, in den Sitzungssälen sämtlicher Forstvereine anzuschlagen empfahl: Daß es keinen allgemeinen Normalzustand des Waldes und keine allgemein anwendbaren Mittel, solchen herzustellen, gibt, sondern daß der beste Waldzustand und die besten wirtschaftlichen Maßregeln nach den besonderen waldbaulichen und ökonomischen Verhältnissen untersucht und angewendet werden müssen. (Bravo! Klatschen.)

Professor Dr. Endres: Meine Herren! Der Herr Referent hat ausgeführt, daß die Kurve des laufenden Zuwachses bei den gelichteten Beständen sich nicht devot nach unten neige, wie es in jedem Lehrbuch zu finden sei, sondern daß der laufende Zuwachs auch über das 100. Jahr hinaus, unter gewissen Umständen selbstverständlich, nicht abnehme, sondern sich gleich bleibe. Wir finden, daß in der neueren Literatur und bei verschiedenen Verhandlungen, die vor noch nicht langer Zeit in parlamentarischen Körperschaften gepflogen worden sind, aus dem Verhalten lichtstehender Bäume, namentlich aus der Größe des Massenzuwachsprozentes, ohne weiteres gefolgert wird, daß der Lichtungszuwachs an sich immer rentabel sei. Man sagt z. B., wenn ein Baum, der 130—140 Jahre alt ist, noch ein Massenzuwachsprozent von 2 3% hat, ist es gerechtfertigt, ihn noch weiter stehen zu lassen und andere Bäume dieses hohe Alter erreichen zu lassen.

Ich möchte hier die Gelegenheit ergreifen, die öffentliche Warnung ergehen zu lassen, aus dem Verhalten des Massenzuwachsprozentes — und ein Baum, der ein gutes Massenzuwachsprozent hat, hat meistens auch ein gutes Wertzuwachsprozent — ohne weiteres zu schließen, daß die gewählte Betriebsform, hier die Lichtungsform, vom Standpunkt der Rentabilität aus berechtigt sei. Wir finden in sonst vorzüglichen Arbeiten und Büchern diesen Fehler immer wieder vor. Erlauben Sie mir, daß ich Ihnen einen recht banalen Vergleich hier anführe. Wenn wir aus einem Karpfenteiche, der 100 Karpfen ernähren kann, nach 3 Jahren 99 herausnehmen und es bleibt nur ein Karpfen in dem Teiche übrig, so werden sie ohne weiteres zugeben, daß dieser eine Karpfen die Fruchtbarkeit des Weihers nicht ausnutzen kann, selbst wenn er noch so sehr an Gewicht zunimmt. Nehmen wir ein extremes Beispiel aus unseren Beständen. Wenn ich mitten auf einem Hektar einen einzigen Baum stehen lasse, so kann sich dieser Baum sehr dankbar erweisen für diese weite Lichtung, die wir ihm gegeben haben, er hat vielleicht bis ins hohe Alter ein sehr schönes und zufriedenstellendes Zuwachsprozent, aber dieser Baum kann trotz seines kolossalen Massenzuwachses einfach das Pro-

duktionskapital nicht verzinsen, weil die Rentabilität der Forstwirt=
schaft auf der gegebenen Fläche von der Gesamtleistung des Bestandes
von seiner Begründung an bis zum Abhieb des letzten Baumes ab=
hängig ist. Dadurch, daß man eben immer nur einzelne im Lichtungs=
betrieb stehende Bäume oder Bestände beurteilt und deren Massen=
zuwachs, bildet sich die irrtümliche Meinung, daß, wenn dieses
Prozent hoch ist, die Wirtschaftsform an und für sich rentabel sein
müsse.

Der Herr Referent hat die Wirtschaft des bekannten öster=
reichischen Forstmeisters Vogl erwähnt. Ich war im Juni d. J.
mit unseren Studierenden dort und habe diese Waldungen zum ersten
Male eingehend besichtigt. Sie wissen, daß ich ein gemäßigter Rein=
erträgler bin und daß ich mich allen Neuerungen der Forstwirtschaft
gern anschließe, insbesondere für starke Durchforstungen eintrete. Aber
das, was ich dort gesehen habe, möchte ich denn doch nicht verteidigen.
Ich finde diese Voglsche Wirtschaft äußerst gefährlich sowohl in bezug
auf den Boden als auf die Nachhaltigkeit. Wenn diesen Wald nur
das geringste Unglück trifft, dann ist es mit der Nachhaltigkeit auf
viele Jahrzehnte vorbei, da nicht die geringsten Reserven vorhanden
sind. Ich würde als Wirtschafter eine derartige in so starken Lich=
tungen sich bewegende Wirtschaft nicht riskieren. Der Boden ist zum
großen Teil verwildert. Da der Herr Korreferent meinen Ausspruch
von der Buche als einer verlorenen Holzart im Jahre 1897 vorhin
wieder zitiert hat, so möchte ich nur sagen: Die Buche hat auch in
den verflossenen 13 Jahren ihre Rentabilität nicht gefunden. Aber
von der Buche als Unterbau=Holzart habe ich doch einen kolossalen
Respekt bekommen, den ich freilich immer hatte. Es zeigt sich im
Voglschen Wald, daß die einzelnen wenigen Buchen, die vorkommen,
auf eine ziemliche Breite hin den Boden vor Graswuchs bewahren,
während der übrige Boden mit Heidelbeeren und Rohhumus über=
zogen ist.

Ich halte von der Wirtschaft, die den Lichtungszuwachs bis
zum Extrem auszunutzen bestrebt ist, nicht viel. Es sind uns in dem
früheren Revier Vogls Stammscheiben von Weißtannen gezeigt
worden, die im 30—40jährigen Alter vollständig freigestellt wurden.
Der Zuwachs ist kolossal, ich habe einen solchen Zuwachs in meinem
Leben nicht gesehen. Forstmeister Vogl, der sich vom Amt zurück=
gezogen hat, aber selber noch einen kleinen Privatwald besitzt, hat
uns gesagt: ich verlange von meinen Bäumen, daß sie alle Jahre
einen Zentimeter Jahrring zulegen und wenn sie das nicht tun,

haue ich sie weg. Diese Stärken sind tatsächlich erreicht bei der Weiß=
tanne. Das ist aber auch die einzige Holzart, die auf die Lichtung
dauernd und dankbar reagiert. (Sehr richtig!) Aber dieses Holz
nimmt kein Sägemüller zur Herstellung von Schnittmaterial, sondern
es ist nur als Bauholz verwendbar, und ich glaube, wenn wir im
deutschen Walde lauter solche Hölzer erziehen wollten, würden wir
bald Fiasko und Bankerott machen. Das wäre ein nationales Un=
glück, denn dieses Holz würde uns in großen Mengen niemand ab=
nehmen.

Ich habe mich mit der Lichtwuchsfrage sehr viel beschäftigt. Wie
ich Student in München war, haben den Lichtungszuwachs sowohl
die Bodenreinerträgler für sich als Hilfsmittel reklamiert, als auch
die Gayersche Schule. Man hat damals geglaubt, daß, wenn man
80—90jährige Bestände, die eigentlich schon nutzbar sind, nun noch
in Lichtung stellt, durch diesen zweiten Antrieb soviel an Zuwachs
gewonnen wird, daß alle anderen Nachteile des hohen Umtriebes
dadurch ausgeglichen werden können. Diese Hoffnung hat sich be=
kanntlich als trügerisch erwiesen.

Was der Korreferent hinsichtlich der Buche angeführt hat, kann
ich vollständig bestätigen auf Grund unserer bayerischen Versuchs=
ergebnisse und vieler Detailuntersuchungen, die ich nach der Richtung
angestellt habe. Die Buche zeigt sich auf die Dauer nicht dankbar
genug gegen die Lichtung, um den erhöhten Zeitraum auch dem
Waldbesitzer wieder zu entlohnen. Das müssen wir doch bei der
ganzen Sache auseinanderhalten. Für die Lichtung in Form einer
stark zunehmenden Durchforstung bin ich entschieden, in der Weise,
daß der Bestand innerhalb des normalen Alters stärkere Dimensionen,
vollere Formen erreicht, aber wenn wir zum Zweck der Gewinnung
eines Lichtungszuwachses über das normale Abtriebsalter weit hinaus=
gehen müssen, dann frißt die Zeit alles auf. (Bravo!) Das ist über=
haupt der Hauptsatz der ganzen Forstwirtschaft. Ich will den Herren
ein Schulbeispiel sagen, das trefflich zeigt, wie die Zeit wirkt. Wenn
wir einen Bestand haben, der im 100jährigen Umtriebe einen Ab=
triebsertrag von 10000 Mk. liefert, dann entspricht diesem Ertrag
eine gewisse Bodenrente. Wenn wir die gleiche Bodenrente erzielen
wollen, mit einem 200jährigen Umtrieb, dann muß der Abtriebs=
ertrag 202000 Mk. pro ha sein. Daraus sehen Sie, wie die Zeit
wirkt. Und wenn wir zur Erziehung eines Stammes I. Klasse aus
einem Stamm II. Klasse nach Heilbronner Sortierung 25—30 Jahre
brauchen, dann wird das bißchen mehr, was wir pro Einheit für

die erste Klasse erlösen, reichlich wieder aufgezehrt durch das Opfer an Zeit, indem wir den Baum eben 25—30 Jahre länger stehen lassen müssen. Nehmen wir an, der Boden ist auch für landwirtschaftliche Benutzung geeignet, dann hätte er uns während dieser Zeit 25 Kartoffelernten geliefert. Diese Kartoffelernten muß der Lichtungszuwachs ersetzen, tut er es nicht, dann ist er auch nicht berechtigt. (Bravo! Klatschen.)

Oberförster Dr. Borgmann-Castellaun: Meine hochverehrten Herren! Nach den ausgezeichneten Ausführungen meines Herrn Vorredners ist mir nicht mehr viel zu sagen übriggeblieben, aber trotzdem hoffe ich noch von allgemeinen Gesichtspunkten aus einiges hinzufügen zu können, was vielleicht das Interesse zur vorliegenden Frage beanspruchen könnte.

Wenn ich mir gestatte, trotz vorgerückter Stunde, einige wenige Worte an Sie zu richten, so glaube ich vielleicht hierzu berechtigt zu sein, weil mein Name oder vielmehr der Name meines verewigten Vaters mit der Lichtwuchsfrage eng verknüpft ist.

Der Herr Korreferent hat, wenn ich nicht irre, auch den Borgmannschen Lichtungsbetrieb genannt. Derselbe wurde einst eingeführt von meinem verewigten Vater in der Form einer horst- und gruppenweisen Lichtwuchsdurchforstung und war speziell bestimmt für die Fichte. Auf dieser, ich möchte sagen, waldbaulichen Grundlage, die damit geschaffen war, habe ich nachher in ökonomischer Richtung weiter aufbauen und seinerzeit im Jahre 1897 der Universität München eine Schrift vorlegen können, welche einen Schritt weiter ging als die horst- und gruppenweise Lichtwuchsdurchforstung, die sich vielmehr darstellte als Kronenfreihieb und Lichtungsbetrieb der Fichte ganz allgemein. Ich habe in dieser in der Allgemeinen Forst- und Jagdzeitung 1897 veröffentlichten Schrift mich hauptsächlich der ökonomischen Seite der Frage zugewandt und unter anderem die Frage zu klären versucht, die einst Kraft schon angeschnitten hat, nämlich die Frage des finanziell günstigsten Maßes der Aushiebe im Lichtungsbetrieb.

Bei den vergleichenden Bodenwertsberechnungen habe ich damals ein erfreuliches Ergebnis gefunden, welches sich auch mit dem, was der Herr Vorredner der Versammlung eben vorgetragen hat, vollkommen deckt: Das Maximum des Bodenertragswerts trat bereits bei einer außerordentlich gemäßigten Form der Lichtung ein, welche herausgewachsen war aus allmählich verstärkten Durchforstungen, nicht erst bei einem Extrem, welches vom waldbaulichen Standpunkt aus in keiner Weise zu rechtfertigen gewesen wäre. Ich habe damals dieses Ergebnis als besonders erfreulich insofern bezeichnen können, als das Maximum des Bodenertragswertes in der Stärke der Lichtungshiebe gewissermaßen auch zum Weiser der Bodenpflege geworden war, d. h. das Maximum des Boden=ertragswertes wies auf eine gemäßigte Form des Lichtungs=betriebes der Fichte hin, die offenbar noch nicht zu einer Boden=verwilderung und einem Bodenrückgang führt.

Ich glaube, daß hierin gerade ein außerordentlich interessanter Ausblick auf den Kernpunkt der ganzen Lichtungsfrage gegeben ist. Es ist eine Berührung eingetreten zwischen dem mathematisch=ökonomischen Prinzip und dem naturwissenschaftlich=waldbaulichen Prinzip. Ich habe diese Frage seit jener Zeit nicht aus dem Auge verloren und habe sie häufig bei meinen lite=rarischen Arbeiten erörtert und vielleicht auch etwas gefördert. Es ist die interessante Frage, die wohl manchen von Ihnen schon be=schäftigt hat und vielleicht noch öfter unsere Wissenschaft beschäftigen wird, wie ich hoffen und wünschen möchte: Die Klärung der Beziehungen zwischen dem ökonomischen Prinzip und dem natürlichen Prinzip. Ich glaube, daß wohl in keiner Frage, sowohl in waldbaulicher wie auch in finanzieller Be=ziehung, diese beiden Prinzipien so scharf aneinander herantreten, wie in der Frage des Lichtungsbetriebes, ob und inwieweit sich die waldbaulichen Grundsätze vereinigen lassen mit den rein öko=nomischen Grundsätzen.

Vom rein waldbaulichen Standpunkt aus können wir schon sagen, daß schwach geführte Durchforstungen nicht natur=gemäß sind, denn jedes Stamm=Individuum ist bestrebt, sich Licht, Luft und Sonne, überhaupt genügenden Wachsraum, zu verschaffen, sowohl in der Krone, wie auch in den Wurzeln. Wenn wir in engem Schluß schaftreine Bestände erziehen wollen, so ist dieses lediglich ein einseitig=ökonomisches und daher ökonomisch=un=richtiges Prinzip. Wird dieses nach der alten Durchforstungs=Schule weiter verfolgt, so verlassen wir damit völlig auch den Boden des waldbaulich=natürlichen Prinzips. Und so bringt uns gerade die Lichtungsfrage die beiden feindlichen Lager, wenn ich so sagen darf, etwas näher. Aber es sind nur scheinbar feindliche Lager. Man kann zwar oft genug hören, daß die Grundsätze, wie sie die Boden=reinertragslehre aufstellt, sowohl bezüglich der Umtriebshöhe als auch bezüglich der Stärke der Durchforstungen und Lichtungen nicht ver=

einbart werden könnten mit gesunden, waldbaulich=naturwissenschaft=
lichen Grundsätzen. Und wenn wir, so oft ferner die Frage berührt
wird, ob unsere Forstwissenschaft eine rechte echte Wissenschaft sei,
sagen können, daß wir stets nur neue Kraft schöpfen, wenn wir immer
wieder zu dem ewig fließenden Born unserer ursprünglichen Wissen=
schaft hinabsteigen, zu den Naturwissenschaften und zur Mathematik,
so sind das gewiß keine feindlich sich gegenüberstehenden Schwester=
wissenschaften, sondern ich glaube, daß sie gerade in der Forstwissen=
schaft als angewandte Wissenschaften sich die Hand reichen zum
Bunde, und wenn wir sehen, daß in der Lichtungsfrage gerade diese
beiden Fragen hart aneinandertreten, so möchte ich sagen, daß die
Lichtungsfrage darum im Brennpunkt unserer Wissenschaft steht und
eine so besonders dankbare Frage ist und in der Wissenschaft mehr
und mehr gefördert zu werden verdient.

Eine Durchforstungs= oder Lichtungsmethode, welche vom wald=
baulichen Standpunkt den höchst erreichbaren Zuwachs an Masse
zu vereinigen vermag auf die individuell bestveranlagten
Stämme durch Gewährung des günstigsten Maßes an Kronen=
wachstumsraum und Wurzelraum, muß zugleich auch der Ausdruck
der höchsten Rentabilität sein, und zwar der Erzeugung des höchsten
Wertszuwachses an einem auf sein günstigstes Maß zu=
rückgeführten Bestandesvorratskapital in kürzester Zeit.

Ich hatte vorhin die Freude, aus dem Munde eines Vertreters
der höchsten Werterzeugung auf der gegebenen Fläche in der Zeit=
einheit, des Herrn Oberforstmeisters Fricke, gewissermaßen eine be=
geisterte Rede auf den Lichtungsbetrieb zu hören. Ich muß gestehen,
daß ich das in so weitgehendem Maße von ihm eigentlich kaum
erwartet hatte. Er bezeichnet den Lichtungsbetrieb vom Standpunkt
der Waldreinertragslehre darum und dann als berechtigt, wenn er
mindestens den gleichen Wertszuwachs, vielleicht sogar einen höheren
Wertszuwachs erzeugt als die im Schluß erzogenen Bestände. Wie
steht aber die Frage, wenn wir im Lichtungsbetrieb mit einer viel=
leicht schon nur um ein geringes hinter der Leistung geschlossener
Bestände zurückbleibenden Werterzeugung rechnen müßten? Damit
komme ich zu dem Gebiet, was mein Herr Vorredner schon vorweg=
genommen hat, zu dem Faktor der Zeit, den ich noch hervorheben
wollte. Die Zeit frißt uns eben den höchsten Wertszuwachs, wenn
sie zu lang bemessen wird, unter Umständen völlig auf. Aber ebenso
wie wir dazu kommen, wenn wir im Lichtungsbetrieb wirtschaften,
die Umtriebszeit auf ihr günstigstes Maß in vernünftiger

Weise zurückzuführen und damit das Holzvorrats-
kapital zu entlasten, genau so wirkt auch im einzelnen Bestande die Durchforstung und Lichtung. Ich führe damit das Bestandesvorratskapital des einzelnen Bestandes auf sein
günstigstes Maß zurück, und wenn wir das tun, dann stehen wir
ebensowohl auf dem Boden des waldbaulich-naturwissenschaftlichen
wie des ökonomisch-mathematischen Prinzips.

Und um nun noch ein Wort über die Umtriebshöhe zu sagen,
so hat Herr Oberforstmeister Fricke sich darüber nicht näher ausgesprochen. Ich glaube, es ist wohl außer Frage, wenn wir einen
gründlichen Durchforstungs- und Lichtungsbetrieb handhaben, daß
wir zu einer maßvollen Zurückführung der Umtriebszeiten auf ihre günstigste Höhe kommen und zwar zu
Bodenreinertrags-Umtriebszeiten, welche sich mit denjenigen Altern bei den einzelnen Holzarten decken, in denen sich gerade die Naturverjüngung noch am leichtesten und sichersten
vollzieht. Es sind das die Alter, in denen unsere Bestände den meisten
und keimfähigsten Samen tragen und noch keine Bodenverwilderung
und kein Bodenrückgang eingetreten ist. Also ein Zusammengehen
des waldbaulich-naturwissenschaftlichen und des ökonomisch-mathematischen Prinzips Hand in Hand, sowohl in der Bestandeserziehung,
von der Durchforstung angefangen bis zur Lichtung, wie insbesondere
in der Bestandesverjüngung zur rechten Umtriebszeit des höchsten
Bodenreinertrags. (Bravo! Klatschen.)

Oberforstrat Gretsch-Karlsruhe: Meine Herren! Wenn
ich das Wort ergreife, so geschieht dies nur, um eine kurze Erklärung
abzugeben bezüglich der Grundsätze des Lichtungsbetriebes, die bei uns
im Badischen Schwarzwalde herrschen. Ich tue dies, weil Herr Professor Dr. Martin vorhin Anlaß genommen hat, auch die Verhältnisse des Lichtungsbetriebs im Badischen Schwarzwalde zu erwähnen. Er hat im allgemeinen unserem Betriebe ein gutes Zeugnis
ausgestellt, dabei aber die eine Bemerkung beigefügt: Er habe wahrgenommen und erfahren, daß es bei uns an einzelnen Orten Übung
sei, auch solche starke Stämme der Heilbronner Sortierung, die bereits
die erste Stärkeklasse erreicht hätten, noch in großer Anzahl
weiter wachsen zu lassen. Meine Herren! Es könnte aus dieser
Äußerung die Meinung abgeleitet werden, als ob wir grundsätzlich
einem hyper-konservativen Geiste in unserer Badischen Forstverwaltung
zugetan wären. Einer solchen Meinung möchte ich begegnen. Meine
Herren, ich glaube, eine Forstverwaltung, deren Staatswaldungen zu

etwa 50% aus Laubholz und zu 50% aus Nadelholz gebildet werden, die heute einen Etat von 6,7 Festmeter pro Hektar aufweist, darf nicht in den Verdacht kommen, hyper-konservativ zu sein. Herr Professor Martin ist bei seiner Studienreise wohl meist in Waldungen gekommen, die zurzeit noch einen Überschuß an im Lichtstande stehenden Althölzern aufweisen, aber wir sind kräftig daran, eine Abnutzung der Lichtwuchsbestände mit solchen Starkhölzern eintreten zu lassen. Das beweist wohl die Tatsache, daß wir in solchen Waldungen, die etwa noch ²/₅ der Hochwaldfläche ausmachen, zurzeit Nutzungssätze zwischen 7 bis 12 Festmeter pro Hektar zu verzeichnen haben. Es ist aber durchaus nicht bei uns wirtschaftlicher Grundsatz, ein Übermaß von solchem Starkholz zu produzieren. Unsere statistischen Nachweisungen beweisen übrigens, daß nicht mehr als ein Vierteil des gesamten Nadelnutzholzes auf die Starkholznutzung entfällt. Wo heute in einzelnen Forstbezirken noch mehr Starkholz anfällt, ist das nur noch ein Zustand von kürzerer Dauer, da man aus verschiedenen Gründen solche Abnutzungen erst allmählich vollziehen kann.

Diese eine Erklärung wollte ich abgeben, um zu verhindern, daß etwa falsche Meinungen über uns verbreitet werden.

Im übrigen haben wir allen Grund, im Schwarzwalde den Lichtungsbetrieb weiterhin zu pflegen. Die standörtlichen Verhältnisse sind dieser Wirtschaftsform außerordentlich günstig. Wir haben ja im nördlichen und südlichen Schwarzwald Niederschläge zwischen 1800 und 1600 mm und infolgedessen meist kräftige und frische Böden auf Urgebirge und Buntsandstein. Es wäre deshalb ein wirtschaftlich unverzeihlicher Fehler, wenn wir diese natürlichen Produktionskräfte nicht voll ausnutzen wollten. Die Erfahrung lehrt uns und unsere Lichtwuchsversuchsflächen zeigen es auch, daß es im allgemeinen nicht möglich ist, mit einem Alter von etwa 100 Jahren einen nennenswerten Prozentsatz von stärkerem Holz zu erziehen. Es ist durch zahlreiche Untersuchungen nachgewiesen, daß auf unseren besseren Standorten mit 100 Jahren in der Regel auch in Beständen, die früher schon stärker durchforstet waren, noch kaum Stammholz I. Klasse produziert wird und nur ein kleinerer Prozentsatz II. Klasse. Wir kommen bis auf weiteres nicht darüber hinaus, daß wir auch fernerhin zur Erziehung der vom Markte begehrten stärkeren Tannen-, Fichten- und Buchen-Sortimente im Gebirge mehr als hundert Jahre, durchschnittlich etwa 120 Jahre brauchen. Weiter zu gehen, liegt nicht in unserer Absicht. (Beifall.)

Vorsitzender: Zum Gegenstande wünscht noch das Wort zu nehmen Herr Forstmeister Weinkauf-Speyer und hat gebeten, einen Vortrag in der Zeitdauer von 20 Minuten halten zu dürfen. Wir müssen um 12 Uhr schließen, die beiden Herren Berichterstatter haben noch das Schlußwort, ich bin daher nicht in der Lage, dem Herrn Forstmeister Weinkauf das Wort zu erteilen.

Nachdem die Diskussion geschlossen ist, gebe ich das Schlußwort den Herren Berichterstattern, und zwar zunächst dem Herrn Korreferenten.

Forstrat Dr. Speidel: Schlußwort: Angesichts der vorgerückten Zeit möchte ich auf das Schlußwort verzichten, um so mehr, als erhebliche Gegensätze nicht zutage getreten sind. In den wichtigsten Fragen befinde ich mich mit dem Herrn Berichterstatter wie mit der Mehrzahl der Nachredner in Übereinstimmung.

Berichterstatter Oberforstmeister Fricke: Meine verehrten Herren! Herr Professor Martin hat mit dem berühmten Pfeilschen Wort geschlossen: Man solle nur keine Generalregel aufstellen. Das gleiche Wort hat mehr oder weniger durch alle Reden hindurchgeklungen, welche wir gehört haben. Von allen Herren ist empfohlen worden, sich nicht grundsätzlich für eine besondere Methode des Lichtungsbetriebes zu entscheiden, sondern den Lichtungsbetrieb je nach den besonderen Standortsverhältnissen zu gestalten. Damit bin ich zwar einverstanden, aber es scheint mir doch wünschenswert, mit Nachdruck darauf hinzuweisen, daß die Entwickelung des Waldes nur zum Teil durch diejenigen Faktoren der Standortsgüte bedingt wird, welche lokalen Veränderungen ausgesetzt sind, daß mithin die Forderung der Beachtung der örtlichen Standortsverhältnisse nur beschränkt richtig ist. Das Wachstum der Waldbäume ist zahlreichen Naturgesetzen der Pflanzenphysiologie, Bodenkunde, Meteorologie unterworfen. Alle Gesetze sind zwingender Natur, von allgemeiner Gültigkeit. Daher haben auch alle Folgerungen aus den Naturgesetzen auf jedem Standorte Geltung. Es wäre gar nicht möglich, waldbauliche Erfahrungen zu sammeln, wenn es keine Naturgesetze gäbe, welche ohne Rücksicht auf Zeit und Standort immer und überall wirksam sind. Zu diesen Gesetzen gehört, daß eine gedeihliche Entwickelung der einzelnen Bäume nur möglich ist, wenn sie eine große Blattmenge mit möglichst vollem Lichtgenuß besitzen. Dieses Naturgesetz nötigt immer und überall zur Erziehung der Bäume im Lichtstande. Ein weiteres Naturgesetz lautet, daß im Schlußstande die Äste absterben, bevor sie größere Stärke erreicht haben. Daraus

folgt die für alle Standorte geltende Regel: wenn das untere Stammende möglichst astrein sein soll, müssen die Stämme in der Jugend
im Schlußstande erzogen werden. Dazu kommt eine Erfahrung, die
auf allen Standorten gemacht ist, daß der Massen- und Wertzuwachs auf der Flächeneinheit am größten ist, wenn die Fläche mit
der größtmöglichen Zahl von Stämmen mit einer Kronenlänge von
0,4 der Totalhöhe bestanden ist. Daraus ergibt sich für alle Standorte die Regel, daß nach Erreichung eines genügend langen astreinen
Schaftstückes die Lichtungen so ausgeführt werden müssen, daß die
Kronenlänge der Einzelstämme um 0,4 der Totalhöhe schwankt. Eine
weitere ganz allgemeine Erfahrung ist die, daß in unserem
gebräuchlichen Hochwaldbetriebe nicht entfernt die Stammstärken erzielt werden, welche ohne Schaden für Massenertrag und Bodengüte
erzielt werden können, und daß daher auf die Einzelstammpflege, auch
in Beziehung auf Stammstärke größerer Wert zu legen ist als bisher.
(Bravo!)

Herr Professor Endres hat auf den Faktor Zeit hingewiesen,
welcher für die Feststellung des Erfolges der Wirtschaft besonders
wichtig sei, und Herr Oberförster Borgmann hat seine Verwunde-
rung darüber ausgesprochen, daß ich mich nicht über die Frage der
Umtriebszeit geäußert hätte. Das Thema lautet: „Wie sind die für
die Zwecke der Starkholzzucht vorgeschlagenen Formen des Lichtwuchsbetriebes zu beurteilen, und welche Erfahrungen liegen auf diesem
Gebiete vor." Nach diesem Wortlaute des Themas hatte ich keine
Veranlassung, über die Bedeutung der Umtriebszeit für die Rentabilität der einzelnen Lichtungsbetriebsarten zu sprechen, zumal keine
der besprochenen Betriebsarten von besonderen Voraussetzungen bezügl.
der Umtriebszeit ausgeht, sie alle haben vielmehr das Streben, ohne
Erhöhung der Umtriebszeit reichlicheres Starkholz zu erziehen als es bei dem gebräuchlichen Hochwaldbetriebe möglich ist.
Eine Herabsetzung der Umtriebszeit infolge des Lichtungsbetriebes
würde aber die Erreichung des im Thema ausdrücklich festgelegten
Zieles: Starkholzerziehung, vereiteln. Sie müssen sich daher schon
mit dem versuchten Nachweise begnügen, daß wir durch Wirtschaft
in stammärmeren Beständen zu höheren Walderträgen kommen.
(Bravo! Klatschen.)

Vorsitzender: Nachdem der Gegenstand, der erfreulicherweise eine sehr lebhafte Diskussion ausgelöst hat, erschöpft ist, hätten
wir nach dem früher gefaßten Beschluß den Vortrag des Herrn Ober-
forstrats Haug zu hören. Ich möchte Herrn Oberforstrat fragen,

ob er nicht mit Rücksicht auf die vorgerückte Zeit auf seinen Vortrag für heute Verzicht leisten will.

Oberforstrat Haug: Ich kann meinen Vortrag in der kurzen noch zur Verfügung stehenden Zeit nicht halten.

Vorsitzender: Dann schließe ich die heutige Sitzung.
(Schluß 12 Uhr mittags!)

II. Verhandlungstag
Mittwoch, den 7. September 1910.
Beginn vormittags 8 Uhr.

Vorsitzender, Ministerialdirektor von Braza: Ich eröffne die Sitzung und habe zunächst die Antwort mitzuteilen, welche auf unser Begrüßungstelegramm von S. M. dem König aus dem Hoflager in Friedrichshafen eingelaufen ist. Sie lautet: S. M. freut sich, die Mitglieder des Deutschen Forstvereins im Lande zu begrüßen und erwidert die freundliche Huldigung mit kräftigem Waidmannsheil! (Bravo!)

Sodann habe ich den Herren folgendes zu unterbreiten: Nach unseren Satzungen können diejenigen, welche sich in hervorragender Weise um den Deutschen Forstverein verdient gemacht haben, auf Antrag des Forstwirtschaftsrats durch die Hauptversammlung des Deutschen Forstvereins zu Ehrenmitgliedern ernannt werden. Der Forstwirtschaftsrat hat in besonderer Versammlung beschlossen, an Sie den Antrag zu stellen, unseren bisherigen sehr verehrten Vorsitzenden, den Herrn Hofkammerpräsidenten von Stünzner zum Ehrenmitglied des Deutschen Forstvereins zu ernennen. (Allgemeines lautes Bravo!) Aus den freundlichen Zurufen entnehme ich bereits Ihre Zustimmung zu diesem Antrage und ersuche Sie noch, um dieser Zustimmung nach der förmlichen Seite Ausdruck zu geben, sich von Ihren Sitzen zu erheben. Ich konstatiere, daß die Hauptversammlung einstimmig beschlossen hat, den Herrn Hofkammerpräsidenten von Stünzner zum Ehrenmitgliede des Deutschen Forstvereins zu ernennen.

Mein sehr verehrter Herr Hofkammerpräsident, Sie haben aus der freundlichen Zustimmung selbst entnommen, mit welcher Genugtuung der Forstverein den Beschluß und Antrag des Forstwirtschaftsrats aufgenommen hat. Die einzige Auszeichnung, welche der Deutsche Forstverein zu verleihen in der Lage ist, ist die Ehrenmitgliedschaft, und wir sind mit Stolz und mit Freude erfüllt, diese bisher noch nie verliehene Auszeichnung Ihnen, verehrter Herr Hofkammerpräsident anbieten zu dürfen. Ich bitte Sie, namens des Deutschen Forstvereins, die Ehrenmitgliedschaft anzunehmen. (Bravo!)

Hofkammerpräsident von Stünzner: Meine hochverehrten Herren! Der Beschluß, den Sie soeben gefaßt haben, erfreut und beglückt und ehrt mich in hohem Grade. Ich selbst habe wahrhaftig meine Verdienste um den Deutschen Forstverein nicht so hoch eingeschätzt, daß ich an eine solche Auszeichnung Ihrerseits denken konnte, aber es erfüllt mich mit Stolz, das erste Ehrenmitglied des Deutschen Forstvereins zu sein und es erfüllt mich mit hoher Befriedigung, darin einen neuen Beweis Ihrer Zufriedenheit mit meiner Geschäftsführung erblicken zu dürfen. Haben Sie herzlichen Dank für diese Auszeichnung, ich hoffe, meine Herren, daß Sie recht bald Veranlassung haben werden, auch noch andere um den Forstverein hochverdiente Männer zu Ehrenmitgliedern zu ernennen, damit ich nicht allzulange vereinsamt auf dieser Höhe stehe. (Heiterkeit.) Nochmals meinen aufrichtigsten Dank. (Bravo!)

(Herr Forstdirektor von Graner macht eine geschäftliche Mitteilung und bringt u. a. ein Schreiben des Grafen Zeppelin zum Vortrag.)

Oberforstrat Dr. von Fürst (zur Geschäftsordnung): Meine Herren! Es gehört alljährlich bei den Hauptversammlungen zu meinen kleinen Pflichten, die Werbetrommel etwas für den Deutschen Forstverein zu rühren. Sie wissen, unser Deutscher Forstverein ist mächtig herangeblüht, wir zählen über 2000 Mitglieder. Aber alljährlich verlieren wir eine Anzahl Mitglieder durch Tod, Pensionierung und Austritt, und es ist notwendig, die Reihen wieder frisch zu füllen. Ich möchte mich daher an die zahlreichen Herren wenden, die unserer Hauptversammlung anwohnen, ohne Mitglied des Deutschen Forstvereins zu sein und möchte Sie, so herzlich willkommen Sie uns auch als Gäste sind, doch bitten, Ihre Teilnahme am Deutschen Forstverein dadurch zu bekunden, daß Sie demselben als Mitglieder beitreten. Meine verehrten Herren, der jährliche Beitrag von 5 Mk. wird nicht umsonst gegeben. Sie haben dafür die wertvollen Berichte des Deutschen Forstvereins, ob Sie der Hauptversammlung beiwohnen oder nicht, zu erhalten, ferner die „Mitteilungen" und endlich erkaufen Sie mit den 5 Mk. noch das erhebende Bewußtsein, Mitglied des Deutschen Forstvereins zu sein, eines Vereins, der ein nationaler Verein im besten Sinne des Wortes ist, der bemüht ist, die Inter-

essen des deutschen Waldes zu fördern, und ich glaube, dafür sind
5 Mk. gewiß nicht zuviel. Daher bitte ich Sie, sich in die Mitglieder=
liste möglichst zahlreich einzutragen. (Bravo!)

Vorsitzender: Wir kommen nunmehr zu dem Punkt 2
unserer Tagesordnung: „Die Bedeutung der Kartellbe=
strebungen in den Vereinen der Holzinteressenten
für die Forstwirtschaft."

Berichterstatter Oberforstrat Gretsch=Karlsruhe:
Meine Herren! Soweit ich es übersehen kann, hat bisher weder der
Deutsche Forstverein noch auch die zur Wahrung und Förderung der
forstlichen Interessen früher schon 3 Jahrzehnte bestandene Versamm=
lung Deutscher Forstmänner ein solch rein geschäftliches Thema,
über das ich Ihnen den einleitenden Vortrag zu erstatten die Ehre
habe, zum Gegenstand seiner Verhandlungen gemacht. Und wenn
man die Verhandlungen der zahlreichen deutschen lokalen Forstvereine
überblickt, wird man in der Hauptsache wohl zu einem ähnlichen
Ergebnis gelangen. Unsere forstlichen Erörterungen berühren in der
Regel rein forsttechnische Fragen, insbesondere solche aus dem Gebiete
des Waldbaues oder aber außerhalb der Waldesgrenzen liegende An=
gelegenheiten, die die Forstpolitik oder die Forstverwaltung berühren.

Meine Herren! Der Umstand, daß wir heute vor dem Forum
der Öffentlichkeit ein rein kaufmännisches Thema behandeln, wo
doch sonst Reden Silber, Schweigen aber Gold bedeutet, läßt darauf
schließen, daß auf dem Gebiete des Holzverkaufswesens in neuerer
Zeit besondere Dinge vorgegangen sein müssen. Man darf daraus
auch weiter den Schluß ziehen, daß heute ein starker finan=
zieller Zug durch die Forstverwaltungen des Deutschen Reiches
geht. Das kann man, glaube ich, nur begrüßen; denn wir sind
heute in unseren forstlichen Betrieben in viel höhere wirtschaftliche
Werte als früher hineingeraten. Die Wahl des Themas läßt uns
deshalb auch den vollen wirtschaftlichen Ernst erkennen, von
dem die Forstleute beseelt sind. Und in der Tat berührt unser
Thema eine Seite des forstlichen Betriebes, die für den finanziellen
Effekt der Wirtschaft von ganz erheblicher Bedeutung ist. Deckt sich
dasselbe doch wesentlich mit der Frage, ob die Preise, die der Wald=
eigentümer heute für seine Hölzer erzielt, der allgemeinen Marktlage,
dem Verhältnis zwischen Angebot und Nachfrage entsprechen, oder
ob der Waldbesitzer etwa Anlaß hat, mit den geschäftlichen Erfolgen
des Holzverkaufs da und dort unzufrieden zu sein.

7*

Meine Herren! Die Erzielung eines angemessenen Preises ist aber für den forstlichen Betrieb um so bedeutsamer, als es doch meist eines recht langen Zeitraumes bedarf, bis das Produkt der Wirtschaft die Erntereife erlangt hat. Es soll da mit Zinsen und Zinseszinsen eingeheimst werden, was vor langer Zeit gesät, gepflanzt, oder aber, wenn es gut ging, von Mutterbäumen unentgeltlich ins Keimbett gelegt worden ist. Die Verwertung des Holzes setzt in dem Moment ein, wo der Wirtschafter zwar Forstmann bleiben, aber auch Kaufmann werden soll, wo er kaufmännische Denkart und Routine betätigen muß. Das sind hohe Forderungen, und wir werden uns heute damit zu beschäftigen haben, ob diese Voraussetzungen von den Forstverwaltungs-Beamten in genügendem Maße erfüllt werden.

Bis vor noch nicht zu langer Zeit hat im Holzhandelsgeschäft der Standpunkt des Kleinkaufmanns ausgereicht. Ich glaube aber, wir stehen heute Vorgängen gegenüber, die es nötig erscheinen lassen, daß auch der Geist des Großkaufmanns bei uns einziehen muß.

Meine Herren! Wir wollen bei der vorliegenden Frage, in deren Mittelpunkt die Höhe der Holzpreise steht, nicht die Rolle des Nimmersatten spielen. Nein, wie es einem gesunden kaufmännischen Geschäftsgebahren entspricht, wollen die Waldbesitzer nur solche Preise zu erzielen suchen, die der Käufer im Walde bezahlen kann, wenn ihm bei der weiteren rationellen Verwertung oder Verarbeitung des Rohstoffs nach Abzug aller Unkosten noch ein angemessener Unternehmergewinn zufällt. Mehr als dies zu verlangen, erscheint weder billig noch klug, da dem Waldbesitzer doch in der Tat daran gelegen sein muß, sich einen kaufkräftigen und geschäftlich reüssierenden Stamm von Unternehmern zu erhalten. Niedrigere Verkaufspreise jedoch zu verhindern, ist gewiß eine berechtigte Forderung des Verkäufers.

Meine Herren! In dem Produkte, das den Holzerlös ausmacht, spielt der Faktor „Holzpreis“ eine wichtige Rolle, denn er fällt von den beiden Größen, die dieses Produkt ausmachen, Größe des Einschlages und Erlös pro Festmeter, durchschnittlich mit der doppelten Größe, speziell bei Nutzholz vielfach mit dem dreifachen und noch einem höheren Betrage, in die Wagschale. Was aber der Mehr- oder Mindererlös von beispielsweise 1 Mk. pro Kubikmeter heute ausmacht, erhellt wohl ohne weiteres daraus, daß dies bei dem heutigen jährlichen Gesamteinschlage aller deutschen Forsten für die Kasse der deutschen Waldbesitzer eine jährliche Mehr-

oder Weniger=Einnahme von beiläufig 60 Millionen Mark ausmacht!

Wer den finanziellen Effekt einer solchen Differenz unter dem Gesichtswinkel der Verzinsung der im forstlichen Betriebe tätigen Kapitalien betrachtet, wird finden, daß dadurch die Höhe der Verzinsung bis zu $^1/_2\%$ und darüber, je nach den Vorrats= und Umtriebsverhältnissen, beeinflußt wird. Wenn nun auch vielleicht mancher von uns den Schmerz über eine solche vorübergehende Schmälerung der Verzinsung nicht allzuschwer wird überwinden können, so bildet andererseits doch der tatsächliche Einnahmeausfall von durchschnittlich etwa 5 Mk. pro ha — und das bedeutet etwa der Verlust von 1 Mk. pro fm — eine Verlustziffer, die in jedem forstlichen Budget als empfindlicher Ausfall verspürt werden wird. Wird doch der Reinertrag dadurch um 10—20% geschmälert!

Wie dem aber auch sei, das eine Beispiel einer Preis=Balancierung um eine Mark mehr oder weniger Erlös pro fm lehrt uns, daß jeder Wirtschafter Ursache genug hat, um die Erzielung eines angemessenen Holzpreises allen Ernstes bemüht zu sein und allen Bestrebungen entgegenzuwirken, die darauf gerichtet sind, die Holzpreise in einer der Marktlage unangemessenen Weise zu beeinflussen.

Nun meine ich aber, wir würden heute die ganze Frage über die Preisbildung doch nur unter einem zu engen Gesichtswinkel behandeln, wollten wir uns darauf beschränken, etwa nur Klagen darüber vorzubringen, was uns heute beim Holzverkauf bedrückt. Dabei könnten wir leicht in eine etwas einseitige Behandlung des Themas hineingeraten, und diesem Vorwurfe sollten wir uns doch unter keinen Umständen aussetzen. Ich glaube deshalb, es wird einer objektiven Würdigung der Frage nur dienlich und förderlich sein, wenn wir zunächst rückschauend auch die Entwickelung verfolgen, die die Preisbildung durch das Zusammenwirken der verschiedenen wirtschaftlichen Faktoren in den letzten Jahrzehnten erfahren hat. Eine solche Würdigung des Entwickelungsganges, aus der heraus wir erst das richtige Verständnis für die Gegenwart gewinnen können, erachte ich um so mehr für geboten, als dieser Gesichtspunkt in der heutigen forstlichen Literatur nicht immer beachtet wird.

Meine Herren! Wenn wir nun die Entwickelung der Holzpreise ins Auge fassen, so können wir mit einiger Genugtuung feststellen, daß diese sich für den nach Volumen und Gewicht für den weiteren Verkehr weniger geeigneten Rohstoff i. A. nicht gerade ungünstig gestaltet haben. Wir brauchen auch nach den Gründen nicht lange zu suchen. Es ist insbesondere der allgemeine wirtschaftliche und verkehrstechnische Aufschwung und die gewaltige Bevölkerungszunahme seit etwa der Mitte des vorigen Jahrhunderts, die die Preisbildung günstig gestaltet haben. Ich brauche dabei, wenn ich speziell an Süddeutschland denke, nur darauf hinzuweisen, daß die Haupteisenbahnlinien bei uns erst um die zweite Hälfte des vorigen Jahrhunderts gebaut wurden, daß in dieser Zeit der Ausbau des Straßennetzes, insbesondere der Gebirgsstraßen, ganz erheblich gefördert wurde, daß der Schiffsverkehr auf dem Rhein und seinen Nebenflüssen infolge der Verbesserung der Schiffbautechnik und infolge der Abgabenfreiheit durch die Rheinschiffahrtsakte (1869) verbilligt wurde; weiterhin, daß durch die Hebung des Bergbaues, durch die Entstehung der Zellstoffindustrie, durch die vermehrte Bautätigkeit usw. stets neue und erheblich vermehrte Bedürfnisse auf dem Gebiete des Holzmarktes erwuchsen.

So läßt sich denn in bezug auf die allgemeine Preisentwickelung statistisch nachweisen, daß im Verlauf der letzten 5 Dezennien in großen Gebieten Deutschlands, und zwar in jenen, wo die Bevölkerungszunahme eine weniger rasche und die industrielle Tätigkeit einen weniger plötzlichen Aufschwung genommen hat, immerhin in den letzten 50 Jahren die Holzpreise um etwa 1% jährlich gestiegen sind, während in solchen Gebieten, wo der industrielle Aufschwung einen rascheren Verlauf genommen und die Bevölkerung infolgedessen sich rascher vermehrt hat, diese Zunahme etwa $1\frac{1}{2}$% jährlich ausmacht. Und wenn man bloß die Ziffern des Nutzholzes in Betracht zieht, ergibt sich noch eine erheblich größere Wertssteigerung. Speziell für die Staatswaldungen von Baden, wo der Holzeinschlag noch nicht zur Hälfte Nutzholz ist, läßt sich für die letzten 30 Jahre eine Preissteigerung des gesamten Einschlages von etwa 50% nachweisen. Meine Herren! Ich glaube, man sollte diese gewaltige Preissteigerung, die wir Forstleute mit dem Ausdruck „Teuerungszuwachs" bezeichnen, in der heutigen Zeit, wo man so gerne die Vorzüge der Geldwirtschaft gegenüber der Naturalwirtschaft hervorhebt, besonders dick unterstreichen. Ich erhebe demgegenüber die Frage: Wird ein Kapitalist aus seinem Geldkapital heute auch ein Renteneinkommen beziehen, das etwa 50% höher ist als vor 30 Jahren? Ich glaube, daß niemand diese Frage in der Versammlung mit „Ja" beantworten wird. Sie scheint mir aber bedeutsam genug, daß wir ihr auch bei diesem Anlasse genügend Aufmerksamkeit schenken.

Meine Herren! Mit solchen Ziffern werden wir gewiß auch den Neid unserer Roggen und Weizen produzierenden Landwirte erregen, da der Preis dieser Produkte durchaus nicht dieselbe Entwickelung erfahren hat. Durch die vermehrte Einfuhr sind die Preise dieser landwirtschaftlichen Produkte seit etwa 4 Jahrzehnten fast auf gleicher Linie gehalten worden. Demgegenüber hat die Einfuhr von Holz nach Deutschland es nicht vermocht, die Preise zu drücken, obschon diese Einfuhr in der genannten Zeit auch ganz gewaltig — von etwa jährlich $2^1/_2$ Mill. fm auf 14 Mill. fm — gewachsen ist. Der deutsche Holzmarkt hat aber eine solche steigende Aufnahmefähigkeit gezeigt, daß auch die Einführung der Holzzölle und das Bestehen von Staffeltarifen der fortgesetzten Preissteigerung nicht viel anhaben konnten.

Meine Herren! Man sollte nun glauben, daß wir es angesichts einer solch günstigen Preisentwickelung mit den finanziellen Erfolgen im forstlichen Betriebe herrlich weit gebracht hätten. Doch ist dem nicht gerade so. Wir dürfen dabei nicht vergessen, daß wir heute in unseren forstlichen Betrieben immer noch mit etwa 50% Brennholz-Einschlag zu rechnen haben, was der Preissteigerung hinderlich ist. Wir müssen aber auch weiter bedenken, daß diese Wertssteigerung uns nicht mühe- und kostenlos in den Schoß gefallen ist. Den gesteigerten Einnahmen aus unserem Betriebe stehen erheblich gesteigerte Ausgaben an Personal- und Sachaufwand gegenüber. In vielen Orten konnten bessere Preise nur durch bessere Aufschließung der Waldungen unter Aufwendung erheblicher Mittel erzielt werden. Aber auch die Löhne der Arbeiter und die Bezüge der Beamten haben fast allerorts eine wesentliche Steigerung erfahren, so daß heute der Ausgabekoeffizient der meisten deutschen Forstverwaltungen zwischen 30—50%, durchschnittlich etwas über 40% beträgt.

Meine Herren! Wir sind nach dem Vorgetragenen in die Lage versetzt, uns über die den Mittelpunkt des Themas bildende Preisfrage, die Frage, ob die heutigen Preise das Ergebnis einer natürlichen oder nur künstlichen Entwickelung sind, ein Urteil zu bilden. Und das scheint für die Stellungnahme zu der ganzen Frage außerordentlich wichtig, denn wenn letzteres der Fall wäre, wenn wir etwa nur ungesund hohe Preise hätten, dann müßte man die Klagen der Holzkäufer über zu hohe Holzpreise als berechtigt anerkennen. Dies muß aber angesichts des Vorgetragenen im ganzen verneint werden. Die Macht der Tatsachen berechtigt uns zu sagen, daß diese Preis-

steigerung, insonderheit der Nutzholzpreise, das natürliche Er=
gebnis unserer gesamten wirtschaftlichen Entwickelung darstellt.
Das Holz ist nicht etwa bloß wegen des gesunkenen Geldwerts,
sondern namentlich deswegen, weil es viel mehr als früher
begehrt ist, so erheblich im Werte gestiegen. Ich glaube, diese
Entwickelung läßt sich im ganzen nicht künstlich aufhalten, die steigende
Einfuhr wird dem inländischen Markte auch fernerhin nichts an=
haben können, wenn die Industrialisierung und wirtschaftliche Kräfti=
gung Deutschlands in der bisherigen Weise weiter fortschreitet.

Wir sind hiernach wohl berechtigt zu sagen, daß die Bestrebungen,
die heute darauf gerichtet sind, diese Entwickelung hintanzuhalten,
mehr oder weniger den Charakter eines künstlichen Preis=
drucks an sich tragen.

Wie kommt es aber, daß derartige Bestrebungen sich gleichwohl
heute in größerem Umfange durchsetzen konnten. Hier liegt an=
scheinend ein Widerspruch vor. Ich glaube, wir müssen die Erklärung
dafür nicht in den Verhältnissen des Holzmarktes selbst, sondern
darin suchen, daß die von den Holzkäufern in neuerer Zeit
in größerem Umfange geschaffenen Organisationen
auf die Erzielung geschäftlicher Vorteile besser eingerichtet worden sind.
Die Holzkäufer haben sich kaufmännisch organisiert, ihre
Organisationen sind gut geleitet, und man wird wohl sagen können,
daß ein Gleiches bisher bei den deutschen Forstverwaltungen nicht
der Fall gewesen ist. (Sehr richtig!) Wir haben diese neuere Be=
wegung unter den Holzkäufern ein wenig unterschätzt! Ich glaube,
diese beiden Momente kennzeichnen die wahre Signatur des heutigen
deutschen Holzmarktes. Unsere Forstverwaltungen haben sich seither
zu ihrem eigenen Schaden zu wenig gekannt und, wie ich glaube,
sich auch gegenseitig zu wenig Vertrauen entgegengebracht!
Der Egoismus hat seither noch seine Blüten getrieben. Anfänge
zu einer Änderung in dieser Richtung gehören erst der neueren
Zeit an. Durch gegenseitige Aussprache, namentlich auch im Schoße
des Deutschen Forstvereins, ist man zu der Erkenntnis gekommen,
daß es wertvoll und geboten ist, gegenseitig die Verhältnisse des
Holzmarktes zu besprechen. Man hat dadurch erfahren, daß die Ab=
machungen der Holzkäufer des zufälligen und örtlichen Charakters
entbehren und einen Umfang angenommen haben, der es wünschens=
wert erscheinen läßt, daß auch wir uns über diese Frage gemeinsam
aussprechen.

Aus solcher Erkenntnis heraus sind die Waldbesitzer dazu gelangt, einer Hauptversammlung das heutige Thema zu unterbreiten.

Nun ist es gewiß keine leichte Sache, in einer Geschäftsangelegenheit den Richter zu spielen, wo der andere Kontrahent nicht zu Worte kommt. Wie ich indessen sehe, sind auch Vertreter aus den Kreisen der Holzinteressenten anwesend. Es wird auch ihnen heute Gelegenheit geboten werden, das Wort zu ergreifen.

Wir wollen uns jedenfalls bemühen, recht objektiv die Sache zu behandeln. Wir wollen dabei Ursache und Wirkung nicht miteinander verwechseln und solche ungünstigen Preise, die lediglich auf eine schlechte Konjunktur zurückzuführen sind, nicht als eine Folge von Preisabmachungen bezeichnen. Das darf uns aber nicht abhalten, in allen Fällen, wo der Nachweis einer geschäftlichen Schädigung erbracht ist, dies auch entsprechend zum Ausdruck zu bringen.

Zur Erforschung des Tatbestandes habe ich mich im vorigen Sommer mittelst Fragebogens an die größeren Staats- und Privat-Forstverwaltungen Süddeutschlands gewandt, wobei mir in freundlicher Weise Auskunft erteilt worden ist. Es liegt mir nun ob, Ihnen das Ergebnis jener Erhebungen kurz vorzuführen.

Die erste Frage lautete: Ob in neuerer Zeit Erscheinungen hervorgetreten seien, die darauf schließen lassen, daß die Holzkäufer sich zu Vereinen zusammengeschlossen haben, die einen künstlichen Preisdruck bezwecken?

Diese Frage ist von allen Staats- und Privat-Forstverwaltungen in bejahendem Sinne beantwortet worden, meist mit dem Zusatz, daß solche Vereinigungen schon seit längerer Zeit bestehen. Jedoch wird von mehreren Forstverwaltungen betont, daß in der letzten Zeit der wirtschaftlichen Depression ein festerer Zusammenschluß insbesondere der großen Firmen wahrzunehmen sei. Aus den Mitteilungen geht auch hervor, daß der Preisdruck hauptsächlich bei den öffentlichen Versteigerungen sich geltend gemacht hat. Bestimmte Tatsachen über den Stand solcher Vereinigungen stehen den Forstverwaltungen nur vereinzelt zur Verfügung. Es sind aber gewisse untrügliche Symptome, die auf eine schleichende Krankheit im Holzhandel schließen lassen. Als solche Erscheinungen werden angenommen: einmal die Wahrnehmung, daß bei größeren Submissionen, wie sie beispielsweise von der hessischen Forstverwaltung veranstaltet werden, für die einzelnen Verkaufsbezirke stets nur wenig voneinander abweichende Gebote eingelegt werden. Und dann die weitere Wahrnehmung, daß die Höchstgebote im mündlichen Aufstreichverfahren und bei Submissionen häufig von d e r s e l b e n Firma abgegeben werden. Weiterhin: daß auch bei Anwesenheit einer größeren Anzahl Händler von den größeren Firmen überhaupt nur w e n i g Gebote eingelegt werden. Weiter: daß das gekaufte Holz nachträglich und häufig unmittelbar nach dem Verkaufstermin nochmals versteigert oder verteilt wird und dann vielfach von Nichtbietern abgefahren wird. Endlich: daß bei mangelnder Konkurrenz tatsächlich sehr niedrige, weit unter dem Wert des Holzes stehende Preise geboten würden. Es ist auch festgestellt, daß in neuerer Zeit in den Kreisen der Holzhändler alljährlich Zusammenkünfte, Besprechungen über die Lage des Holzmarktes stattfinden, so in Straßburg, München, Stuttgart, und es ist daraus zu ersehen, daß die Organisationen bezüglich der zu bietenden Preise eine ziemlich große Ausdehnung angenommen haben.

über die A r t u n d F o r m dieser Vereinigungen, was den Gegenstand einer weiteren Frage bildete, erfahren wir, daß förmliche Einkaufsgenossenschaften in rechtlichem Sinne eines Gesellschaftsvertrages, eines Syndikats, wobei eine Zentralstelle auf Rechnung der Genossenschaft das Einkaufgeschäft besorgt, heute sich erst ganz vereinzelt gebildet haben.

Auf der Hauptversammlung des Vereins der Holzinteressenten für Südwestdeutschland in Metz hat vor einigen Jahren Dr. B e u m e r die Bildung solcher Gesellschaften lebhaft befürwortet, der der Versammlung anwohnende Oberforstmeister Ney nicht unsympathisch gegenüberstand. Dr. B e u m e r verspricht sich von einem solchen festen Zusammenschlusse ein gutes Einvernehmen zwischen Holzkäufer und Forstverwaltungen und beruft sich dabei auf die guten Beziehungen der Syndikate in der Eisenindustrie zu den Staatsverwaltungen, wo letztere allerdings die Abnehmer sind!

Soviel mir bekannt, ist dieser Anregung eine praktische Folge bisher noch nicht gegeben worden. Der Vorsitzende der Versammlung, Herr H i m m e l s b a c h, konnte mitteilen, daß in der Bodensee-Gegend eine Anzahl Firmen so weit sei, daß sie die nötigen Mittel zur Gründung einer solchen Genossenschaft zusammen hätten.

Im übrigen lauten die Auskünfte nahezu übereinstimmend dahin, daß die Forstverwaltungen es mit P r e i s v e r e i n b a r u n g e n zu tun haben und daß diese Vereinigungen teils unter Beschränkung auf gewisse Versteigerungen oder Submissionen, teils ohne solche Einschränkungen und unter meist unterschriftlich anerkannten Bedingungen d e r a r t bestehen, daß entweder das zum Verkauf kommende Holz von einigen beauftragten Mitgliedern des Ringes zu vorher

vereinbarten Höchstpreisen erstanden und nachträglich unter die An=
gehörigen des Ringes gegen das Meistgebot wieder vergeben wird,
oder aber, daß von vornherein unter Festsetzung der zu bietenden
Höchstpreise teils bestimmte Lose, teils bestimmte Ein=
kaufsgebiete den einzelnen Mitgliedern des Ringes zugewiesen
werden. In beiden Fällen werden Verstöße gegen die getroffenen
Vereinbarungen mit mehr oder minder hohen Konventional=
strafen belegt, über deren Höhe nichts bestimmtes verlautet, doch
scheint bekannt zu sein, daß insbesondere die Konventionen, an denen
nur wenig Großfirmen beteiligt sind, sehr hohe Vertragsstrafen fest=
gesetzt haben. In Freiburg besteht schon seit längerer Zeit eine Ver=
einigung von kleineren Holzhändlern in der Weise, daß vor jedem
größeren Holzverkauf eine Beratung stattfindet, deren Be=
schlüsse hinsichtlich der dem einzelnen zugeteilten Mengen, Sortimente,
der zu bietenden Höchstpreise unterschriftlich anerkannt und eingehalten
werden müssen bei Verwirkung einer Geldstrafe oder Ausschluß aus
dem Ringe.

Wir sehen also, daß in allen diesen Fällen eine Beschränkung
der öffentlichen Konkurrenz bezweckt wird.

Fragt man nach der örtlichen Ausdehnung dieser Organi=
sationen, so eröffnen sich für den Waldbesitzer auf den ersten Blick
nicht gerade rosige Aussichten. Nach den mir gewordenen Auskünften
muß angenommen werden, daß diese über Süddeutschland sozusagen
ein ganzes Netz gesponnen haben, und zwar mit teilweise weiten,
teilweise engen, aber um so zahlreicheren Maschen, wobei so ziemlich
alle Nutzholzsortimente von der Organisation erfaßt werden.

Bei den Spezialsortimenten, wo der Handel in den
Händen weniger Großfirmen ruht, sei es, daß diese mit diesen Sorti=
menten nur Handel treiben oder auch die weitere Veredelung des
Rohstoffes vornehmen, erstreckt sich diese Organisation auf weite
Gebiete, die wohl über die Gebiete der einzelnen süddeutschen
Forstverwaltungen hinausgehen. Es handelt sich hierbei hauptsächlich
um die Zellstoffhölzer, Schwellen= und Grubenhölzer und teilweise
um das Eichenstarkholz. Speziell bezüglich des Papierholzes scheinen
sich neuerdings die Vereinigungen über ganz Deutschland zu erstrecken.
Das wären Fälle des großmaschigen Netzes.

Hinsichtlich der übrigen Sortimente, insbesondere des den
wichtigsten Teil des Handels bildenden Nadelnutzholzes, scheinen nur
mehr örtliche Organisationen in allerdings großer Anzahl zu be=
stehen. In der Regel scheinen sie sich auf mehrere Forstbezirke oder

im Gebirge auf ein Talgebiet, wie in Württemberg, Baden und Elsaß-Lothringen, zu erstrecken. Das große, holzreiche und entlegene Gebiet des bayerischen Waldes scheint unter dem Druck einer Vereinigung zu stehen. Händler aus anderen Absatzgebieten werden dabei als unbeliebte Eindringlinge angesehen, denen man bei der öffentlichen Versteigerung das Mitbieten zu verleiden sucht.

Was den Ausgangspunkt der Vereinigungen betrifft, so gehen die Ansichten der Forstverwaltungen dahin, daß die Organisation in der Hauptsache durch die Großfirmen, teilweise unter Mitwirkung der beiden Vereine für Holzinteressenten für Süddeutschland, eine Förderung erfahren. Die kleinen Firmen sehen sich vielfach zum Anschluß gezwungen, um, wie es heißt, nicht Schikanen der Ringangehörigen ausgesetzt zu sein. Doch gelingt es nicht überall, die Holzkäufer, speziell die kleinen Käufer, wie namentlich die am oder im Walde ansässigen Sägwerksbesitzer, zu binden. Es wird angenommen, daß die meisten Mitglieder der beiden Vereine der Holzinteressenten an diesen Vereinigungen beteiligt sind.

Damit habe ich Ihnen im wesentlichen das mitgeteilt, was ich über Bestand, Art, Form und Ausdehnung der Käufervereinigungen erfahren konnte. Es bleibt jetzt noch die praktisch wichtigste Seite zu erörtern: mit welchem Erfolge diese Vereinigungen ihre Interessen zu wahren vermögen und was von seiten der Forstverwaltungen geschieht, um den auf Preisdruck gerichteten Bestrebungen entgegenzutreten.

Die Antworten auf die Frage über die Erfolge der Käufervereinigungen lauten sehr verschieden. In Bayern wird im allgemeinen viel geklagt. Es wird gesagt, daß da, wo die Ringe allein als Bieter in Betracht kommen, häufig eine erhebliche Unterbietung der Taxe stattfinde, daß aber beim Dazwischentreten von der Vereinigung nicht angehörenden Käufern sofort höhere Preise erzielt würden! Oft würden durch Verkauf der bei der Versteigerung nicht zugeschlagenen Lose unmittelbar nachher im Handverkauf weit höhere Preise geboten.

Die Nachrichten aus Württemberg lauten im allgemeinen günstiger. Dort sind es einzelne größere Firmen, die jahraus jahrein die Preise bestimmen. Weniger gelingt dies bei Nadel-Langholz.

Die zu Gebote stehenden Kampfmittel bilden nach Ansicht der württembergischen Verwaltung im allgemeinen ein Hindernis für eine länger wirksame einseitige Preisdrückerei.

Die hessische Forstverwaltung ist nicht der Ansicht, daß ein wesentlicher Rückgang infolge Preisdrucks sich feststellen ließe, doch sind in neuerer Zeit auch gegenteilige Erfahrungen gemacht worden.

In den Reichslanden wird über einen starken Preisdruck bei Gruben- und Schwellenhölzern geklagt. Bei den lothringischen Staatsforsten sei der Erfolg der Händler nur gering, allgemein bestehen aber Klagen darüber, daß in den Gemeindewaldungen manchmal kläglich niedrige Erlöse erzielt würden, was in gleicher Weise von den Verkäufen aus den badischen Gemeindewaldungen gesagt werden kann.

In Baden, insbesondere im mittleren Landesteile, bestehen einige größere Vereinigungen, die die Preise schon in empfindlicher Weise zu drücken vermochten, zumal die beteiligten kapitalkräftigen Sägwerksbesitzer auch den Fuhrwerksbetrieb ihres Einkaufsgebietes beherrschen. Doch besteht in neuester Zeit weniger Grund mehr zu Klagen über zu große Preisunterbietungen.

Auch die Fürstenbergische Verwaltung betrachtet den festeren Zusammenschluß der Holzhändler als die Ursache der zeitweise gedrückten Holzpreise, glaubt aber, daß infolge der zahlreichen Betriebe und der schroffen Gegensätze zwischen den Interessen der Großfirmen und der Zwischenhändler sowie der Sägewerksbesitzer die Vereinigungen auf längere Dauer schwer zusammengehalten werden können.

Wie man aus diesen Feststellungen ersieht, vermögen die über ganz Süddeutschland verbreiteten Käufervereinigungen mit mehr oder weniger Erfolg, mit einer gewissen örtlichen oder zeitlichen Beschränkung, den Waldbesitzern die Preise in ausgiebigem Maße zu drücken. Es wird dadurch ein starkes Moment der Beunruhigung in das Holzhandelsgeschäft hineingebracht, man ist vor Überraschungen nicht mehr sicher. Es macht sich deshalb bezüglich der Preisveranschlagung eine gewisse Unsicherheit geltend. Es wäre deshalb nur zu wünschen, daß wir wieder in ein ruhigeres Fahrwasser gelangen.

In neuester Zeit sind auf diesem Gebiete noch weitere Erhebungen angestellt worden, und zwar an Orten, wo die Ringbildungen sich besonders scharf ausgeprägt haben. Ich möchte Ihnen gerne das Material, das mir hierüber zur Verfügung gestellt worden ist, noch mitteilen, muß aber leider der vorgeschrittenen Zeit halber davon Abstand nehmen; es handelt sich dabei besonders um Vereinbarungen im östlichen und im westlichen Teile von Süddeutschland.

Meine Herren, das wäre das, was ich Ihnen auf Grund der mir gewordenen Mitteilungen zur Feststellung des gesamten Tatbestandes der Ringbildungen mitteilen konnte. Im einzelnen wird es für Viele von Ihnen nicht gerade viel Neues sein, aber die Gesamtheit der geschilderten Vorgänge ist vielleicht doch geeignet, den Eindruck zu befestigen, daß der Zusammenschluß der Holzkäufer größere Dimensionen angenommen hat, als der einzelne wohl seither anzunehmen gewohnt war. Darum werden wir auch darauf bedacht sein müssen, in der Ergreifung von Abwehrmitteln in Zukunft noch etwas findiger zu werden und unsere Maßnahmen vielleicht mehr unter dem Gesichtspunkt des Zusammenschlusses zu ergreifen.

Ich nehme an, daß uns aus dem Kreise der Versammlung noch weiteres Tatsachen-Material über das Bestehen von Ringen mitgeteilt wird.

Meine Herren! Die Tatsache des Bestehens der Ringe an sich darf uns in einer Zeit, wo auf allen Gebieten des wirtschaftlichen Lebens der korporative Zusammenschluß für das Gesamt- und Einzelinteresse als förderlich bezeichnet wird, gewiß nicht überraschen. Die Erhebungen über die Wirkung der Ringe haben auch ergeben, daß diese nicht allgemein die Tendenz des Preisdruckes befolgen, vielmehr auch solche nach unserer Ansicht gut geleitete Vereinigungen bestehen, deren Zweck es ist, der unwirtschaftlichen Preistreiberei vorzubeugen. Solche Vereinbarungen dürfen wir billigerweise nicht beanstanden oder bekämpfen. Ich glaube sogar, daß die Entwickelung dahin treibt, daß wir bei der heutigen Neigung zur Organisation in unserem Holzhandel immer mehr mit solchen Vereinigungen werden rechnen müssen. Unser Kampf will und soll nur dort einsetzen, wo nach unserer Erfahrung das freie Spiel der Kräfte zwischen Nachfrage und Angebot zu unseren Ungunsten beeinträchtigt wird, oder wo mangels eines solchen freien Konkurrenzkampfes nur eine einseitige Preisnormierung durch die Abnehmer stattfindet. In dieser Hinsicht ist noch reichlich Arbeit zur Verbesserung der Verhältnisse des Holzmarktes zu leisten.

Das führt uns zur Erörterung dessen, wie wir uns diesen veränderten Verhältnissen gegenüber einzurichten haben. Dabei wird uns die aus den verschiedenen Verhältnissen gewonnene Erfahrung die beste Lehrmeisterin sein. Eines schickt sich auch hier nicht für alle. Wir werden insbesondere in der Anwendung unseres Verkaufsverfahrens da Änderungen eintreten lassen müssen, wo es sich gezeigt hat, daß die gewählte Verkaufsmethode das Zustandekommen von Vereinigungen erleichtert hat. Hier ist der Einzelbetätigung ein weites Feld zugewiesen. Aber ich meine, mit dieser Einzelbetätigung reichen wir heute in vielen Fällen überhaupt nicht mehr aus! Dem einzelnen Wirtschafter muß da Hilfe werden, wo seine Kräfte sich als zu schwach erweisen. Dabei wollen wir zunächst verweilen. Das gilt nicht bloß für den Staatswald, sondern in noch höherem Maße auch für die Gemeinde-, Körperschafts- und Privatwaldungen. Darum wird es für alle Waldbesitzer von Nutzen sein, wenn wir, dem Gefühl der wirtschaftlichen Solidarität Rechnung tragend, uns über die jeweilige Marktlage künftig eine bessere allgemeine Verständigung verschaffen. Ansätze in dieser Richtung sind bereits vorhanden, man wird sie nur weiter auszubauen haben.

Es wird uns ja von den Holzhändlern vorgeworfen, daß wir zu wenig Kaufleute seien und die Marktlage nicht richtig zu würdigen wüßten. Nun wohlan, wir wollen diese Mahnung uns zu Herzen nehmen und in unserem eigenen Interesse unsere Kenntnis über die wirkliche Marktlage zu erweitern suchen. Professor Dr. Endres hat vor einiger Zeit, wie mir scheint, in einwandfreier Weise nachgewiesen, daß die Höhe des Reichsbank-Diskonts im allgemeinen ein guter Gradmesser für die Beurteilung der wirtschaftlichen Lage sei, da in Zeiten hohen Diskonts hohe Holzpreise beständen und umgekehrt. Es ist daher nur zu wünschen, daß die Waldbesitzer sich dieses Wertmessers auch wirklich bedienen. Ich bin daher der Meinung, daß in den Organen der Waldbesitzer regelmäßig Angaben über die jeweilige Höhe des Reichsbank-Diskonts gemacht werden sollen.

Weiterhin sollten es sich die Waldbesitzer angelegen sein lassen, sich eine genauere Kenntnis von Angebot und Nachfrage zu verschaffen. Das erfordert entschieden eine engere Fühlungnahme der einzelnen Forstverwaltungen. Bereits ist im Forstwirtschaftsrat ein ständiger Ausschuß gebildet worden, dessen Aufgabe es u. a. ist, die Verhältnisse des inländischen Holzhandels zu beobachten und namentlich auch die kleineren Privatwaldbesitzer hierüber zu belehren. Hoffen wir günstiges davon. Ich glaube aber, auch die Forstverwaltungen selbst dürfen es nicht an solchen Bemühungen fehlen lassen, namentlich in der Richtung, daß ein besserer Nachrichtendienst über die augenblickliche Lage des Holzmarktes eingerichtet wird, dem zunächst eine rasche systematische Verbreitung der Ergebnisse der großen Holzverkäufe —

unter Angabe der Transportkosten aus dem Walde — dienlich sein wird. Bei diesen ziffernmäßigen schriftlichen Informationen sollte es aber sein Bewenden nicht behalten. Man sollte einen Schritt weiter gehen und auf der so gewonnenen Grundlage auch eine zeitweise persönliche Aussprache zwischen den Vertretern der einzelnen Forstverwaltungen herbeiführen, deren Wert durchaus nicht unterschätzt werden darf. Wir folgen damit nur dem Beispiel unserer geschäftsgewandteren Interessengegner. Es interessiert wohl alle Teilnehmer dieser Versammlung zu erfahren, daß eine solche Besprechung der süddeutschen Forstverwaltungen bereits in diesem Sommer stattgefunden hat!

Meine Herren, daß es für uns Waldbesitzer ein fortdauerndes Bedürfnis ist, ein eigenes Organ zu besitzen, wird wohl allgemein bejaht werden, da ganz naturgemäß die Organe der Holzinteressenten ihren Stimmungsberichten über die Lage des Marktes eine entsprechende Färbung geben. Diese sorgen auch dafür, daß solche Nachrichten in der kleinen Lokalpresse verbreitet werden. Auch wir sollten die Bedeutung der kleinen Presse für den Holzhandel nicht unterschätzen und deshalb auch unsererseits dafür sorgen, daß neben den Veröffentlichungen in unseren Fachorganen zeitweise in den Lokalblättern Stimmungsberichte über die wirkliche Lage des Holzmarktes gebracht werden.

Meine Herren, ich glaube, ich erfülle eine Pflicht der Dankbarkeit und spreche in Ihrem Sinne, wenn ich dem Leiter des Organs für die süddeutschen Waldbesitzer, Herrn Professor Endres, an dieser Stelle den Dank dafür ausspreche, daß er die Interessen der Waldbesitzer seither so wirksam vertreten hat. (Bravo!) Ich verbinde damit die Bitte, er möge fernerhin unverdrossen seines dornenvollen Amtes walten.

Es könnte aber in dieser Hinsicht noch mehr geschehen, und ich halte eine Anregung, wie sie in einem kürzlich erschienenen Artikel des forstlichen Zentralblatts gegeben ist, für wohl beachtenswert: sie betrifft die Schaffung von besonderen Holzhandelssekretären. Auf diesem Gebiete sind wir gewiß gegenüber anderen Organisationen noch weit zurück. Die Landwirtschafts-, Handels- und Gewerbekammern usw. haben ihre Sekretäre. Warum sollten wir es daran fehlen lassen, besondere Organe zur Erkundung der Holzpreise und der Marktlage zu bestellen. Ich glaube, die Einrichtung solcher Organe würde sich reichlich lohnen. Wo es sich um jährlich so viele Millionen von Werten handelt, da können einige 1000 Mark für die

Einrichtung eines vollkommenen Informationsdienstes nicht in Betracht kommen. Die Art der Bildung solcher Organe mag zunächst dahingestellt bleiben. Für Süddeutschland würden zwei solcher Handelssekretäre wohl genügen.

Was nun die Anwendung der einzelnen Kampfesmittel anlangt, so muß ich mich schon der vorgerückten Zeit wegen und weil hierüber wenig Neues zu sagen ist, ganz kurz fassen.

Bezüglich der allgemeinen Handelssortimente haben wir an vielen Orten die Erfahrung gemacht, daß die zumeist üblichen öffentlichen Versteigerungen die Ringbildungen begünstigt haben. Die Verwaltungen werden deshalb dazu gezwungen, von diesem Verfahren immer mehr abzugehen. Man ist so zur Submission gelangt, und in neuerer Zeit wird von dem freihändigen Verkauf in steigendem Maße Gebrauch gemacht. Herr Oberforstmeister Ney redet der Anwendung des Abgebotsverfahrens besonders das Wort, das in Lothringen schon lange mit Erfolg angewandt wird. Ich halte dasselbe allerdings für ein vorzügliches Mittel, die Entstehung der Ringe zu verhindern. Allein es hat in Deutschland noch kaum Eingang gefunden. Dies wird einmal auf den Umstand zurückzuführen sein, daß man dieses Verfahren überhaupt nicht gewohnt ist, was aber kein stichhaltiger Grund gegen dessen Anwendung sein sollte. Was jedoch der allgemeinen Einführung hinderlich sein wird, ist wohl der weitere wesentliche Umstand, daß es einen Käuferkreis erfordert, der gewohnt ist, genaue geschäftliche Kalkulationen zu machen. Man sollte nun meinen, daß die Großholzkäufer sich mit diesem Verfahren bald befreunden würden. An Versuchen sollte man es daher nicht fehlen lassen.

Was den Verkauf der Spezial-Sortimente betrifft, so glaube ich, drängt die Entwickelung gerade hier immer mehr zum Handverkauf. Sehr viel wäre dabei gewonnen, wenn die Waldbesitzer sich unter Berücksichtigung der Transportkosten auf Mindestpreise einigen könnten. Ein solches Verfahren haben die badischen Schälwaldbesitzer des mittleren Schwarzwaldes einige Jahre durchgeführt. Etwa 700 solcher Leute haben sich geeinigt, die Rinde nicht unter einem bestimmten Preise zu verkaufen. Das Vorgehen war teilweise von Erfolg begleitet. Ich glaube, was diesen Schälwaldbesitzern möglich war, sollte den kapitalkräftigeren größeren Waldbesitzern auch möglich sein, wenn bei einzelnen Sortimenten die Preise fortdauernd künstlich gedrückt werden.

Nur noch ein Wort über die Bildung von Verkaufs=
genossenschaften. Ich glaube mit der Bildung förmlicher Syn=
dikate brauchen wir uns nicht weiter zu befassen. Die Verwirklichung
dieses Gedankens scheint mir noch in weite Ferne gerückt.

Ich muß zum Schlusse eilen.

Als unsere in Heidelberg im Forstwirtschaftsrat gepflogenen
Verhandlungen bekannt wurden, haben sie in den Kreisen der Holz=
käufer gerade kein erfreuliches Echo geweckt. Das lag wohl zum
Teil daran, daß diese Erörterungen für die Holzkäufer eine gewisse
überraschung bedeuteten, denn sie waren wohl nicht darauf ge=
faßt, auch einmal eine Aussprache der Waldbesitzer über das Holz=
verkaufswesen zu vernehmen. Sie dürfen sich aber nicht mit Recht
darüber beklagen, wenn ihnen von unserer Seite das gleiche wider=
fährt, was sie selbst in ihren Reihen schon häufig — allerdings nicht
öffentlich — geübt haben.

Ich hoffe, daß die heutige Verhandlung das Ergebnis zeitigt,
daß solche geschäftlichen Aussprachen zwischen den Forstverwaltungen
künftig öfters gepflogen werden. Zum anderen mögen über unsere
Verhandlungen in Heidelberg auch Mißverständnisse unterlaufen
sein. Unsere heutigen und vorjährigen Verhandlungen mögen bei
den Holzkäufern den Eindruck befestigen, daß wir, wenn auch etwas
spät, dem Zeichen der Zeit folgend uns bewußt geworden sind, daß
auch wir uns enger zusammenschließen müssen, wenn wir nicht zu
kurz kommen wollen, daß wir aber mit diesem Zusammenschluß
keinen anderen Zweck verfolgen, als uns angemessene
Preise, bei denen auch der Käufer wohl bestehen kann, zu sichern.
Also nicht gegen natürliche Preisbildung richten sich
unsere Bestrebungen, sondern nur gegen die derzeit da und dort be=
stehenden Auswüchse des Holzverkaufswesens. Wir Wald=
besitzer wollen diese nüchternen geschäftlichen Angelegenheiten weiter=
hin ohne Nervosität, nur mit geschäftlicher überlegung und Ruhe
behandeln, wir müssen uns dabei bewußt bleiben, daß in diesem
natürlichen Interessenkampf wohl zu keiner Zeit Ruhe
und Frieden einziehen wird. Ohne Kampf wird es sicherlich auch
fernerhin nicht abgehen. Dieser Preiskampf soll aber auf jeder Seite
ehrlich und in geschäftlich wohlanständiger, loyaler Form geführt
werden. Ich gebe mich der Hoffnung hin, die heutige Verhandlung
möge dazu beitragen, daß wir auf diesem Gebiete Fortschritte
erzielen! (Bravo! Klatschen.)

Vorsitzender: Das Wort hat der Herr Mitberichterstatter, Herr Oberforstmeister Riebel.

Oberforstmeister Riebel: Meine Herren! Es ist mir der Auftrag geworden, zu dem in Verhandlung stehenden Thema aus Norddeutschland zu berichten. Wie Sie aus den Verhandlungen des Forstwirtschaftsrats in Heidelberg vielleicht ersehen haben werden, haben seinerzeit zwei für den Forstwirtschaftsrat gewählte Referenten gestreikt, weil sie glaubten, aus Norddeutschland nicht genügendes Material für ein Referat beibringen zu können. Auch ich fürchte, daß ich Ihnen nach dem eingehenden Vortrage des Herrn Referenten nicht viel Neues bringen werde. Trotzdem hielt ich es für geboten, im Interesse der Förderung der zweifellos wichtigen Frage mich der mir gestellten Aufgabe zu unterziehen.

Das Thema spricht von Kartellbestrebungen, nicht von Kartellen und ich verstehe darunter alle solchen Bestrebungen irgend welcher Interessentengruppen, die den Zusammenschluß zur wirtschaftlichen Förderung der Gruppe zum Ziele haben, gleichviel ob diese Bestrebungen zu einem förmlichen Verbande geführt haben, ob die Vereinigungen dauernde oder nur vorübergehend für einen bestimmten Zweck gebildete sind.

Das Thema beschränkt andererseits die Erörterung dem Wortlaute nach eigentlich auf die Vereine der Holzinteressenten; ich glaube aber nicht, daß damit nur formell konstituierte Vereine gemeint sein sollen, sondern Vereinigungen und Vertretungen aller Art, die für die Verbesserung der wirtschaftlichen Lage der bei der Holzverwertung beteiligten Handels- oder Gewerbebetriebe wirken sollen.

Die heutige Schärfe des wirtschaftlichen Kampfes auf allen Gebieten des Erwerbslebens führt mit Notwendigkeit zum Zusammenschlusse der zur Erreichung großer Ziele im einzelnen zu schwachen Mitglieder eines Erwerbsstandes. Die Bildung von Vereinigungen und gemeinsamen Vertretungen ist etwas Natürliches und Nützliches. Der Staat fördert diese Bestrebungen und hat selbst behördliche Vertretungen für die Gewerbebetriebe in den Handels- und Handwerkerkammern geschaffen. Auch wir haben eine staatliche Vertretung in den Landwirtschaftskammern, die durch ihre Organe nicht selten die Funktionen von Ein- und Verkaufsgenossenschaften ausüben lassen, indem sie z. B. den Einkauf von Pflanzen und Sämereien, den Verkauf von Holz vermitteln. Außerdem haben wir uns selbst in unseren Forstvereinen und im Forstwirtschaftsrat Organisationen geschaffen, die dazu bestimmt sind, die Interessen des deutschen Waldes

8*

und seiner Besitzer zu wahren. Wir können daher auch gegen die Vereinigungen und Vertretungen der Holzinteressenten nichts einwenden, so lange sich ihre Tätigkeit auf legalem Boden bewegt und nicht das ausgesprochene Bestreben zeigt, ihren Interessenten auf Kosten der Forstwirtschaft unberechtigte Vorteile zu verschaffen. Solche legale Vereinigungen zu bilden, ist ihr gutes Recht, das wir ihnen gewiß nicht streitig machen wollen.

Die staatlichen und legalen Privatvertretungen der Holzinteressenten müssen wir aber trotzdem ebensogut im Auge behalten, als die illegalen. Ihre Einwirkungen sind meist viel bedeutsamer und tiefgreifender als die der letzteren, die sich meist nur auf lokal engbegrenzten Gebieten äußern.

So hat beispielsweise die Vertretung der Zell- und Holzstoffindustrie bei den letzten Zolltarifsverhandlungen durch sehr rührige Arbeit die zollfreie Einfuhr des Zellulose- und Schleifholzes in erweitertem Umfange erreicht. Die mächtige Metallindustrie hat die freie Einfuhr von Holzkohle durchgesetzt und die Lederindustrie hat bei den Handelsvertragsverhandlungen die Befreiung fremder Gerbstoffe vom Zoll erlangt und dadurch einem früher ertragreichen Betriebszweige der deutschen Forstwirtschaft, dem Schälwalde, den Todesstoß versetzt. Derartige Erfolge sind schwerwiegender, als wenn einige Kippesmacher bei einer Holzauktion die Preise werfen.

In der Verkehrstarifpolitik können die Vertretungen von Holzhandel und Holzindustrie durch Erlangung von Ausnahmetarifen und Abgabenbefreiungen die Einfuhr ausländischer Erzeugnisse zum Schaden der heimischen Produktion noch weit mehr begünstigen, als durch Normierung niedriger Zollsätze.

Wir haben also allen Anlaß, die Arbeit der staatlich organisierten und legalen Vertretungen der Holzinteressenten mit Aufmerksamkeit zu verfolgen und darauf zu achten, daß unsere wirtschaftlichen Interessen durch ihre Einwirkung nicht ins Hintertreffen kommen. Mit diesen Stellen ist unter Umständen eine Verständigung möglich und es empfiehlt sich, sie anzustreben. In mancherlei Punkten der Zoll- und Verkehrspolitik, in der Einführung fester und klarer Normen für den Handel sind die beiderseitigen Interessen gleichlaufend oder doch vereinbar und eine Verständigung wird für beide Teile von Nutzen sein. In dieser Richtung empfiehlt sich fester Zusammenschluß aller Interessenten der Forstwirtschaft zu einer gemeinsamen wirkungsvollen Vertretung und Anbahnung von Verhandlungen mit denjenigen Vertretungen des Holzhandels und der Holzindustrie, die nur die allgemeine Hebung der wirtschaftlichen Lage ihrer Betriebe auf legalem Wege erstreben.

Anders liegt die Sache bezüglich solcher Vereinigungen von Holzinteressenten, die die ausgesprochene Absicht haben, sich auf Kosten der Holzproduzenten Vorteile zu verschaffen, die in den allgemeinen wirtschaftlichen Verhältnissen nicht begründet sind. Es können diese Vereinigungen auch auf gesetzlich unanfechtbarer Basis beruhen, wie die hier und da bestehenden Einkaufsgenossenschaften; in der Mehrzahl aber sind es heimliche, illegale Verbindungen in der Form der Ringe, die entweder für bestimmte Gebiete auf längere Dauer geschlossen sind oder sich nur für einzelne Fälle meist unter dem Druck einzelner besonders kapitalkräftiger Interessenten bilden und deren Tätigkeit sich als Verstoß gegen „gute Sitte" darstellt.

Diesen Organisationen gegenüber bleibt immer nur der Kampf und den letzterwähnten gegenüber nur der rücksichtsloseste Kampf übrig, denn Verständigungsversuche werden dabei kaum zum Ziele führen.

Im allgemeinen sind, wie ich bemerken möchte, alle dergleichen Vereinigungen in ihrem ersten Ursprunge Kinder der Not. So lange es dem Menschen gut geht, pflegt er nicht viel nach seinen Mitmenschen zu fragen, aber wenn es schlecht geht, besinnt er sich auf sie und sucht Anschluß zu gegenseitiger Unterstützung. Wenn nun gerade in den letzten Jahren die Wirkung der Ringe und sonstigen Interessentenverbände im Holzhandel besonders fühlbar geworden ist, so ist nicht zu verkennen, daß diese Erscheinung zum großen Teile Folge bestehender Notlagen ist. Abgesehen von der zweifellos vorliegenden allgemeinen wirtschaftlichen Depression hat unsere Hauptabnehmerin, die Sägewerksindustrie, seit Jahren und zwar seit Abschluß der neuen Handelsverträge entschieden Not gelitten. Sie werden in den Holzhandelsblättern in den letzten Jahren oft der Klage begegnet sein, daß die Preise des Schnittmaterials nicht gleichen Schritt mit denen des Rohholzes hielten und nach meinen eigenen langjährigen Erfahrungen im Sägewerksbetriebe kann ich diese Klage nicht als unberechtigt abweisen. Der Grund dafür liegt klar zutage; es ist der nicht genügende Zollschutz der deutschen Sägewerksindustrie, der nicht dazu ausreicht, dem inländischen Unternehmer die Mehrkosten zu ersetzen, die er gegenüber dem benachbarten ausländischen aufzuwenden hat. Während die Rohholzeinfuhr ihre bestimmten natürlichen Grenzen hat, ist die Schnittmaterialeinfuhr nahezu unbegrenzt erweiterungsfähig. Wenn man daher bei Normierung der jetzigen Zollsätze der

Sägeindustrie damit helfen zu können glaubte, daß man lediglich das Verhältnis zwischen Rundholz= und Schnittmaterialzoll günstiger gestaltete, beide aber abwärts gleiten ließ, so war das ein verhängnisvoller Irrtum. Es ist eben auch eine gewisse absolute Höhe des Zolles für Schnittware nötig, und diese zu erreichen, werden wir uns bei nächster Gelegenheit gemeinsam mit der Sägewerksindustrie bemühen müssen. Machen wir diese wieder lebens= und leistungsfähig, so werden, wie ich überzeugt bin, auch die Klagen über die Schäden der Ringbildungen wenigstens zum Teil wieder verschwinden.

Freilich werden manche Interessenten das, was sie in den Zeiten der Not gelernt haben, nicht gleich wieder vergessen und viele, denen es gut geht, werden den Wunsch haben, daß es ihnen noch besser gehen möge. Wir werden also auch dann noch zum Kampfe gerüstet bleiben müssen.

Wenn ich nun speziell auf die Lage in Norddeutschland übergehe, so habe ich zu berichten, daß wir dort ganz ähnliche Erscheinungen bemerken, wie sie der Herr Referent uns aus Süddeutschland mitgeteilt hat. Allerdings erscheinen die Gegensätze im allgemeinen nicht so scharf ausgeprägt, der Kampf nicht so erbittert, als im Süden und Südwesten. Wenigstens sind mir Fälle, wie sie in dem Kampfe Endres ca. Bettmann bekannt geworden sind, aus Norddeutschland nicht zu Ohren gekommen. Die norddeutschen Holzkäufer könnten daher vielleicht versucht sein, stolz mit dem Kanadier zu sagen: „Seht, wir Wilden sind doch bessere Menschen.“ Es gibt aber doch vielleicht auch noch einige andere Gründe für die Erklärung dieser Erscheinung. Im Nordwesten Deutschlands läßt wohl die sehr starke, das örtliche Angebot weit übersteigende Nachfrage, abgesehen vom Grubenholz, gemeinsame Operationen der Holzabnehmer nicht recht zur Entwickelung kommen und im Osten steht dem an sich größeren Angebot eine verhältnismäßig noch größere Zahl von Abnehmern gegenüber, da hier auch die Händler aus dem Westen konkurrieren, während wohl kaum ein ostdeutscher Händler oder Konsument im Westen oder Süden kauft.

Es sind auch wohl im Norden keine Firmen vorhanden, die durch übergroße Kapitalkonzentration ein so ausschlaggebendes übergewicht erlangt haben, wie dies bei einigen Unternehmern in Süddeutschland der Fall zu sein scheint.

In diesem Frühjahr sind auch für Norddeutschland Fragebogen über die Kartellfrage durch Professor Schilling=Eberswalde ausgesandt worden, die er mir freundlichst zur Verfügung gestellt hat und die ich, um die Beteiligten nicht noch einmal durch Anfragen belästigen zu müssen, in seinem Einverständnis für mein Referat benutzt habe.

Sie ergeben, daß, abgesehen von den staatlich organisierten Vertretungen des Holzhandels und der Holzindustrie, den Handelskammern, welche ihre Einwirkung auf den Holzhandel namentlich durch Bearbeitung verkehrspolitischer Fragen und durch Festlegung bestimmter Handelsgebräuche für alle größeren Holzhandelsplätze geäußert haben, alle drei obenerwähnten Arten von Interessentenvereinigungen vorhanden sind, und zwar, um es kurz zu wiederholen:

1. weitverzweigte größere Vereine, die die Vertretung der wirtschaftlichen Interessen ihrer Angehörigen im allgemeinen wahrnehmen, Satzungen haben und fest organisiert sind;

2. lokale Einkaufsvereine;

3. geheime Ringe.

Von den großen Vereinen sind zu nennen:

1. Der Zentralverband Deutscher Holzinteressenten mit dem Sitz in Düsseldorf. Er bildet die Zentralstelle für die Vereine der großen Landesbezirke und behandelt als solche nur die großen wirtschaftlichen Fragen seines Interessentenkreises, ohne dabei eine direkte Einwirkung auf die Preisbildung beim Ein= oder Verkauf ausüben zu können.

2. Der Verein Ostdeutscher Holzhändler und Holzindustriellen mit dem Sitz in Berlin. Er wirkt im wesentlichen auch als Zentralstelle seines großen Landesbezirks für die allgemeine wirtschaftliche Hebung des Holzhandels und der Holzindustrie seines Bezirkes. Es wird aber auch an einzelnen Stellen die Vermutung ausgesprochen, daß er an der Verteilung der Einkaufsgebiete auf die einzelnen Firmen oder Firmengruppen mitwirke. Auch wird mitgeteilt, daß hier und da die Ortsgruppen des Vereins sich zu lokalen Einkaufsvereinigungen und Ringen zusammengetan hätten; jedenfalls führt die Zugehörigkeit zu dem Verein die Holzabnehmer eines Gebietes leichter zusammen.

3. Der Verein rheinisch=westfälischer Grubenholzhändler mit dem Sitz in Witten a. d. Ruhr.

4. Der Verein Oberschlesischer Grubenholzhändler unter dem Namen „Holzhandel“ mit dem Sitz in Beuthen O.=Schl.

Diese beiden Grubenholzhändlervereine sind angeblich nur zur Regelung des Verkaufs gegründet, um dem Druck der Zechen zu begegnen und die Lieferungen an diese unter die Mitglieder zu verteilen. Ihre Wirkung wird aber auch durch Verteilung der Einkaufsgebiete deutlich gespürt. Der oberschlesische Verein soll angeb=

lich als Gegengewicht gegen einen Zusammenschluß der oberschlesischen großen Waldbesitzer begründet sein. Wenn er aber nur den Ver- kauf an die Gruben regeln wollte, so hätte doch ein Zusammen- gehen der Waldbesitzer keinen Anlaß zu einer solchen Gegenmaßregel geben können.

Der Verein der rheinisch=westfälischen Grubenholzhändler sollte sich Ende 1911 auflösen, wenigstens waren seine Mitglieder nur bis dahin an die Abmachungen gebunden und da sie zum großen Teil die Beschränkung in der Bewegungsfreiheit sehr lästig empfunden haben, ist nicht anzunehmen, daß eine Verlängerung stattfindet. Nach einer mir kürzlich gemachten Mitteilung soll der Verein schon jetzt aufgelöst sein. Es ist also zu hoffen, daß wieder etwas mehr Leben in den Grubenholzhandel kommt, wenn der von dem Nonnenfraß herrührende Druck, der auf diesem Geschäftszweige jetzt noch lastet, erleichtert sein wird. Fürs erste wird freilich ein um so schärferes Rennen der wieder freigewordenen Händler um die Aufträge der Zechen einsetzen, das möglicherweise auch die Einkaufspreise ungünstig beeinflussen kann.

Vermutet wird

5. eine Vereinigung der Harzer Holzindustriellen, doch hat sich Näheres darüber nicht feststellen lassen.

Es besteht ferner noch eine große Zahl von Vereinigungen spezi- eller Zweige der Holzindustrie. Die vom Reichsamt des Innern im Jahre 1906 herausgegebene Denkschrift über das Kartellwesen führt in der Holzindustrie allerdings nur 5 derartige Verbände auf, die zum Teil schon wieder aufgelöst sind. Drei davon hatten ihren Sitz in Norddeutschland und zwar die Konvention der Fabriken kieferner Kehlleisten und Türbekleidungen zu Berlin, die Zentrale Deutscher Parkettfabriken zu Berlin und die Verkaufsvereinigung für Stühle zu Lauterberg a. Harz. Ferner nennt sie mehrere Verbände von Holzstoffabrikanten.

Auf Vollständigkeit wird diese Statistik keinen Anspruch machen können, denn es bestehen derartige Vereinigungen in weit größerer Zahl. Es wird kaum einen Fabrikationszweig geben, der nicht eine Vereinigung hätte. Ihr Bestand ist aber sehr wechselnd, da sie häufig nur von sehr kurzer Lebensdauer sind.

Von besonderer Bedeutung sind die Verbände der Zell= und Holzstoffabrikanten, da sie den Konsum großer Holzmassen vertreten und auf die Preisbildung für diese zweifellos durch die starke Ein-

fuhr fremden Holzes und Verteilung der Einkaufsgebiete einen wesentlichen Einfluß ausüben.

Die in Norddeutschland bestehenden Einkaufsvereine beschränken
sich nur auf engbegrenzte Gebiete, in der Regel auch nur auf bestimmte Sortimente für Spezialfabrikationen. Sie haben gewöhnlich
eine feste, genossenschaftliche oder doch ähnliche Organisation. So
wird aus Meiningen eine Einkaufsvereinigung für Schnitzhölzer zu
Forschengereuth gemeldet, in Rostock eine solche unter den Buchen-
stabholzfabriken vermutet, desgleichen in Anhalt eine für Eichenlang-
holz. Hier und da sollen sich auch die Baugewerksmeister kleinerer
Städte für den Holzeinkauf vereinigt haben und diesen gemeinschaft-
lich besorgen.

Ringbildungen bestehen auch in Deutschland in erheblicher
Zahl und mit verschiedener Art der Betätigung. Bald hält ein
kapitalkräftiger und einflußreicher Interessent die übrigen teils durch
Abfindungen, teils durch rücksichtsloses überbieten im Schach und
schlägt als Platzhirsch namentlich fremde Eindringlinge wütend ab.
Es ist mir aus authentischer Quelle bekannt, daß beispielsweise ein
größerer Sägewerksunternehmer vor einer Versteigerung einer Privat-
forstverwaltung 35 000 Mk. Abstandsgelder an seine Konkurrenten
auszahlte, etwa 10% des ganzen Umsatzes.

In anderen Fällen werden die Lose schon vor dem Termin
unter die Reflektanten verteilt und jeder bietet den ihm gutdünkenden
Preis, oder noch häufiger werden die Lose von einem oder einigen
der Ringmitglieder zu billigem Preise gekauft und dann unter Teilung
des Gewinnes im engeren Kreise nochmals versteigert. Daß solche
Vereinigungen nicht nur den einzelnen Waldbesitzer schwer schädigen,
sondern auch in weiterem Umfange sehr ungünstig auf die Preisbildung
einwirken können, ist zweifellos und deshalb ist energische Abwehr
geboten.

Von einer ganzen Reihe der Auskunftsstellen ist aber auch die
erfreuliche Mitteilung gemacht, daß von Kartellbildungen nichts wahrgenommen sei.

Auf die anzuwendenden Kampf- und Gegenmittel will ich ebenso
wie der Herr Referent nicht näher eingehen; diese sind ja in der
Literatur genügend erörtert. Nur einige wenige Punkte möchte ich
hervorheben. Es wird ja, wenn Benachteiligungen durch Ringbildungen usw. fühlbar werden, immer darauf ankommen, fremde
Konkurrenten heranzuziehen, um den Ring zu sprengen. Neben dem
freihändigen Verkauf an Fernstehende ist es namentlich zu empfehlen,

den Käufern das Holz möglichst als fertige Handelsware zugerichtet, z. B. Grubenholz und Schleifholz geschält, frei an die Bahn oder Wasserstraßen zu liefern. Dann können auch entfernt wohnende Käufer ihre weiteren Unkosten sicher kalkulieren und es wird sich ein größerer Abnehmerkreis mit besseren Preisen finden. Die Sache ist nicht so schwierig und selbst in der Staatsverwaltung durchführbar, hat sogar noch mancherlei andere Vorteile für den Waldbesitzer, der Arbeiter und Fuhrleute besser in der Hand behält. Ein wichtiges Moment ist auch die Schaffung und Erhaltung von eigenen Ablagen der Forstverwaltungen an Bahnen und Wasserstraßen. In der Beziehung ist viel versäumt worden und es sollte namentlich bei Anlage von neuen Bahnen nie unterlassen werden, den Grund und Boden abtretenden Forstverwaltungen eigene Lagerplätze vorzubehalten, über die sie freie Verfügung haben und die sie jedem Käufer zur Verfügung stellen können. Es kommt jetzt vor, daß sich Holzkäufer für manche Bahnstrecken ein Monopol dadurch schaffen, daß sie alle verfügbaren Bahnlagerplätze für sich mieten und dadurch Konkurrenten den Holzkauf unmöglich machen.

Nicht außer acht zu lassen ist ferner die tunlichste Förderung der eingesessenen gewerblichen und Handels-Unternehmungen, die immer die sichersten Abnehmer sein werden. Empfohlen wird oft der Zusammenschluß der Waldbesitzer. Der ist dringend notwendig und auch durchführbar, wenn es sich um die Vertretung bei Regelung großer wirtschaftlicher Fragen handelt, auch von großem Wert in der Form der Mitteilung von Holzverkaufsergebnissen und in der Erstrebung zweckmäßiger Handelsgebräuche. Dagegen bezweifle ich, daß er in größerem Umfange durch Bindung und Vereinigung im Holzverkauf erreichbar und zweckmäßig ist. Wohl ist der erfolgreiche Zusammenschluß lokaler Gruppen denkbar, der Anschluß kleiner Besitzer an benachbarte größere zum Zwecke gemeinsamer Verwertung des Holzeinschlages, vorausgesetzt, daß eine geeignete Persönlichkeit vorhanden ist, die bereit ist, die kaufmännische Arbeit für die anderen Beteiligten mitzuleisten und daß letztere sich den Dispositionen der ersteren fügen.

So sollen in Böhmen zwei Waldbesitzervereinigungen durch Zusammenschluß im Verkauf günstige Ergebnisse erzielen. Auch in Oberschlesien besteht eine Vereinigung der größeren Waldbesitzer.

Viel bessern kann in der Beziehung die Belehrung und Raterteilung an die, die dessen bedürfen. Dazu haben wir in Preußen die Beratungsstellen der Landwirtschaftskammern, die darin eine sehr nützliche Tätigkeit entwickeln, im übrigen auch eine Zentralstelle für Vermittlung von Holzverkäufen bilden, deren sich jedermann, dem dazu das eigene Verständnis oder die nötigen Verbindungen fehlen, bedienen kann.

Auf der anderen Seite möchte ich aber auch zur Erwägung geben, daß eine zu weitgehende Konzentration des Holzverkaufs auch ihre Bedenken hat. Je mehr wir konzentrieren, je weniger Einzelverkäufe schließlich stattfinden, desto leichter machen wir den Herren Käufern die Vereinigung. (Sehr richtig!) Die Herren werden sich vielleicht erinnern, daß im vorigen Jahre, als die preußische Forstverwaltung die großen Massen Nonnenhölzer zu verwerten hatte und als die ersten Termine ziemlich ungünstige Resultate lieferten, in den Holzhandelsblättern mit großer Beflissenheit der preußischen Regierung der Rat gegeben wurde, möglichst große Lose zu bilden, jeden Regierungsbezirk möglichst zu einem Lose zu konzentrieren. Dieser Rat war mir äußerst verdächtig (Heiterkeit), und die preußische Forstverwaltung hat gut daran getan, daß sie dem nicht gefolgt ist. Das Resultat wäre wahrscheinlich ein recht ungünstiges gewesen. Ich möchte hierzu noch einen kleinen Vorgang aus früherer Zeit, der charakteristisch ist, erzählen. Sie werden sich erinnern, daß Anfang der siebziger Jahre unsere deutschen Gerbstoffmittel anfingen, für den Bedarf der Gerber nicht mehr auszureichen. Die Eichenrindenproduktion genügte nicht mehr für den gesteigerten Verbrauch der Lederindustrie. Die Einfuhr fremder Gerbstoffe war damals noch unerheblich und es wurde seitens der Gerbereien eifrig Propaganda dafür gemacht, soviel als möglich, selbst bis auf Kiefernboden fünfter Klasse herab, Schälwaldungen anzulegen. Damals reiste der Chef der Gerbervereinigung auf Forstvereinen herum und hielt Vorträge, um die Anlegung von Schälwaldungen zu fördern. Auf dem märkischen Forstverein erschien der Herr auch, und dort wurde er ziemlich heftig angegriffen und ihm schon damals der Vorwurf gemacht, daß Erscheinungen hervorgetreten seien, die eine sehr intensive Konzentration im Einkaufe unter den Gerbern erkennen ließen. Es wurde ihm gesagt, wenn man Rinde zu verkaufen hätte, dann käme nur immer ein bestimmter Gerber, der kaufte billig ein und Konkurrenz wäre nicht da. Der Herr riet, die Rinde fertig getrocknet und frei zur Bahn zu liefern und ja jeden Verkauf in der Gerberzeitung bekannt zu machen; dann würde genügend Nachfrage eintreten. Darauf trat ein märkischer Gutsbesitzer auf und sagte, er könnte die Klagen, die von seiten seiner Mitwaldbesitzer erhoben würden, nicht teilen;

er hätte seine Rinde immer günstig an die Gerber der nächsten Städte verkauft. Als ihm nun von anderer Seite die Frage gestellt wurde, ob er seine Rindenverkäufe auch immer in der Gerberzeitung bekannt gemacht hätte, antwortete er prompt zu allgemeiner Heiterkeit: Nein, niemals. Es wurde also festgestellt, daß der, der seine Verkäufe im Zentralorgan nicht bekannt gegeben hatte, die besseren Preise erzielte.

Nun meine Herren, weder der Herr Referent noch ich werden Anspruch darauf erheben, daß wir Ihnen heute hier ein Allheilmittel zur Beseitigung der bestehenden Schäden offenbart haben. Ich hoffe, daß die Diskussion noch manche wertvollen Winke zu der Frage liefern möge, aber ich glaube nicht, daß sie uns des Rätsels volle Lösung bringen wird. Es lassen sich derartige große wirtschaftliche Fragen nicht durch eine einmalige oder auch öftere Beratungen im großen Kreise regeln oder auch nur wesentlich fördern. Ich habe deshalb von der Aufstellung von Leitsätzen Abstand genommen. Ich stimme den Leitsätzen des Herrn Referenten durchaus bei und halte es auch nicht für nötig, daß die Hauptversammlung zu der Frage durch irgend welche Beschlußfassung ausdrücklich Stellung nimmt. Es würde dies an der Sache nicht gar viel ändern. Zur Besserung der Verhältnisse kann nur eine eingehende, dauernde und zielbewußte Arbeit führen, und diese zu leisten ist eine große Versammlung nicht imstande. Es ist deshalb, um wenigstens eine Besserung anzubahnen und geeignete Maßnahmen einzuleiten, wie schon der Herr Referent erwähnte, seitens des Forstwirtschaftsrats in seiner vorjährigen Tagung ein ständiger Ausschuß gewählt worden, der die Handels-, Verkehrs- und wirtschaftspolitischen Fragen erörtern soll, der namentlich den Holzhandel und Holzverkehr möglichst eingehend und dauernd beobachten und häufiger eingehende Veröffentlichungen darüber veranlassen soll. Dieser Ausschuß ist zum erstenmal vor einigen Tagen hier zusammengetreten und ist dabei zu der Überzeugung gekommen, daß die Arbeit noch weiter konzentriert werden muß. Er hat deshalb dem Forstwirtschaftsrat den Vorschlag gemacht, in dem Sinne, wie der Herr Referent schon andeutete, zunächst für den deutschen Forstwirtschaftsrat einen Handelssekretär anzustellen, resp. dessen Anstellung vorzubereiten und in Erwägung zu ziehen, auf welchem Wege die nötigen Mittel für diesen Zweck beschafft werden könnten. Zu einer Beschlußfassung in der Hauptversammlung ist die Sache noch nicht spruchreif. Ich will hoffen, daß wir auf dem angedeuteten Wege Nützliches erreichen und würde mich freuen, wenn wir auch in der Versammlung Zustimmung zu der Beschreitung dieses Weges fänden. (Bravo! Klatschen.)

Vorsitzender: Sie haben durch Ihren Beifall den Herren Berichterstattern bereits Ihren Dank zu erkennen gegeben. Ich wiederhole namens der Versammlung diesen Dank und eröffne damit die Diskussion.

Professor Jentsch: Meine Herren! Lediglich der Umstand, daß kein Berufenerer zunächst sich zum Wort meldet, veranlaßt mich, noch ein paar Worte dem Gesagten hinzuzufügen.

Ich glaube, die Verhältnisse liegen doch nicht so verwickelt daß wir, wie der Herr Korreferent gesagt hat, vor einem Rätsel stehen, dessen Lösung nicht gelingen könne. Die Verhältnisse liegen ganz einfach. Es sind zwei Interessentenkreise: die Holzhändler wollen billig Holz kaufen und die Produzenten wollen möglichst teuer verkaufen. Wenn man Ausdrücke hört wie „angemessene Preise“ oder „zulässige“ oder „entsprechende Preise“, so halte ich das, ehrlich gesagt, für ziemlich gegenstandslos, denn jeder ist berechtigtermaßen interessiert, wenn er verkauft, möglichst hohe Preise zu fordern, und wenn er einkauft, möglichst niedrige Preise zu wünschen bezw. zu zahlen, und wir müssen uns dessen bewußt bleiben, daß eine gütliche Einigung dieser zwei Interessentengruppen unter keinen Umständen möglich ist. So lange wirtschaftliches Leben besteht, wird dieser Gegensatz bestehen bleiben und ich meine, die Frage löst sich also ganz einfach in der Weise, daß fortgekämpft werden muß auf beiden Seiten, nur aber daß mit wohlanständigen Mitteln gekämpft werden muß. (Sehr richtig!) Wenn wir auf seiten der Gegner, die wir berechtigtermaßen als Vertreter ihrer Interessen anerkennen müssen, nicht immer Mittel angewendet sehen, die der guten Sitte und dem Wohlanstand entsprechen, dann sollen wir meines Erachtens diese bekämpfen, und ich glaube soweit mit den Anschauungen der Vertreter der gegenteiligen Interessen vertraut zu sein, um sagen zu können, daß in den Kreisen der ehrenwerten und anständigen Holzkäufer diejenigen Mittel, die vielfach angewendet und zum Teil hier erwähnt worden sind, ebenso verurteilt werden wie von unserer Seite. Und es ist durchaus möglich, daß wir durch diese offene Aussprache und durch öfteres Hinweisen auf derartige Übelstände und Mängel ein Zusammengehen in diesem Sinne mit der Gegenseite wohl erreichen können. Ich glaube, es wird deshalb durchaus zweckmäßig sein, wenn wir durch ein berufenes Organ oder eine berufene Kraft ständig Fühlung halten mit jenen Kreisen, immerzu Informationen sammeln und auch uns und den einzelnen unter uns sowie allen Holzproduzenten, die mit dem Verkauf zu tun haben, diese Informationen zugänglich machen. Dann wird diese Frage nach beiden Seiten wunschgemäß gelöst werden können, ohne daß wir glauben müssen, vor einem Rätsel zu stehen. (Bravo! Klatschen.)

Professor Dr. Endres = München: Meine Herren! Warum schließen sich die Holzkäufer zu Ringen, Einkaufsvereinigungen usw. zusammen? Weil sie sagen, sie verdienen nicht genug, sie brauchen einen höheren Gewinn, um existieren und ihr Geschäft weiter aufrecht erhalten zu können. Ist diese Behauptung nun richtig und haben die Holzhändler aus diesem Grunde heraus für sich das Recht, in der Weise vorzugehen, wie es eben geschildert wurde? Meine Herren, der Holzhändler, unter dem ich einen Unternehmer verstehe, der das Holz im Walde einkauft, um es entweder in der gleichen Form als Rundholz oder fassoniert als Sägeholz mit Gewinn wieder zu verkaufen, also der berufsmäßige Unternehmer, der Holzkaufmann, hat früher in den siebziger Jahren den ganzen deutschen Holzmarkt beherrscht. Von seiner Unternehmungslust ist es in erster Linie abhängig gewesen, nach welcher Richtung hin sich die Holzpreise im Walde bewegten. Diese Verhältnisse sind nun anders geworden. Die berufsmäßigen Holzhändler, namentlich die großen Firmen, haben nicht mehr die führende Stellung, die sie früher innehatten, und nach menschlichem Ermessen werden sie dieselbe auch nicht mehr erhalten. Das Holzgeschäft ist viel risikovoller geworden als früher. Die Gründe dafür liegen einmal darin, daß die Konkurrenz der berufsmäßigen Holzkäufer unter sich eine viel größere geworden ist, als sie früher war. Es gibt eben mehr Holzkäufer, mehr Sägewerke, die auf diesem Wege sich ihre wirtschaftliche Existenz gründen wollen. Es ist klar, daß bei einer solchen großen Konkurrenz schließlich auf den einzelnen auch nur ein geringer Gewinn kommt. Daher ist es nicht richtig, wenn die ganze Holzmarktlage, wie wir sie in Deutschland haben, speziell in Süddeutschland, lediglich nach den Verhältnissen und nach dem Gewinn beurteilt wird, den diese großen Holzkäufer für sich erzielen. Diese sind längst nicht mehr ausschlaggebend, aber gerade deshalb drängen sie jetzt auf die Ringbildungen hin. Dadurch wollen sie erreichen, daß die kleinen Holzhändler beim Holzeinkauf im Walde im Zaume gehalten werden. Treten sie dem Ringe nicht bei, dann werden sie durch Preistreibereien bei einzelnen Losen so geschädigt, daß sie schließlich nicht mehr existenzfähig sind. Ferner kommt in Betracht, daß die berufsmäßigen Holzhändler überhaupt nicht mehr die wichtigsten Holzkäufer sind. Es ist ihnen zunächst eine Konkurrenz entstanden in der landwirtschaftlichen Bevölkerung. Meine Herren! Noch bis vor 10 Jahren konnte man den Satz aufstellen, daß der Holzbedarf auf dem flachen Lande auf die Holzpreise einen sehr geringen, in einzelnen Gegenden vielleicht gar keinen Einfluß hat. Die Holzpreise in Süddeutschland wurden von dem Stande des Holzhandels am Rhein bedingt. Diese Verhältnisse haben sich, allerdings erst in den letzten Jahren, insofern geändert, als die landwirtschaftliche Bevölkerung durch ihre größer gewordene Kaufkraft nun auch als Holzkäufer auftritt, zwar nicht mit sehr großem Bedarf, aber doch in der Weise, daß der Bauer bei den lokalen Holzversteigerungen, auch bei größeren, mitbietet und damit größere Konkurrenz schafft. Diese Tatsache steht fest, namentlich seit den letzten drei bis vier Jahren. Man kann über die Agrarfrage, oder besser gesagt Agrarierfrage denken wie man will, aber das eine steht fest, daß der Bismarcksche Satz: „Hat der Bauer Geld, hat's die ganze Welt" mit gewissen Einschränkungen auch heute noch gilt. Ich kann einen unverdächtigen Zeugen dafür anführen, das ist die Berliner Handelskammer, deren Berichte vorzüglich und objektiv sind, was man von den Berichten mancher anderen Handelskammern nicht immer sagen kann. Diese Handelskammer, die natürlich in erster Linie die Interessen des Handels und der Industrie zu vertreten hat, hat nun in zwei aufeinander folgenden Jahresberichten konstatiert, daß aus der schlechten Konjunktur, die wir namentlich im Jahre 1908 hatten, der Kaufmannsstand sowie Handel und Industrie doch mit einem blauen Auge herausgekommen sind, weil das, was die industriellen Kreise nicht abgenommen haben, durch die größere Kaufkraft der landwirtschaftlichen Bevölkerung eingeholt worden ist. Mir ist ferner von den verschiedensten Seiten wiederholt bestätigt worden, daß, nachdem es den Landwirten besser geht, sie ihre Ställe und Scheunen ausbauen und auch kleine Anbauten machen, daß sie das nachholen, was sie früher versäumt haben. Wenn der Bauer nur 12—15 Stämme braucht, Stämme von ganz bestimmten Dimensionen, die er haben muß, dann kommt in die Versteigerung schon etwas mehr Stimmung hinein und es wird durch eine kleine Konkurrenz das ganze Verkaufsgeschäft mehr belebt. Dazu kommt, daß der Bauer, der das Holz für sich kauft, nicht danach frägt, ob der Festmeter 50 Mk. oder 1 Mk. mehr kostet, der Preis ist ihm schließlich gleichgültig, wenn er nur das Holz, das er für seine Zwecke herausgesucht hat, auch bekommt und zwar in dem Waldort, aus dem er es mit seinem

Gefährt bequem heimfahren kann. Dieses Mitkonkurrieren der land
wirtschaftlichen Bevölkerung, der Konsum des platten Landes ist ein
neuer Faktor geworden, der den berufsmäßigen Holzhändlern das
Einkaufsgeschäft und die Ringbildungen wesentlich erschwert.

Als dritte Konkurrenz ist zu nennen die gesteigerte Nachfrage
nach Holz in den großen und kleinen Städten. Wir waren früher
gewöhnt, daß nur das, was der Rhein uns abgenommen hat, als
absetzbar bezeichnet wurde. Hat der Rhein nichts abgenommen, dann
ist das Geschäft nicht mehr gegangen. So liegt die Sache heute nicht
mehr. Unsere großen Verkehrszentren, unsere großen Städte mit
ihrer weit entwickelten Industrie haben einen sehr großen Holzbedarf,
der zum großen Teil nicht mit Hilfe des Holzhändlers, sondern durch
direkten Einkauf im Walde seitens des Verbrauchers gedeckt wird.
Namentlich in kleinen Städten kauft der Bau= oder Zimmermeister
sein Holz selber bei den Versteigerungen im Walde. Auch ihm kommt
es nicht darauf an, ob er 1 oder 2 Mk. pro Festmeter mehr be=
zahlt — natürlich kauft er es auch so billig wie möglich —, aber
wenn er ein Haus baut für 50 bis 60 000 Mk., dann spielt es
keine Rolle, ob er für das Holz 200 Mk. mehr ausgibt, er will
nur das Holz zur bestimmten Zeit haben und nach Bedarf aus dem
Walde abfahren können. Deshalb sollten die Forstverwaltungen hin=
sichtlich des Abfuhrtermins möglichst entgegenkommend sein. Auch
die Kreditierung des Holzgeldes wird von diesen Käufern sehr hoch
eingeschätzt. Aus dem Gesagten geht hervor, daß die großen Holz=
handelsfirmen, deren Tätigkeit wir gewiß nicht unterschätzen, nicht
mehr die aktive Legitimation haben, sich als alleinige Vertreter des
Holzhandels hinzustellen. Es kann sehr leicht sein, daß es dem ge=
werblichen Holzhandel tatsächlich nicht gut geht, daß aber bei den
Versteigerungen die Taxen trotzdem wesentlich überboten werden. Darin
liegt auch eine gewisse Schwierigkeit für die Beurteilung der Lage
des Holzmarktes. Nach den Angaben der berufsmäßigen größeren
Holzhändler kann man durchaus nicht immer auf die wahre Lage
des Holzmarktes schließen. Meine Herren! Die Ringbildungen, deren
Bekämpfung ich für eine dringliche Sache halte, haben merkwürdiger=
weise gerade in der Zeit eingesetzt, in welcher die süddeutschen Staats=
Forstverwaltungen und dann auch die Privatwaldbesitzer angefangen
haben, mehr Holz einzuschlagen. Es wird heute auf den deutschen
Markt durch die inländische Produktion viel mehr Nutzholz gebracht,
als vor 10 Jahren. Ich bin überzeugt, daß wir heute mindestens
24 Millionen Festmeter Nutzholz einschlagen. Durch die gesteigerte

Nachfrage nach Holz und die steigenden Holzpreise ist jeder Wald=
besitzer veranlaßt und der Staat speziell durch seine schlechte Finanz=
lage dazu gedrängt worden, immer mehr Geld aus dem Walde her=
auszuziehen. Es ist nun nicht zufällig, daß seit diesen Mehrfällungen
die Ringbildungen der Holzhändler stärker eingesetzt haben. Während
bis dahin die Ringbildung schwierig war, weil der einzelne Händler
befürchten mußte, bei einer Versteigerung leer auszugehen, hielt man
sie nun für aussichtsvoll, weil soviel Holz ausgeboten wird, daß jeder
im Verlauf der Verkaufszeit sein benötigtes Holzquantum doch er=
hält. Durch den Hinweis auf diese Verhältnisse sucht man namentlich
die gefürchteten kleinen Käufer für den Ring zu gewinnen.

Nun sind diese Hoffnungen gewiß nicht in Erfüllung gegangen,
denn der Holzbedarf steigt mit der Zunahme der Bevölkerung so stetig,
daß wir jährlich immer mehr einführen, im Innern immer mehr
nutzen und trotzdem ein gewisser Holzmangel vorhanden ist. Trotz
der Nonnenkalamität in Ostpreußen ist in den norddeutschen Handels=
berichten in diesem Jahre wiederholt über Holzmangel geklagt worden,
namentlich auch darüber, daß es an russischem Holz fehlte. Also
der Holzbedarf steigt immer noch, und deshalb ist die Zuversicht
der Holzhändler, daß sie nun aus Anlaß des größeren Holzeinschlages
ihre Zwecke leichter erreichen könnten, allgemein nicht eingetreten;
wohl aber haben sie vorübergehend bei einzelnen Versteigerungen ihr
Ziel erreicht. Das Holzgeschäft hat sich so verschoben, daß als einziger
Staat in ganz Deutschland nur noch Bayern übrig ist, welches als
namhafter Exportstaat in Betracht kommt. Württemberg führt nur
mehr wenig aus und Baden, Elsaß=Lothringen und die bayerische
Pfalz verbrauchen mehr Holz, als sie selber erzeugen können.

Nun verlangen die Händler und die Ringe, daß sie bei der
Feststellung der staatlichen Holztaxen gefragt werden, und ihre
ständige Klage ist die, daß die Holztaxen zu hohe seien und infolge=
dessen ihr Gewinn zu klein. Sie verlangen, daß sie gehört werden,
ehe die Forstverwaltung die Holztaxen festsetzt. Dieses Verlangen ist
in Bayern schon wiederholt gestellt worden, aber jederzeit mit Recht
von der Regierung abgewiesen worden. Die Sache ist so gedacht,
daß vor der Verkaufsperiode, also um die jetzige Jahreszeit, die maß=
gebenden Behörden die Vertreter der Holzinteressentenvereine ein=
laden und sie fragen: Geht es Euch schlecht oder gut? (Heiterkeit.)
Ich glaube, die Antwort wird mit seltenen Ausnahmen immer lauten:
Es geht uns schlecht. (Heiterkeit.) Dazu ist auch ein besonderer
äußerer Anhaltspunkt für den Nichtkenner der Verhältnisse gegeben,

denn tatsächlich pflegen die Verkaufspreise am Rhein im Juli und August tiefer zu stehen als im September und vorher. Man hätte also um diese Zeit immer einen Grund zum Klagen. Voriges Jahr hat der bayerische Holzinteressentenverein bei den verschiedensten Gelegenheiten erklären lassen, daß ungefähr 90—92% der staatlich festgestellten Holztaxen die richtigen Holzpreise wären und auch versucht, ein Untergebot um 10% durchzudrücken. Hätte die bayerische Staatsforstverwaltung sich darauf eingelassen, ihre Taxen also im September um 10% ermäßigt, dann wäre damit eine gewisse Richtlinie für die Angebote bei den ersten Versteigerungen geschaffen worden, die bis Weihnachten nachgewirkt hätte. Die Angebote wären nach der geminderten Taxe gestellt worden, der Staat hätte enorme Verluste erlitten und der Holzhandel einen Gewinn von gleicher Höhe eingesteckt; denn tatsächlich hat es sich schon bei der ersten Versteigerung gezeigt, daß die Holzmarktlage eine gesunde war, weil auch die bestehenden Taxen um 5—10% überboten wurden. Die Mitwirkung der Holzhändler bei Festsetzung der staatlichen Holztaxen würde nichts anderes bedeuten als eine Monopolisierung des Holzhandels durch die Staatsforstverwaltungen und eine Vergewaltigung der waldbesitzenden Gemeinden und der Privatwaldbesitzer. Denn es ist klar, daß die staatlichen Holztaxen wenigstens eine Zeitlang die Holzpreise des ganzen Verkaufsgebietes beeinflussen, wenn sie der wirklichen Marktlage nicht angepaßt sind. Indem die Holzhändler bei der Taxfestsetzung mitwirken wollen, bezwecken sie ferner nichts anderes, als daß jedem von ihnen vom Staate ein bestimmter Gewinn im voraus zugesichert (Heiterkeit) und eigentlich jeder berufsmäßige Holzhändler Staatspensionist wird. (Heiterkeit.) Denn wenn die Taxen so gestellt werden, daß ein bestimmter Gewinn unter allen Umständen für den Holzkäufer herauskommen muß, wird tatsächlich jeder Händler vom Staate subventioniert. Dann würde vielleicht in kurzer Zeit die Zahl der Holzhändler aus der Reihe unserer jüngeren überzähligen Forstleute verdoppelt werden. (Heiterkeit.) Gewiß, es haben schon viele brave Männer im Holzhandel infolge des Zusammentreffens ungünstiger Umstände Fiasko erlitten, allein in welchem anderen Gewerbe kommt das nicht auch vor? Jedenfalls ist man nicht berechtigt, aus solchen Vorkommnissen ohne weiteres zu schließen, daß es um das Holzgeschäft schlecht bestellt ist. Jeder Gewerbetreibender hat mit dem Risiko zu rechnen. Und man darf auch nicht vergessen, daß mit dem Holzhandel große Vermögen verdient wurden. Die Festsetzung der Holztaxen muß nach wie vor durch die Forstverwaltungen allein unter Berücksichtigung aller einschlägigen Verhältnisse geschehen.

Dann mache ich auf folgendes aufmerksam: Es ist nicht jeder niedrige Holzpreis und jeder billige Kauf ein Glück für den gesamten Holzhandel. Wenn im Oktober oder November die Holzpreise tief stehen, die Versteigerungen schlecht gehen und sich gegen Weihnachten hin zeigt, daß die Konjunktur im allgemeinen auflebt, wenn die Holzverkaufspreise nach Weihnachten viel höher stehen als vor Weihnachten, was ist dann die Folge? Daß derjenige, der vor Weihnachten eingekauft hat, viel konkurrenzfähiger ist, und dem, der später eingekauft hat, die Preise drücken kann. Letzterer ist dann erst recht geschädigt. Ich muß konstatieren, daß gegenüber den Bestrebungen der Holzhändler, dem Waldbesitzer die Preise zu drücken, die Tatsache in merkwürdigem Gegensatze steht, daß gerade die süddeutschen Holzhändler, wie von den rheinischen immer wieder betont wird, Preiskonventionen zum Zwecke des Verkaufs einfach nicht einhalten. Wenn man hört, daß eine Preiskonvention gebildet ist, bereist man den Rhein und sagt den Konsumenten, ich biete Euch das Holz billiger an. Die Handelskammer in Cöln hat darüber wiederholt geklagt und ausgesprochen, daß die Schleuderkonkurrenz gerade von Süddeutschland herkommt und sehr deutlich wird dabei besonders auf den Schwarzwald hingewiesen. Wenn das Bestreben der Holzhändlervereine nach der Seite gerichtet würde, daß die Verkaufspreise ein gewisses Niveau halten, wenn sie dahin strebten, ihr Holz mit einem berechtigten Gewinn zu verkaufen, dann müßten sie mehr erreichen. Aber wenn gerade von einzelnen süddeutschen Holzhandelsfirmen die Preise gedrückt werden, indem sie sich an Konventionen, die von den rheinisch-westfälischen Holzhändlervereinen vereinbart sind, nicht kehren, dann brauchen sie sich nicht zu beklagen, daß das Geschäft nicht den erhofften Gewinn bringt.

Ich will nur noch sagen, wie steht die Sache zurzeit? Haben wir Veranlassung, befürchten zu müssen, daß nun infolge von Machenschaften aller Art dem Waldbesitzer und dem Staat der Anspruch auf einen anständigen Preis genommen wird, daß die Preise künstlich gedrückt werden? Dazu ist zurzeit keine Veranlassung. Die Holzhandelsverhältnisse haben sich in den letzten 10 Jahren kolossal geändert. Die Herren, die die Zollverhandlungen im Jahre 1900 in Wiesbaden mitgemacht haben, werden sich erinnern, daß unsere ganze Holzhandels-Zollpolitik gegen die Vereinigten Staaten gerichtet war. Nicht, als ob die Vereinigten Staaten schon sehr viel eingeführt hatten, aber die Kurve der Einfuhr stieg so stetig, daß man sich sagen mußte:

Wenn es so fortgeht, werden wir durch die amerikanische Einfuhr totgemacht. Das ist nicht eingetreten. Die amerikanische Holzeinfuhr ist seit 4—5 Jahren nicht in die Höhe gegangen, und die Holzpreise in den Vereinigten Staaten sind so gestiegen, daß sie uns zurzeit keine wesentliche Konkurrenz mehr macht. Diesen ausländischen Holzpreissteigerungen haben sich Schweden und Norwegen angeschlossen. Der nordische Holzhandel hat seit vorigem Jahr mit wesentlich höheren Preisen eingesetzt, was man früher auch nicht geglaubt hätte, und in diesem Jahre hat sich auch der russische Holzhandel dieser Aufwärtsbewegung angeschlossen. Es wird in allen Holzhandelsberichten aus Norddeutschland, die viel objektiver abgefaßt sind wie unsere süddeutschen — der norddeutsche Holzhandel ist disziplinierter als der süddeutsche —, gesagt: Wir können von Rußland kein Holz mehr kaufen, die Preise sind zu hoch. Also der internationale Holzhandel steht auf Hausse. Es ist vom Ausland gegenwärtig keine Schleuderkonkurrenz mehr zu befürchten, im Gegenteil, die Tatsache, daß die dortigen Holzpreise höher sind, hat unsere Holzpreise in der Depressionszeit 1908 gehalten. Wenn wir diese Verhältnisse berücksichtigen, dann besteht kein Grund, daß wir mit unseren inländischen Preisen heruntergehen, im Gegenteil, sie werden nicht ohne Rückwirkung auf dieselben bleiben. Zurzeit steht die Sache so, daß wir mit Rücksicht auf die Mehreinschläge unserer Staatsforstverwaltungen absolut im Preise nicht nachgeben können, denn das wäre das schlimmste, was wir machen könnten. Wenn wir trotz des größeren Holzeinschlages keine größeren Gesamteinnahmen erzielen würden, dann würden wir keine Finanzwirtschaft mehr treiben, sondern Raubwirtschaft. In Wirklichkeit liegen aber die Verhältnisse so, daß wir ohne Unbilligkeit gegen die Holzhändler, die ihren berechtigten Verdienst haben sollen, die Forderung auf größere Einnahme erheben können. Die ewigen Angriffe auf die Staatsforstverwaltungen, daß sie die Holztaxen nicht heruntersetzen, werden wir nach wie vor mit der uns eigenen vornehmen und gelassenen Ruhe entgegennehmen und ignorieren. (Lebhafter Beifall, Klatschen.)

Geheimer Oberforstrat Dr. Walther: Meine Herren! In Hessen haben wir seit mehreren Jahrzehnten den Verkauf durch Submission geregelt. Da sammelt man einige Erfahrungen und lernt, wie man es in kritischen Fällen machen soll. Im großen und ganzen hat das Verfahren gute Früchte gezeitigt, nur vor mehreren Jahren wollte die Sache nicht recht gehen. Da mußten wir zu dem einfachen Mittel des freihändigen Verkaufs greifen. Gegenüber den großzügigen Gesichtspunkten, die Herr Professor Endres entwickelt hat, möchte ich im Gegensatze hierzu auf die kleinen Mittel hinweisen, von denen man mehr, wie mitunter geschieht, Gebrauch machen sollte. Ich meine hier die Heranziehung der kleinen Händler, Sägemüller und anderer Gewerbetreibender sowie die Kreditgewährung an diese. Meine Herren! Die Preise sind in kritischen Zeiten, z. B. bei Ringbildung der Großhändler, nicht von diesen gemacht worden, sondern von den kleinen Nutzholzkäufern. Die großen haben in einer sehr scharfen Weise gekämpft. Wir hatten ihnen zuliebe, als die erste Submission zu ungünstige Resultate ergab, eine zweite Submission anberaumt, und was haben sie getan? Sie haben noch weniger geboten als bei der ersten. Da haben wir mit Erfolg mit den kleinen Händlern verhandelt und, wie diese die Preise gemacht hatten, dann kamen die großen und konnten die Preise auch bezahlen. Zugrunde gegangen sind sie hierbei nicht, wenigstens hat keiner von ihnen bei der Steuerbehörde wegen Steuernachlaß reklamiert. (Heiterkeit.) Es ist angebracht, daß man den kleinen Händlern entgegenkommt, so gut es geht. Denn wer nimmt uns, wenn wir eine weniger wertvolle Ware oder kleine Posten im Wald zu verkaufen haben, diese ab? Unser kleiner Holzhändler. Man muß natürlich, um ihm dies zu ermöglichen und um ihn einigermaßen konkurrenzfähig zu machen, genügenden Kredit geben. Es ist nun vielfach der Großhandel darin viel besser dran als der Kleinhandel. Für den Staat ist es ja auch sehr bequem, mit dem Großhändler zu verkehren. Der Großhändler hinterlegt nach Vorschrift Wertpapiere und rechnet in großen Posten ab. Es ist ein glattes Geschäft. Wir müssen eben bei den Kleinhändlern, die oft nicht gleich bar zahlen können, Geduld haben. Der kleine Schneidemüller hat oft nicht das Geld zur Hand; er muß auf günstigen Absatz seiner Bretter und seinerseits auf Bezahlung warten. Deshalb verdient er mindestens ebensoviel Rücksicht als der Großhändler. (Sehr richtig!) Wir gewähren in Hessen mit Erfolg längere Zahlungsfristen. Der Staat kann ein bis zwei Jahre warten, bis der kleine Mann zu zahlen vermag. Selbstverständlich wird von letzterem Sicherheit geleistet und die gestundete Schuld je nach der Länge der Zeit verzinst (4—5%). Es ist gerechtfertigt, bei längerer Frist eine größere Kaution zu fordern und eventl. auch eine höhere Verzinsung. Bei dem Verkauf im kleinen geben auch viele Wenig ein Viel. Und wenn wir uns an die kleinen Händler halten und ihnen Kredit geben, so werden sie uns bei der Ringbildung der großen Händler stets ein ausgezeichnetes Kampfmittel sein. Wenn wir kaufmännisch verfahren wollen, dann dürfen wir nicht zu bureaukratisch sein und müssen keine Mühe scheuen, um unser Holz, sei es in großen oder auch nur in kleinen Losen, zu verkaufen. Bedarf ein Gewerbetreibender oder Holzhändler s. z. s. außer der Zeit Holz, dann sollen wir ihm dies soweit möglich verkaufen — natürlich bei entsprechender Vergütung oder Preiserhöhung, wenn es auch nicht recht in den Betrieb paßt. Hier muß man Entgegenkommen zeigen. Derartige Fälle kommen bei uns in Hessen öfters vor und nicht zum Nachteil der Staatskasse.

Nun habe ich oben gesagt, daß wir in der Regel **auf dem Submissionswege** verkaufen; es betrifft dies das eigentliche Handelsholz (Gruben-, Schwellen-, Bauholz u. a. m.). Das soll nicht heißen, daß wir bei den großen Gemeinde- und staatlichen Submissionen nur große Lose machten — keineswegs. Auch die kleinen Holzhändler können hierbei auf geringe Mengen ihre Gebote einlegen, und das ist außerordentlich wichtig. Die früher von den Großhändlern gestellte Bedingung: „Wir halten unsere Gebote nur, wenn wir den Zuschlag aufs ganze bekommen", gibt es bei uns nicht mehr; denn damit sollen die Kleinen vom Mitbieten zum Nachteil der Forstkasse ausgeschlossen und in Abhängigkeit von den Großen gebracht werden. Also nicht bloß große Lose. (Bravo! Klatschen.)

Oberforstmeister Ney=Metz: Meine Herren! Gestatten Sie mir als Vorsitzenden des Ausschusses für den Holzhandel im Forstwirtschaftsrat auch einige Worte. Ich möchte von vornherein eine Bemerkung machen: Ich finde die Lage des Waldbesitzers gar nicht so günstig, wie sie der Herr Berichterstatter hingestellt hat. Wenn er mit seinen Berechnungen über den Teuerungszuwachs des Holzes statt mit dem Jahre 1880 im Jahre 1876 begonnen hätte, so hätte er keine 50%, sondern höchstens 10% Preissteigerung herausgerechnet. Wir in Elsaß=Lothringen haben die Preise von 1876 erst mit dem Jahre 1903 wieder erreicht.

Noch einige Bemerkungen über die tatsächlichen Vorkommnisse in bezug auf Ringbildungen! Bei uns in Lothringen war es schon zu französischer Zeit Sitte, daß einzelne Holzhändler herumfuhren von Versteigerung zu Versteigerung und sich so und soviel hundert Franken zahlen ließen für das Versprechen, nicht zu bieten. Ich könnte Namen nennen. Dann war es Sitte, daß das Nutzholz, welches am Vormittag von der Forstverwaltung versteigert wurde, am Nachmittag unter den Holzhändlern weiter versteigert wurde. Wir haben genaue Beweise, daß solche Sachen vorkamen, durch gerichtliche

Urteile, indem Holzhändler, die einen solchen Vertrag abgeschlossen hatten, einen anderen Holzhändler, der sein Holz nicht in die Masse schob, verklagten, das Gericht hat die Klage abgewiesen, weil solche Vereinbarungen gegen die guten Sitten verstoßen. Eine andere Sache: Im Elsaß war eine Holzversteigerung. Der Oberförster hatte eine Reihe von großen Nutzholzlosen nicht zugeschlagen. Nun kam nach dem Verkauf einer der Händler und bot so und soviel mehr. Da sagte ihm der Oberförster: Ja, wenn Sie mir die $1^1/_2$ Mk. noch zuschlagen, die Sie an die Vereinigung der Holzhändler geben müssen, dann erkläre ich mich bereit, Ihnen die Lose freihändig zu verkaufen. In dem Wirtshause, in dem die Versteigerung abgehalten wurde, war nämlich ein Telephon, und im Zimmer neben dem Telephon wohnte der Forstassessor, und der hatte gehört, wie einer der Holz= händler bei seiner Firma anfrug: „Darf ich soviel bieten für das Los? Ich muß aber darauf aufmerksam machen, daß wir dann außer dem Preise noch $1^1/_2$ Mk. in die Kasse zu zahlen haben." (Heiter= keit.) Das wäre das, was ich über die Ringbildungen zu sagen hätte.

Nun ist vorhin auch schon die Art und Weise erwähnt worden, wie wir in Elsaß=Lothringen das Nutzholz verkaufen, nämlich auf den Verkauf im Wege des mündlichen Abgebots. Es ist mir vorhin bemerkt worden, daß wir das wohl aus Frankreich übernommen hätten. Ich bejahte wahrheitsgemäß die Frage. Darauf wurde mir gesagt: jetzt noch? Und da habe ich geantwortet: in 20 Jahren werden Sie es in Altdeutschland auch so machen. (Heiterkeit.) Ich halte die Versteigerung im Wege des mündlichen Abgebots für das wirksamste Mittel, die Preistreibereien neu auftretenden Konkurrenzen gegenüber zu hintertreiben. Sowie ein Fremder sich an der Holz= versteigerung beteiligt, ist sofort ein geschlossener Ring da und es wird ihm beim Verkaufe im Aufgebot das Holz so in die Höhe ge= trieben, daß ihm in der Regel die Lust des Wiederkommens vergeht. Das wird durch den Verkauf im Abgebot vermieden, denn es weiß niemand, wer bietet. Schätze ich ein Los auf 1000 Mk., so sage ich zu dem ausrufenden Förster: 1600 Mk. Dann liest er nach einem feststehenden Tarife ab: 1600, 1570, 1540, 1510, 1480 usw., bis einer durch den Ruf „Angenommen" sich bereit erklärt, das Holz zu der ausgerufenen Summe zu nehmen. Er wird dadurch Käufer. Das hat den Vorteil, daß, wenn ein Fremder da oder, was mir noch viel wichtiger ist, wenn ein kleiner Handwerker da ist, ihm das Bieten nicht dadurch verleidet werden kann, daß das Los, auf welches er bietet, unendlich in die Höhe getrieben wird. Die Holzhändler wissen beim Abgebote nicht, welches Los er kaufen will. Wenn er rechtzeitig annimmt, ist die Sache für ihn entschieden. Ich habe durch diese Verkaufsmethode viele Holzschuhmacher und Schreiner von den Holzhändlern unabhängig gemacht und es wäre die altdeutsche Konkurrenz in Elsaß-Lothringen niemals aufgekommen, wenn wir bei dem Verkauf im Aufgebot geblieben wären. Ich glaube, Sie sollten einmal den Versuch damit machen. Der versteigernde Beamte hat es vollständig in der Hand, wenn das Holz den entsprechenden Preis nicht erreicht, rechtzeitig einzuschreiten. Sowie der Ausrufer z. B. bei Losen, die er unter 1000 Mk. nicht zuschlagen will, auf 1010 angelangt ist, ruft er: Halt, dann ist das Los einfach zurückgezogen. Den Submissionsverkauf halte ich nur berechtigt als Kampfmittel, und zwar namentlich deshalb, weil der Kaufliebhaber, der z. B. 1000 Festmeter nötig hat, auf vielleicht 4000 bieten muß, um seinen Bedarf mit Sicherheit zu decken. Er kommt dadurch leicht in die Lage, daß er mehr zugeschlagen erhält, als er gebrauchen kann, und das ist vom übel. (Bravo! Klatschen.)

Vorsitzender: Wortmeldungen liegen nicht mehr vor, ich schließe die Diskussion und gebe das Schlußwort den Herren Berichterstattern, zuerst dem Herrn Mitberichterstatter.

Oberforstmeister Riebel: Ganz kurz einige Worte als Erwiderung auf einzelne Äußerungen der Diskussion. Herr Professor Jentsch hat eine Redewendung von mir aufgegriffen und daran seine Ausführungen geknüpft. Ich habe von einem Rätsel gesprochen. Das Rätsel war die Angabe eines Allheilmittels gegen die bestehenden Mißstände. Ich hoffte, er würde durch Angabe eines solchen uns die angeblich so einfache Lösung mitteilen, das ist aber nicht geschehen. Ich habe vielmehr zu meiner Freude gefunden, daß er meinen Vorschlägen im wesentlichen zugestimmt hat, und halte die Streitaxt damit für begraben. (Heiterkeit.)

Dann zu den Ausführungen des Herrn Professor Endres. Er hat angeführt und sich dabei auf die Angaben der Berliner Handelskammer gestützt, daß eine Zunahme der Konkurrenz der kleinen ländlichen Konsumenten im Holzhandel bemerkbar sei, und daß dadurch ein gewisses Gegengewicht gegen die gewerbsmäßigen Holzhändler ausgeübt würde. Aus meinem Beobachtungsgebiet kann ich eher die gegenteilige Wahrnehmung mitteilen. Ich habe seit Jahrzehnten gefunden, daß der direkte Einkauf seitens der ländlichen Bevölkerung im Walde zurückgeht. Es ist den Leuten meist zu unbequem, sich einzelne Stämme zur Deckung ihres Bedarfs auszusuchen und zu kaufen, diese dann auf die Sägemühle und wieder zurück zu fahren. Die Leute decken ihren Bedarf steigend durch Einkauf bei den Sägewerken; sie bekommen dort das Holz nach Auszug fertig und passend zugeschnitten und sparen an Fuhrlohn. Aber ich gebe sehr gern zu, daß die Kaufkraft der ländlichen Bevölkerung, die Bautätigkeit auf dem Lande im allgemeinen gestiegen ist; der Bezug des Materials geht aber mehr und mehr durch die Hände der gewerblichen Betriebe.

Zu den Ausführungen des Herrn Oberforstmeisters Neh wollte ich nur bemerken, daß der Verkauf im Abgebot gewiß außerordentlich zweckmäßig ist unter der Voraussetzung, daß mindestens ein Outsider unter den Bietern ist; sind sie alle im Ringe, dann hilft dieses Verfahren auch nichts. (Sehr richtig!)

Referent Oberforstrat Gretsch: Nach den Ausführungen in der Diskussion haben sich kaum Gegensätze zu meinem Vortrag ergeben, und nachdem auch der Herr Mitberichterstatter sich mit meinen Ihnen gedruckt vorliegenden Leitsätzen im wesentlichen einverstanden erklärt hat, kann ich mich auf wenige Schlußworte beschränken. — Ich möchte mich zunächst dem anschließen, was soeben der Mitberichterstatter Herrn Professor Jentsch erwidert hat. Es gibt in der Tat eine mittlere Preislinie, die man als der Marktlage angemessen bezeichnen darf und in der das gesunde Verhältnis zwischen Angebot und Nachfrage zum Ausdruck kommt. Die Bezeichnung „angemessener Preis" wird daher meines Erachtens nicht zu beanstanden sein.

Im übrigen möchte ich nur noch auf eine Bemerkung des Herrn Oberforstmeister Neh erwidern, der sagte, wenn man das Jahr 1876 zum Vergleich heranziehe, sei die Aufwärtsbewegung der Holzpreise keine so rapide. Das ist allerdings richtig, widerspricht aber nicht der Tatsache, daß in den letzten 30 Jahren in Baden und ganz Süddeutschland eine Aufwärtsbewegung der Holzpreise um etwa 50% stattgefunden hat. Das abnorme Jahr 1876 darf man dabei nicht speziell zum Ausgangspunkt nehmen, es fällt noch in die kurze Gründerzeit, in der ein gewaltiger, rascher Aufschwung der Holzpreise stattgefunden hat, dem dann der ebenso rasche kolossale Rückschlag folgte. Aber von Anfang der achtziger Jahre ab haben wir, abgesehen von einigen kleineren kurzen Krisen, eine anhaltend fortschreitende Aufwärtsbewegung der Holzpreise zu verzeichnen, und es ist daher berechtigt, von einer nachhaltig günstigen Entwickelung während dieser Zeit zu sprechen. (Bravo!)

Vorsitzender: Der Gegenstand hat seine Erledigung gefunden. Es ist mittlerweile 11 Uhr geworden und nach der Zeiteinteilung haben wir nun die Frühstückspause eintreten zu lassen. Frühstückspause. — Wiederbeginn der Verhandlungen um 12 Uhr.

Vorsitzender: Wir fahren in den Verhandlungen fort und ich erteile das Wort Herrn Oberforstrat Dr. Haug zu seinem Vortrag über:

„Die Forstwirtschaft in Deutsch-Ostafrika."

Einleitung.

Oberforstrat Dr. Haug: Dem Wunsche der Geschäftsleitung entsprechend, habe ich Ihnen über die Forstwirtschaft in Deutsch-Ostafrika auf Grund einer vor zwei Jahren dorthin ausgeführten Reise einiges zu berichten.

Den Anlaß zu dieser Reise gab eine von privater Seite an mich ergangene Aufforderung, das Mangroven-Gebiet im Rufiji-Delta zum Zweck der Ausnützung auf Gerbrinde und Holz zu begutachten. Außerdem sollten Erfahrungen über das Vorkommen anderer gerbstoffhaltiger Gewächse in Deutsch-Ostafrika, insbesondere über den Anbau der australischen Gerberakazie gesammelt werden. Daneben habe ich mich auch sonst über die Waldflora und über die Wald- und Plantagen-Wirtschaft in Deutsch-Ostafrika zu unterrichten gesucht. Ich bin übrigens, offen gestanden, wenigstens bezüglich der Waldflora nicht weit gekommen, und wenn ich versuchen möchte, Ihnen die Wälder und die Forstwirtschaft in Deutsch-Ostafrika zu schildern, so geschieht das mit allem Vorbehalt; es kann ja ein nur 4 monatlicher Aufenthalt in einem so ungeheuren Gebiet selbstverständlich nicht ausreichen, sich ein genaues und unabhängiges Urteil auch nur über das Wesentlichste zu verschaffen, vieles habe ich bloß im Durchziehen gesehen und im übrigen war ich auf Mitteilungen von zuverlässiger Seite, namentlich von den in der Kolonie befindlichen Forst- und anderen Beamten, sowie auf amtliche und private Veröffentlichungen angewiesen.

Reise.

Die Reise führte uns von Marseille über Neapel durch das Mittelmeer nach Port Said, dann durch den Suez-Kanal nach Suez, durch das Rote Meer nach Aden und über den Indischen Ozean nach dem britischen Hafen Kilindini bei Mombassa,

von wo die englische Uganda-Bahn vorerst noch die einzige Bahn-
verbindung auch für Deutsch-Ostafrika zum Viktoria-Nyanza-See bildet.
Von Kilindini ging die Fahrt weiter nach Tanga, dem nördlichsten
größeren Hafenplatz von Deutsch-Ostafrika. Hier verließen wir das
Schiff und fuhren mit der Usambara-Bahn nach Mombo in West-
Usambara. Von Mombo, dem damaligen Endpunkt der Bahn, mar-
schierten wir steil den Berg hinauf nach Wilhelmstal, Sitz eines
Bezirksamts und einer Forststation, 1500 m ü. M., und zum
Schume-Wald, 2000 m ü. M., dann wieder zurück zur Bahn,
besichtigten mehrere Pflanzungen von Sisalagaven, Kautschuk und
Baumwolle am Pangani und besuchten das biologische landwirtschaftliche Institut Amani in Ost-Usambara, 900 m ü. M. Dann fuhren
wir wieder nach Tanga zurück und von dort mit dem nächsten Schiff
an Sansibar vorbei nach Daressalam, der Hauptstadt von
Deutsch-Ostafrika und Sitz des Gouverneurs, und weiter zum Gebiet des Rufiji, des größten Flusses der Kolonie, mit seinen
ausgedehnten Mangroven-Wäldern. Im Rufiji-Delta hielt ich mich
zwei Monate auf, kehrte dann wieder nach Daressalam zurück und
machte von dort Abstecher in die nähere Umgebung, namentlich in
den Sachsenwald, ferner nach der Insel Sansibar und auf
der deutschen Mittellandbahn nach Morogoro und in die Ulu-
guru-Berge.

Nach 5½ Monaten kam ich wieder in die Heimat zurück mit
einer Fülle von Eindrücken, aber auch mit dem etwas unbefriedigen-
den Gefühl, von dem vielen Interessanten und Schönen, was Deutsch-
Ostafrika bietet, im ganzen nur wenig gesehen zu haben.

Klima.

Deutsch-Ostafrika ist beinahe doppelt so groß wie Deutschland;
es liegt zwischen dem 1. und 12. Grad südlicher Breite und ist als
ein heißes, trockenes und im ganzen waldarmes Land bekannt. Die
mittlere Jahrestemperatur beträgt im größten Teil der Kolonie
etwas über 20° C, übrigens mit zum Teil erheblichen Monats- und
Tages-Schwankungen; die Zeit vom Oktober bis Februar ist die
heiße Zeit. Die jährlichen Niederschlagsmengen sind nach den
seitherigen Beobachtungen meist gering. Während z. B. im nördlichen
Teil der Küste von Kamerun jährliche Niederschläge von 6—10 000 mm
beobachtet wurden, ein breiter Gürtel vom Meer herein eine Regenhöhe von 3—4000 mm aufweist und in dieser ganzen Kolonie nur
in ihrem nördlichen Zipfel die Regenhöhe unter 1000 mm sinkt,

sind in Deutsch=Ostafrika Regenhöhen von 2—4000 mm nur auf beschränkten Gebieten in den höheren Lagen von Usambara, im Kilimandjaro=Gebiet, in den Uluguru=Bergen und am Nordende des Nyassa=Sees festgestellt worden; dagegen bekommt beinahe die Hälfte der Kolonie im Innern nur durchschnittlich 500—800 mm Regen und der Rest, ein starkes Drittel der Gesamtfläche, meist nicht mehr als 800—1000 mm. Zudem sind diese Niederschläge in der Hauptsache auf einige Monate beschränkt, auf die sog. große Regenzeit im März bis Juni und auf Strichregen im November bis Januar. Dazwischen herrscht in ausgedehnten Gebieten eine lange Trockenheit.

Wälder.

So erklärt es sich, daß geschlossene Wälder in unserem Sinne in Deutsch=Ostafrika in verhältnismäßig geringer Ausdehnung und hauptsächlich da sich finden, wo genügende Feuchtigkeit vorhanden ist, d. h. in der nächsten Nähe des Meeres, entlang der Flußläufe und in den regenreichen Hochlagen der Gebirge.

Wenn man vom Indischen Ozean her sich der Küste von Deutsch=Ostafrika nähert, so fallen zunächst kleine Korallen=Inseln ins Auge, die von dem Wellenschlag tischartig unterfressen sind und eine schöne hellgrüne Vegetation, zum Teil buschartige Mangroven, tragen. Je näher man dem Lande kommt, desto mehr treten die eleganten, im Winde sich wiegenden Kokospalmen hervor, ferner spitzige Kasuarinen und die dunkelgrünen, runden Kronen der Mango=Bäume, dazwischen wohl auch mächtige, in der Trockenzeit kahle Affenbrotbäume und immergrüne Bäume und Büsche in einer großen Fülle von Arten.

Mangroven.

Am Meeresstrand, im Bereich von Flut und Ebbe, wo sich Süßwasser mit dem Salzwasser mischt, im sog. Brackwasser, besonders an den Mündungen größerer Flüsse bilden Mangroven ausgedehnte und auf ihrem eigentlichen Standort schön geschlossene und holzreiche Wälder. Am günstigsten für das Wachstum der Mangroven sind die schmalen Lehmstreifen, die sich in den Flußdeltas an ruhigen Stellen der einzelnen Flußarme unter dem Einfluß der Ebbe und Flut aus dem vom Fluß mitgeführten Schlamm niederschlagen. Wo die Mangroven dem Wellenschlag des Meeres stark ausgesetzt sind, ferner am inneren Rand der Lehmstreifen gegen die Steppe und auf unfruchtbarem Korallenkalk bleiben sie buschartig und krüppelhaft.

Besonders schöne Mangroven-Bestände finden sich im Rufiji-Delta. Die Bezeichnung Mangroven ist ein Sammelname, der in Deutsch-Ostafrika 7 baumartige Gewächse umfaßt; diese gehören verschiedenen Familien an, haben aber alle das Gemeinsame, daß sie besondere Vorrichtungen besitzen, die sie gegen die periodische, d. h. täglich zweimalige überflutung der Wurzeln und eines Teils des Stammes schützen; es sind das entweder förmliche Luftwurzeln, wie sie in verschiedenen Formen, besonders auffällig bei Rhizophora zu vollständigen Stelzwurzeln, ausgebildet sind, oder wenigstens über den Boden hervorragende eigentümlich erbreiterte Wurzeln, die flügelartig in die unteren Teile des Stammes sich fortsetzen. Außerdem sind die 3 meist verbreiteten und zugleich wertvollsten Mangroven Rhizophora, Brugiera und Ceriops vivipar, d. h. es entwickeln sich aus kleinen Früchten noch auf dem Baum bis zu 50 cm lange Keime, die sich dann ablösen, wie Senkel in den weichen Lehm sich einspießen und in kürzester Zeit nach unten Wurzeln, nach oben Blätter treiben. Hiedurch ist die natürliche Besamung sehr erleichtert, und es stellen sich auch überall junge Pflanzen reichlich ein. Im übrigen ist die Flora im Gebiete des Brackwassers sehr dürftig und auf Lianen, einen mannshohen Farn, und einige niedere Pflanzen beschränkt. Am Rande des Gebietes wächst die wilde Dattelpalme (Phoenix spinosa) sehr üppig als lästiges Unkraut.

Galeriewälder.

An den Flußläufen oberhalb der Brackwasser-Grenze trifft man, z. B. am Sigi und am Pangani, allerdings meist nur in schmalen Streifen eine üppige Waldvegetation, die sog. Galerie- oder Alluvial-Wälder; diese fehlen übrigens z. B. am unteren Rufiji, wo der Flußlauf oberhalb des Mangroven-Gebiets von mehr oder weniger breiten Grasstreifen eingefaßt ist.

Gebirgs- oder Regenwälder.

Die schönsten Tropenwälder Deutsch-Ostafrikas finden sich, teilweise im Anschluß an die Galeriewälder, in den Gebirgslagen, wo reichliche Niederschläge namentlich auf den Ostseiten der Berge stattfinden, z. B. in Ost-Usambara bei Amani, in West-Usambara im Schume-Wald, dann am Pare-Gebirge, im Gebiete des Kilimandjaro, in den Uluguru- und Unguru-Bergen (südlich, bezw. nördlich von Morogoro), im Hochland Uhehe (nördlich vom Nyassa-See), im

Nordwesten der Kolonie im Hochland Ruanda am Kiwu=See usw. In diesen Gebirgs= oder Regenwäldern stehen mächtige Bäume von allerlei Arten in buntem Gemisch, vielfach von Schling=pflanzen übersponnen und mit Schmarotzerfarn bis in die Zweige hinein überzogen, dazwischen Baumfarn, Drazänen u. dgl. — ein wunderbar schönes und abwechslungsreiches Vegetationsbild. Ein wahres Paradies ist Amani, rings umgeben vom schönsten tropischen Urwald und mit prächtiger Aussicht auf die Berge von Ost=Usambara und auf die Ebene bis zum Indischen Ozean.

Trockenwälder.

Mangroven=, Galerie= und Gebirgswälder sind auf verhältnis=mäßig kleine Gebiete beschränkt. Viel ausgedehntere Flächen nehmen die sog. Trockenwälder ein, d. h. Wälder auf Standorten mit geringen Niederschlägen und langen Trockenperioden. Diese Wälder sind, soweit sie sich im Bereich der Meeresbrise befinden oder an Galerie und Gebirgswälder sich anschließen, häufig auch auf größeren Flächen ziemlich geschlossen und als eigentliche Wälder anzusprechen, im Innern des Landes aber oft so licht, daß sie sich in eine Steppen=landschaft mit nur wenigen Büschen auflösen. Auch in diesen Wald= und Buschlandschaften, dem sog. Pori, ist meist eine Menge von Baum= und Buscharten in buntem Wechsel vertreten, und nur wo die Verhältnisse für die höhere Vegetation einseitig sehr ungünstig sind, sinkt die Artenzahl erheblich. Hiernach haben die Pflanzen=geographen ins einzelne gehende schematische Unterschiede aufgestellt und die Trockenwälder in eine Reihe von besonderen Arten gegliedert. Indessen treten Wechsel selbst auf beschränktem Raume so häufig auf, und es sind der Übergänge so viele, daß es mir zweifelhaft ist, ob dieser Gliederung neben dem wissenschaftlichen Werte auch eine erhebliche praktische Bedeutung beizumessen ist.

Der Wert einer Unterscheidung von „primärem" und „sekun=därem" Wald ist wohl auch ein sehr zweifelhafter.

Holzarten.

Aus der Fülle der in den Wäldern Deutsch=Ostafrikas vor=kommenden Baumarten, soweit sie eine forstliche Bedeutung haben, möchte ich wenigstens einige hervorheben.

Von Nadelhölzern kommen nur zwei Arten und zwar in den sog. Gebirgshöhenwäldern, etwa über 1500 m ü. M., im Schume=

Wald und am Kilimandjaro vor, nämlich Juniperus procera, die sog. Schume-Zeder, eine baumartige Wacholderart; im Schume-Wald teils im Einzelstand, teils in reinen Beständen, zum Teil in starken Abmaßen, aber vielfach mit Flechten überzogen und abständig. Das Holz hat eine schön braunrote Farbe und soll zur Bleistift-fabrikation, zu Wandverkleidungen u. dgl. dienen, ist übrigens etwas härter als das gewöhnliche Bleistiftholz von Juniperus virginiana. Sodann Podocarpus Mannii, eine Taxus-Art, die auch im Unguru-Gebirge gefunden wurde und ein schön hellgelbes, zum Bauen wie zu einfachen Möbeln sehr geeignetes Holz besitzt. Eine dritte afrikanische Nadelholzart, Callitris, eine Pinus-Art, soll am Rande der Kolonie im Nyassa-Gebiete vorkommen.

Alle anderen in Betracht kommenden Bäume sind Laub-hölzer. Ich nenne: Chlorophora excelsa, eine Juglans-Art, wovon das Mwule-Holz u. a. im Sigi-Tal in Ost-Usambara in starken Blöcken gewonnen und ausgeführt wird; verschiedene Ficus-Arten; dann Paxiodendron, eine Lauracee; Parinarium, eine Rosacee, beides mächtige Bäume bildend; ferner eine große Anzahl von Leguminosen, namentlich Acacia in einer Menge von Arten, mehrere Albizzia, der Kopalbaum: Trachy-lobium verrucosum; Piptadenia, Brachystegia, Afze-lia, Cassia, Tamarindus, Baphia u. a.; ferner wurde neuerdings Khaya senegalensis, das afrikanische Mahagoni, eine Meliacee, in ziemlicher Verbreitung im Unguru-Gebirge gefunden und ist wohl von ganz besonderem Wert; sodann mehrere Labiaten, worunter Kigelia aethiopica, der sog. Leberwurstbaum, durch seine merkwürdigen Früchte auffallend; Markhamia, eine Bignoniacee in Usambara; ferner von Euphorbien: Bridelia, Croton und Euphorbia; weiter Calophyllum inophyllum, eine Guttifere mit hervorragendem Nutzholz. Zu den Myrtifloren gehören die wichtigeren Mangroven: Rhizophora, Brugiera und Ceriops, die wegen ihrer sehr gerbstoffreichen Rinde und ihres schweren, harten und schönen Holzes nicht bloß als Brennholz gesucht, sondern auch zu allerlei Nutzzwecken, als Bau- und Möbelholz u. dgl. verwendbar und von großer Bedeutung sind. Weiter möge noch genannt sein als häufiger Alleebaum Vitex cuneatus, eine Verbenacee, sodann Adansonia digitata, der bekannte mächtige Affenbrotbaum, eine Malven-Art.

Außer diesen und einer großen Menge anderer, zum Teil nur mit Eingeborenen-Namen bekannten Holzarten gibt es wohl noch eine nicht unerhebliche Zahl von bis jetzt nicht erforschten Bäumen und Sträuchern. Für den Neuling ist es äußerst schwierig, sich in den verschiedenen, einander vielfach sehr ähnlichen Formen zurecht= zufinden; z. B. haben viele Bäume ganz ähnliche Fiederblätter; und es ist auch für den Botaniker von Beruf noch ein großes Feld für weitere Forschung offen.

Waldfläche.

Die Statistik über die Flächengröße der Wälder Deutsch=Ostafrikas liegt, wie sich denken läßt, noch ziemlich im argen. Nach der neuesten Denkschrift über die Entwickelung der deutschen Schutzgebiete hat am 1. April 1909 die Fläche der sog. Waldreservate, d. h. der vom Staat in Besitz genommenen Kronwaldungen, rund 261 000 ha = 0,27% der Gesamtfläche der Kolonie betragen (nach privater Mitteilung beträgt diese Fläche am 1. April 1910 etwa 380 000 ha = 0,4%); hievon sind etwa
48 000 ha = 19% Mangroven,
52 000 „ = 20% Galerie= oder Alluvialwälder,
26 000 „ = 10% Gebirgs= und Regenwälder,
68 000 „ = 26% Gebirgs=Höhenwälder und
66 000 „ = 25% mehr oder weniger geschlossene Trockenwälder und
zur Aufforstung bestimmte Grasflächen.

Wie groß die Fläche der im Privatbesitz von Europäern und Eingeborenen befindlichen Wälder ist, konnte ich nicht erfahren, ebenso= wenig, wie hoch etwa die Fläche der herrenlosen Waldungen anzu= schlagen ist; im ganzen wird jedenfalls die Waldfläche von Deutsch=Ostafrika eine recht geringe sein.

Wildbrennen.

Nach der übereinstimmenden Ansicht der Ort= und Sachkundigen war übrigens die Waldfläche Deutsch=Ostafrikas früher erheblich größer, hat aber durch die rücksichtslosen Eingriffe namentlich der Ein= geborenen stetig abgenommen und war wohl auch in letzter Zeit noch im Abnehmen begriffen. Die Hauptrolle spielt hiebei das Feuer. Bei Europäern und Eingeborenen ist Brandkultur die Regel, und häufig genug entstehen durch sorglose Behandlung des Feuers seitens der Eingeborenen große Steppen= und Waldbrände; am meisten aber schadet das gewohnheitsmäßige alljährliche sog. Wild= brennen der Eingeborenen: Jahr für Jahr wird seit undenklicher

Zeit im Herbst das dürre, über mannshohe Gras angezündet und sehr häufig läuft das Feuer in die Trockenwaldungen hinein und richtet dort große Zerstörungen an. Neuerdings wird auch darüber geklagt, daß die in die Kolonie eingewanderten Buren das Wild durch Anzünden des Grases zu Jagdzwecken aus den Büschen treiben. Längs der Mittellandbahn nach Morogoro habe ich bei stundenlangem Durchfahren durch lichtes Pori kaum einen Baum gesehen, der nicht schon von weitem deutliche Beschädigungen durch Feuer gezeigt hätte — ein wirklich trostloses Bild der Zerstörung! Man hat für dieses Wildbrennen eine Reihe von Entschuldigungs= und Erklärungs=Gründen angeführt, namentlich die Ausrottung von schädlichen Insekten, von Schlangen u. dgl., unbedingt überzeugend wirken diese Gründe aber nicht, und im ganzen ist das sog. Wildbrennen als ein großartiger für den Waldbestand und die Bodenkraft äußerst schädlicher Unfug überall da zu bezeichnen, wo nicht ein bestimmter Zweck vorliegt, z. B. Weidewirtschaft geübt wird. Zum Glück dringt das Feuer in die Mangroven=Wälder nicht ein und die Gebirgswaldungen sind in der Hauptsache durch ihre Abgelegenheit geschützt. Übrigens ist ein Steppenbrand bei Nacht, wenn kilometerbreit der Horizont in Flammen steht und diese wie Fackeln an den Bäumen emporschlagen, ein wirk= lich prächtiger Anblick.

Von weniger einschneidender Bedeutung, aber doch im ganzen nicht unerheblich ist auch die Zurückdrängung des Waldes durch die Ausdehnung der Feldkultur und den damit verbundenen häufigen Wechsel mit der Fläche, besonders weil nach vielseitig gemachten Be= obachtungen auf einer in Kultur genommenen und dann wieder ver= lassenen Fläche ein Wald mit brauchbaren Holzarten nur in seltenen Fällen von selbst sich wieder bildet.

Wenn neuerdings die Vermutung aufgestellt wurde, das Klima von Deutsch=Ostafrika sei infolge von tellurischen Einflüssen trockener geworden und es habe sich hauptsächlich hiedurch die Waldfläche vermindert, mehr als durch menschliche Eingriffe, so wird der Beweis hierfür schwer zu erbringen sein.

Jedenfalls kann es sich nicht darum handeln, die Hände in den Schoß zu legen und ruhig zu warten, ob nicht ähnliche Einflüsse etwa eine weitere Änderung in dieser oder einer anderen Richtung herbeiführen.

Forstwirtschaft.

Als Hauptaufgabe der Forstwirtschaft in Deutsch= Ostafrika erscheint wenigstens nach außen die Verwertung der in den Waldungen der Kolonie vorhandenen Holzvorräte. Dies mag zunächst für die wenigen Privatwaldungen zutreffen, dagegen halte ich bezüglich der Behandlung der Kronwaldungen seitens der Kaiſ. Forſtbeamten den Schutz, die Erhaltung und die Erforschung des Vorhandenen für weit wichtiger und für das vor allem Nötige, und auch die Abnützung der Privatwaldungen kann nicht unbeſchränkt freigegeben werden.

Verwertung.

Der Nutzbarmachung der in den Wäldern von Deutſch-Oſtafrika vorhandenen Vorräte an Holz, an Rinde und anderen Nebenprodukten ſtellen ſich übrigens, auch abgeſehen vom Klima und abgeſehen von den vielfach ungünſtigen Arbeiterverhältniſſen, allerlei Hinderniſſe in den Weg, in erſter Linie Verkehrshinderniſſe: die wertvolleren Waldungen liegen zu einem großen Teil weit ab vom Verkehr und hoch oben im Gebirge. Zu haben ſind zunächſt nur die am Waſſer gelegenen Mangroven-Wälder, ein Teil der Galeriewälder und die nahe der Küſte oder der wenigen Eiſenbahnlinien befindlichen Trockenwälder.

Die Gewinnung des Holzes iſt vielfach erſchwert durch Einzelſtand der wertvollen Holzarten; häufig muß man ſich durch andere umgebende und hindernde Gewächſe erſt mit Mühe einen Weg durchhauen, oder iſt die Beſchaffenheit des Bodens ungünſtig, wie z. B. in den Mangroven-Wäldern, wo in dem Gewirr der Luftwurzeln und auf dem tief eingeweichten ſchlüpfrigen Lehm kaum durchzukommen iſt. Beſonders ſchwierig iſt der Landtransport, da meiſt Wege und Zugtiere ganz fehlen. Bei einem großen Teil der Waldungen iſt daher vorerſt, bis ſich die Verkehrsverhältniſſe gebeſſert haben, eine namhafte Ausnutzung ohne beſondere Hilfsmittel ganz ausgeſchloſſen. Es kann auch nicht nachdrücklich genug davor gewarnt werden, eine Ausbeutung dieſer Waldungen in der Art einzuleiten, daß nur einzelne ſchon jetzt als wertvoll bekannte Holzarten zur Nutzung gebracht werden, alles übrige aber ſtehen bleibt. Dieſes ſog. „Ausbeinen“ würde die ſtehen bleibenden Hölzer entwerten und könnte zu einer Ausrottung der wertvollſten Holzarten und zu einer dauernden Wertsverminderung der Waldungen führen. Nicht rationell wäre auch eine einſeitige Verwendung der Waldprodukte in der Art, daß entweder nur die Rinde oder nur das Holz zur Nutzung gebracht wird, wenn beides in abſehbarer Zeit durch geeignete Mittel nutzbar gemacht werden könnte. überhaupt wird bei der Ausnutzung namentlich der Kronwaldungen jede Art von Raubbau auszuschließen sein. Bezüglich der technischen Seite der Forstbenützung möchte ich ausdrücklich bemerken, daß meines Erachtens ein großer Teil des bei uns Erprobten (Werkzeuge usw.) auch in Deutsch-Ostafrika unmittelbar angewendet werden kann und daß ein unnötig extensiver oder gar ein schlampiger Betrieb den schwarzen Arbeitern durchaus nicht imponiert. Die Schwierigkeit des Transports und der häufige Mangel an Arbeitern weisen aber auf die Notwendigkeit einer ausgiebigen Verwendung von groß angelegten maschinellen Hilfsmitteln hin, und in dieser Beziehung wird man namentlich von Amerika zu lernen haben.

Es ist die Frage aufgeworfen worden, ob die Ausbeutung der Kronwaldungen einschließlich der Gewinnung und Verwertung der Walderzeugnisse in eigenem Betriebe erfolgen solle oder ob man die Abnutzung der privaten Tätigkeit überlassen könne.

Wenn man von unseren entwickelten Verhältnissen ausgeht, könnte man der Ansicht zuneigen, der Staat solle die ganze Forstwirtschaft in der Hand behalten. Bezüglich der rein forstlichen, insbesondere der waldbaulichen Aufgaben, bezüglich der Wiederverjüngung der abgenutzten Bestände, bezüglich neuer Aufforstungen, der Einführung fremder Holzarten u. dgl. wird kaum ein Zweifel bestehen, daß diese Arbeiten am besten durch Forsttechniker besorgt werden. Dagegen wäre die Zuweisung der übrigen Aufgaben, insbesondere des Transports und der Verwertung der Waldprodukte an die staatlichen Organe vorerst wenigstens bei den Gebirgswaldungen meist gleichbedeutend mit dem Verzicht auf jede gewinnbringende Nutzung. Ich habe schon auf die Schwierigkeiten des Landtransports hingewiesen; im Sigi-Tal in Ost-Usambara hat eine Holzverwertungsgesellschaft zunächst zum Holztransport, daneben allerdings auch zum Anschluß der anstoßenden Pflanzungen an die Usambara-Bahn, eine 24 km lange Eisenbahn mit großen Kosten gebaut und Wilkins und Wiese haben den Schumewald mittelst einer 9 km langen großartigen Drahtseilbahn mit einem Aufwand von etwa 2 Millionen Mark aufgeschlossen. Ob der Staat in ähnlichen Fällen solche Summen für derartige immerhin mit erheblichem Risiko verbundene Anstalten aufwenden wollte, ist zum mindesten sehr zweifelhaft. Dann kommt schließlich noch die Verwertung der Walderzeugnisse. Soweit es sich um Brennholz und Kleinnutzholz aus den Küstenwaldungen, namentlich aus den Mangroven-Wäldern, handelt, ist ein ziemlich sicherer Absatz in der Kolonie und nach anderen Küsten ländern, z. B. nach Sansibar und bis zum persischen Meerbusen vorhanden. Der Verkauf bewegt sich aber gegenüber von fremden Händlern, namentlich von Arabern, in Formen, die bei einer geordneten Staatsverwaltung auf die Dauer kaum durchführbar wären; außerdem sind auch hiezu allerlei Veranstaltungen für den Wassertransport, insbesondere Fahrzeuge notwendig, unter Umständen auch Anlagen für die Fassonierung des Holzes, Sägewerke u. dgl., wie sie von einzelnen Privaten schon eingerichtet sind. Die K. Forstverwaltung hat am Rufiji eine Reihe von Jahren Brennholz und Baustangen gewonnen und teils für staatliche Zwecke, das Brennholz insbesondere für die Küstenflottille verwendet, teils verkauft. Auf die Verwertung der Mangroven-Rinde wurde hiebei so gut wie ganz verzichtet; allerdings hat diese sehr gerbstoffreiche Rinde erst neuerdings dadurch erhöhten Wert gewonnen, daß von der Firma Feuerlein in Feuerbach ein Verfahren zur Entfernung des roten Farbstoffs dieser Rinde ohne Verlust an Gerbstoff erfunden worden ist.

Für die Verwertung von Stammholz müssen aber erst Kaufsliebhaber und muß ein Markt gesucht werden, was mit erheblichen Schwierigkeiten und Kosten, und zweimal für den Staat, verknüpft ist. Allerdings sollte es mit der Zeit gelingen, das schwedische Bau- und Sägeholz, das seither beinahe ausschließlich in Deutsch-Ostafrika verwendet wurde, durch einheimische Hölzer zu ersetzen. Es hält aber ja auch bei uns recht schwer, eine neue Holzart auf dem Markt einzuführen, wieviel mehr unter den afrikanischen Verhältnissen. Die Forstverwaltung wäre wenigstens anfangs geradezu genötigt, den größeren Teil des starken Nutzholzes an einen europäischen Hafen schaffen zu lassen und dort zu verkaufen; ob hiebei für die Staatsverwaltung etwas herauskäme, dürfte zu bezweifeln sein, namentlich mit Rücksicht auf die hohen Schiffsfrachten.

Man wird daher wohl auch künftig und noch für längere Zeit die Ausnutzung und Verwertung der Kronwaldungen Deutsch-Ostafrikas in der Hauptsache der Privatunternehmung, übrigens unter entsprechenden persönlichen und sachlichen Garantien, zu überlassen haben, dabei aber darauf halten müssen, daß die Wiederverjüngung der ausgenutzten Waldungen mit wertvollen standortsgemäßen Holzarten gesichert ist. Diese Aufgabe wird in befriedigender Weise nur die K. Forstverwaltung selbst erfüllen können; es wird aber schon bei der Nutzung entsprechend vorzuarbeiten sein. Dies alles weist auf einen langsamen Entwickelungsgang in der Abnutzung der Kronwaldungen Deutsch-Ostafrikas hin und man wird jede Übereilung in der Verwertung der Waldprodukte, die mit der Zeit und mit einer besseren Entwickelung der Verkehrs= und Handels=verhältnisse an Wert nur gewinnen können, zu vermeiden haben.

Jedenfalls sollten aber schon jetzt besonders interessante Wälder als eigentliche Reservate ausgeschieden und von jeder Nutzung vorerst ausgenommen werden.

Wie ich schon oben bemerkte, halte ich es zunächst für die erste und Hauptaufgabe der Forstverwaltung in Deutsch=Ost=afrika, die bestehende Waldvegetation durch entsprechende Maßregeln zu schützen und ihren Nutzwert durch eine eingehende und planmäßige Erforschung festzustellen.

Schutz.

Die Einleitungen zu einem entsprechenden **Schutz** der Kron=waldungen, namentlich gegen **Feuer**, sind auf Anregung der Forst=verwaltung bereits in einem ziemlichen Umfang getroffen: man hat breite Schneißen als Schutzstreifen gehauen und Eingeborene als Auf=seher aufgestellt, ist auch mit Strafen gegen das Wildbrennen in Waldreservaten vorgegangen, und es konnte in der neuesten Denk=schrift über die Entwickelung der Schutzgebiete schon in verschiedenen Gegenden eine kleine Besserung festgestellt werden. Es wird aber schwer halten, die eingefleischte Unsitte des Wildbrennens in kurzer Zeit in genügend wirksamer Weise zurückzudrängen. Die beste Grund=lage für die Bekämpfung des Wildbrennens wie für die Abstellung einer rücksichtslosen Benützung von Waldungen zum Feldbau ist die ebenfalls energisch betriebene fortschreitende Ausscheidung von in Besitz genommenem Kronland. Es kann Bedenken erregen, ob die Waldschutzverord=nung vom 27. Februar 1909 das Richtige trifft, wenn sie in dem nicht in Besitz genommenen sog. herrenlosen Kronland die Gewinnung von Walderzeugnissen jedermann gestattet, sofern dies nicht ausdrück=lich verboten oder von besonderen Bestimmungen abhängig gemacht ist. Auch erscheint es zweifelhaft, ob die Verordnung betr. die Erhaltung der Privatwaldungen vom 17. August 1908 für den Schutz des ostafrikanischen Waldes im ganzen einen erheblichen Wert hat: die Fläche der Privatwaldungen ist wohl an sich nicht groß genug und die teilweise recht scharfen Beschränkungen in ihrer Benützung werden kaum durchführbar sein.

Erforschung.

Neben dem Schutz der ostafrikanischen Wälder ist von größter Wichtigkeit und eigentlich die nötige Vorbedingung einer rationellen Ausnützung derselben eine planmäßige, umfassende und eingehende Erforschung und Untersuchung der darin vorkommenden Holzarten nach ihrer Verbreitung und nach den technischen und chemischen Eigenschaften ihrer Erzeugnisse. Es ist zwar hierin von einzelnen Forschern, namentlich bezüglich der Systematik, schon Erhebliches geleistet worden und zwar sowohl von Privatforschern, wie von den Botanikern und Chemikern des biologischen Instituts Amani und ebenso von anderen Beamten und von Schutztruppen-Offizieren der Kolonie. Auch die in Deutsch-Ostafrika beschäftigten Forstbeamten haben sich an der Lösung dieser Aufgabe mit Eifer und Erfolg beteiligt, und es gilt namentlich Oberförster Dr. Holtz als einer der besten Kenner der ostafrikanischen Waldflora. Zu einer vollständigen, auch nur systematischen Erforschung der Wälder in Deutsch-Ostafrika fehlt aber noch viel und namentlich weist die technische und chemische Prüfung der Hölzer und anderer Walderzeugnisse noch große Lücken auf. Schon seither sind zwar einzelne Waldungen nach ihrer Flächengröße und nach der Masse der als Nutzholzarten bekannten Bäume untersucht worden, eine planmäßige genaue Erforschung im großen nach den angegebenen forstlichen Gesichtspunkten hat aber bis jetzt meines Wissens nicht stattgefunden; es hätte hiezu auch das vorhandene Personal entfernt nicht ausgereicht. Auch künftig wird man zunächst die am leichtesten zugänglichen und dem Verkehr am nächsten liegenden Kronwaldungen in Bearbeitung nehmen und von den schon bekannten Holzarten ausgehend nicht bloß einzelne Bäume mit starken Abmaßen auf ihre Brauchbarkeit untersuchen, sondern auch darauf sehen müssen, ob sie nur vereinzelt vorkommen oder in Gruppen, Horsten und Beständen und im ganzen in einer solchen Verteilung und Menge, daß ihre Gewinnung auch lohnend erscheint. Besondere Aufmerksamkeit wird man hiebei solchen Pflanzen-Familien zu schenken haben, bei denen auch eine Verwendbarkeit der Rinde und sonstiger Teile zu Gerb- oder Farbstoffen zu vermuten ist, z. B. den Akazien oder sonstigen Leguminosen, oder solchen Gewächsen, bei denen die Gewinnung von Kautschuk in Frage kommen kann, z. B. Lianen und Euphorbien, sodann Bäumen mit öl- und säurehaltigen Früchten u. dgl. Vorschläge im einzelnen zu machen, ist den sach- und lokalkundigen Organen zu überlassen. Ich möchte aber glauben, daß zu dieser vorläufigen Forschungsaufgabe junge, entsprechend vorgebildete Forstleute ganz besonders geeignet wären; sie sind durch ihren Beruf daran gewöhnt, stets die Möglichkeit der Verwertung einer Holzart in erster Linie ins Auge zu fassen, während Botaniker von Fach mehr geneigt sein werden, den Seltenheiten nachzugehen.

Die genauere Untersuchung des vorläufig Erforschten und Gesammelten wäre dann Sache von Spezialisten, und zu der Lösung dieser Aufgabe wird die Beihilfe auch der wissenschaftlichen und praktischen Kräfte des Mutterlandes nicht zu entbehren sein.

Wiederverjüngung.

Schon in Verbindung mit der örtlichen Besichtigung der Waldbestände ist sodann auch das forstliche Verhalten der einzelnen Holzarten im reinen und im gemischten Bestand zu untersuchen und die Art der Verjüngung nach einer etwaigen Abnützung in Erwägung zu ziehen. Dies ist ein schwieriges Kapitel, und es wird lange Zeit erfordern, bis hierin die nötigen Erfahrungen gesammelt sind.

Ob auf erheblichen Flächen die besseren Nutzholzarten sich natürlich verjüngen lassen, ist immerhin zweifelhaft. Im Gebiete der Mangroven, die sich leicht ansamen, kann man bei einiger Vorsicht in der Abholzung und bei kleiner Nachhilfe meist ohne erheblichen Aufwand eine gute natürliche Verjüngung erzielen. Auch von der Schume-Zeder habe ich Anflug gesehen, der sich vielleicht teilweise benützen läßt, und so wird wohl auch bei anderen Holzarten da und dort natürlicher Anwuchs zu verwenden sein. In der Hauptsache wird man aber mit der Notwendigkeit einer ausgedehnten künstlichen Verjüngung zu rechnen haben, die teilweise nur nach Beseitigung von nicht verwertbaren Gewächsen und mit erheblichem Aufwand auch für spätere Reinigungen u. dgl. sich wird durchführen lassen. Andererseits wird man aber auch nach den seitherigen Erfahrungen damit rechnen können, daß durch einfachen Schutz von vorhandenen, vorerst noch nicht nutzbaren Waldungen, namentlich von mißhandelten Trockenwäldern, ohne erhebliche Kosten mit der Zeit Bestände herangezogen werden können, die vielleicht keinen erheblichen Nutzwert haben, aber doch wenigstens zur Vermehrung der bedauerlich kleinen Waldfläche beitragen können, und auf diese Vermehrung der Waldfläche durch dieses einfachste und billigste Mittel sollte mit allem Nachdruck hingewirkt werden.

Exoten.

Es ist weiter sehr anzuerkennen, daß die Forstverwaltung in Deutsch=Ostafrika, zum Teil in Verbindung mit dem biologischen Institut Amani, eine große Tätigkeit auch in der Anstellung von Versuchen mit wertvollen Exoten entwickelt hat, und es sind hiedurch auch schon recht beachtenswerte Erfolge erzielt worden. Allerdings ist z. B. das indische Teakholz, Tectona grandis, nach anfänglich teilweise vielversprechendem Wachstum neuerdings wenigstens in der Niederung, z. B. bei Tanga, zurückgeblieben, und es scheint hier die durchschnittliche jährliche Regenmenge für diese Holzart nicht zu genügen. Auch die von Natal eingeführte australische Gerberakazie (Blackwattle, Acacia decurrens und mollissima) hat in der Niederung nicht befriedigt, wächst aber in höheren Lagen, z. B. bei Wilhelmstal (1500 m ü. M.) sehr gut, wird mit 6—7 Jahren hiebsreif und liefert dann pro ha etwa 10 t einer Rinde mit etwa 40% Gerbstoff, ist somit eine für die Einführung in Deutsch=Ostafrika im großen so wertvolle Holzart, daß durch weitere Versuche festgestellt werden sollte, ob sie nicht auch in Lagen von etwa 300 oder 500 m ü. M. an gedeiht. Ferner sind bis jetzt mit gutem Erfolg angebaut worden: verschiedene Eucalyptus, dann Cassia florida, Kampfer, Zimt, Chinonen, Gummibäume, Bambus, Palmen und andere fruchttragende Bäume. Besonders schöne Versuchsanlagen habe ich in Wilhelmstal (Forstassessor Deininger), Mohoro (Regierungsrat Graß) und Morogoro (Oberförster Dr. Holtz und Bezirksamtmann Lamprecht) gesehen und Wachstumsleistungen einzelner Holzarten, daß man jeden Vergleichsmaßstab mit unseren Verhältnissen verliert.

Man könnte einwenden, es liege wohl an sich eine zwingende Notwendigkeit nicht gerade vor, die vorher schon große Zahl von brauchbaren Holzpflanzen in Deutsch=Ostafrika zu vermehren, gleichwohl wird aber die Einführung von besonders wertvollen Nutzholzpflanzen anderer tropischer Gebiete in Deutsch=Ostafrika, namentlich solcher Pflanzen, die bald in Ertrag treten, angezeigt sein; nach den bis jetzt gemachten Erfahrungen wird aber Vorsicht in der Übertragung des anderwärts (z. B. in Indien) Erprobten auf die ostafrikanischen Verhältnisse geboten sein; insbesondere wird es sich empfehlen, diese Versuche zunächst immer nur auf kleinen Flächen, aber unter verschiedenen Verhältnissen, namentlich in verschiedenen Höhenlagen und vor allem tunlichst den Verhältnissen des Ursprungslandes

angepaßt, anzustellen, zum Anbau im großen aber erst nach sorg=
fältigem Ausprobieren überzugehen.

Forstbeamte.

Zusammenfassend möchte ich hervorheben, daß bisher von den
wenigen in Deutsch=Ostafrika angestellten Forstbeamten zwar ver=
hältnismäßig schon viel geleistet worden ist; es wäre aber dringend
notwendig, daß insbesondere auf den Schutz, die Erforschung und
die weitere Ausdehnung der dortigen Wälder ein größerer Nachdruck
als seither seitens des Reichskolonialamts gelegt würde. Dazu ge=
nügen aber die wenigen in Deutsch=Ostafrika angestellten Forstbeamten
bei weitem nicht. Es waren seither verwendet an höheren Forst=
beamten: 1 Oberförster bezw. Forstrat bei der Zentralverwaltung,
1 Verwaltungsbeamter, der im Nebenamt die Forstverwaltung im
Rufiji-Gebiet besorgt, und 3 Forstassessoren: diesen waren 13 Förster
beigegeben. Die Zahl der Forstbeamten müßte erheblich ver=
größert werden und zwar würde ich vor allem mehr akademisch
gebildete junge Forstleute für erforderlich halten. Es dürfte sich
vielleicht auch empfehlen, für die Erforschung der ostafrikanischen
Wälder besondere, für diese Aufgabe vorgebildete Forstleute anzu=
stellen. Jedenfalls sollte man nur bestes Personal in die Kolonien
schicken, und ich glaube, daß unsere Forstassessoren bei ent=
sprechender Auswahl und Vorbildung als vielseitig gebildete Leute
ihrer Aufgabe auch als Verwaltungsbeamte am ehesten gerecht werden,
und was besonders von Wert ist, den Eingeborenen gegenüber die
nötige Haltung und den richtigen Ton finden. Als Aufseher
u. dgl. sind da und dort schon Schwarze mit gutem Erfolg an=
gestellt worden, und es wird sich unter den Eingeborenen gewiß mit
der Zeit eine immer größere Anzahl von hiezu passenden Leuten
finden und heranziehen lassen, die bei geeigneter Anleitung und Be=
handlung, bei entsprechender Bezahlung und bei genügender Aufsicht
Befriedigendes leisten werden.

Die Verhältnisse in Deutsch=Ostafrika werden wohl in Bälde
zu einer mehr ins einzelne gehenden und selbständigeren Organi=
sation des Forstwesens drängen. Wenn es auch in der Natur
der Sache liegt, daß in Deutsch=Ostafrika eben alles langsam geht,
und daß man mit Geduld und Beharrlichkeit weiter kommt als mit
überhasteten Maßregeln, muß auch der Kolonialverwaltung
daran gelegen sein, die in den Waldungen von Deutsch=Ostafrika
vorhandenen Schätze in nicht zu ferner Zeit zu heben; sie wird sich

aber auch der Einsicht nicht verschließen, daß der Abnutzung dieser Wälder eine genaue Erforschung derselben vorauszugehen und daß der Ernte eine entsprechende Wiederbegründung zu folgen hat, sowie daß eine wesentliche Verbesserung der zu einem großen Teil recht ungünstigen klimatischen Verhältnisse dieser Kolonie nach menschlichem Ermessen in erster Linie durch eine sorgfältige Erhaltung und durch eine wesentliche Ausdehnung der vorhandenen Waldflächen zu erzielen wäre.

Professor Dr. Volkens sagt mit Beziehung auf Deutsch-Ostafrika (im Notizblatt des K. botanischen Gartens und Museums zu Berlin, I. Bd., S. 131): „Wir müssen zu der Erkenntnis kommen, daß gegen die drohende Gefahr einer fortschreitenden Verschlechterung des Klimas es nur das eine Mittel gibt, einer energischen Waldkultur die Wege zu bahnen."

Bei den umfassenden, schwierigen und wichtigen Aufgaben, die von der deutschen Forstverwaltung in Deutsch-Ostafrika zu lösen sind, ist diese auf die Mitarbeit des Mutterlandes angewiesen, und dieses muß nicht bloß die nötigen Mittel hiezu aufbringen und an den bezeichneten wissenschaftlichen und praktischen Arbeiten zu Hause sich beteiligen, sondern vor allem auch tüchtige Kräfte, unternehmungsfreudige gebildete junge Forstleute zur Verfügung stellen, die bereit sind, mit frischem Mut hinauszuziehen und sich an der Pionierarbeit in den deutschen Kolonien zu beteiligen.

Forstverein.

Das erste wäre, daß unsere forstlichen Kreise immer mehr Interesse für unsere Kolonien gewinnen würden. Wie auch schon von anderer Seite hervorgehoben (Oberförster Dr. Köhler: Allg. F. u. J.-Z. 1910, S. 113) wurde, wäre zunächst der Deutsche Forstverein das gegebene Organ zur Vermittlung, und es wäre sehr wünschenswert, wenn dieser Verein auch die Forstwirtschaft in den Kolonien ausdrücklich in sein Programm aufnehmen würde. Der Herr Staatssekretär von Lindequist hat in einem Schreiben vom 25. Juli d. J. an die Berliner Handelskammer betreffend die Bildung einer ständigen Kommission zur Unterstützung der Kolonialverwaltung unter anderem erwähnt, es sei mit der vor Jahresfrist gegründeten Kolonialabteilung der Deutschen Landwirtschafts-Gesellschaft engere Fühlung genommen worden, die sich als sehr nützlich erwiesen habe. — Sollen wir Forstleute zurückbleiben? Ich möchte den Forstwirtschaftsrat bitten, das Beispiel der Deutschen Landwirtschafts-

Gesellschaft je eher desto besser nachzuahmen; das Bedürfnis, mit uns Fühlung zu nehmen, wird sich dann seitens der Kolonialverwaltung von selbst ergeben.

Ferner wäre es gewiß für die deutschen forstlichen Zeitschriften eine dankbare Aufgabe, durch geeignete Berichterstattung über die leider sehr zerstreuten Veröffentlichungen betreffend die forstlichen Verhältnisse und Vorgänge in unseren Kolonien eine fortlaufende weitergehende Orientierung der deutschen forstlichen Kreise hierüber anzubahnen, als dies seither geschehen ist.

Endlich und vor allem könnten sich aber auch unsere forstlichen Bildungsanstalten nicht bloß unmittelbar an der Lösung der von mir bezeichneten Forschungsarbeiten mehr als seither beteiligen, sondern namentlich auch eine entsprechende Vorbildung der für den Kolonialdienst sich interessierenden Forststudenten in die Wege leiten. Es ist ja bekanntlich unter anderem in Berlin und in Hamburg Gelegenheit zur Vorbereitung auf den Tropendienst gegeben; was aber seitens der forstlichen Lehranstalten in letzterer Richtung geschieht, beschränkt sich meines Wissens auf einige Vorlesungen über tropische Botanik in München und Hannov. Münden. Sobald auf einer oder der anderen dieser forstlichen Bildungsanstalten die Vorbereitung auf den Tropendienst in forstlicher Beziehung weiter ausgebaut würde, wäre das wohl kein geringer Anziehungspunkt für eine hoffentlich nicht kleine Anzahl von Studierenden. Es sollte den betreffenden Lehrern, namentlich soweit sie tropische Verhältnisse aus eigener Anschauung kennen gelernt haben, nicht schwer werden, die forstliche Jugend für unsere Kolonien zu begeistern. Denn wer einmal den Zauber einer tropischen Landschaft empfunden, wer namentlich einen wenn auch kleinen Teil von Deutsch-Ostafrika gesehen hat, für den wird es immer das Land seiner Wünsche, ich möchte geradezu sagen: seiner Sehnsucht bleiben und auch für diejenigen, die nur vorübergehend sich dort aufhalten konnten, wird es für ihre ganze Lebensanschauung und für den Dienst im Mutterland nur nützlich sein, wenn sie ein Stück der großen Welt gesehen und in großen und ganz anderen Verhältnissen ihre Kräfte in selbständiger Arbeit versucht haben.

Daß schließlich in Deutsch-Ostafrika noch Wildstände vorhanden sind, wie man es sich bei uns nicht träumen läßt, möchte ich zum Schluß nur kurz erwähnen, andererseits spreche ich aber auch nicht von den Gefahren des Klimas u. dgl.: diese brauchen einen gesunden Menschen nicht von den Tropen abzuhalten; ich kann aus eigener Erfahrung sagen, daß man bei entsprechender Vorsicht ganz gut in Deutsch-Ostafrika „ungestraft unter Palmen wandeln" kann.

Vorsitzender: Ich eröffne die Diskussion.

Professor Dr. Jentsch: Meine verehrten Herren! Vielleicht gibt mir der Umstand, daß ich einer von den Forstleuten bin, die aus eigener Anschauung einen Teil unserer tropischen Kolonien kennen gelernt haben, das Recht, mit einigen Worten zu dem eben Gehörten Stellung zu nehmen. — Zuerst möchte ich dem Herrn Vorredner gerade im Interesse der Kolonialpolitik von Herzen danken, daß er in so warmherziger Weise aufgefordert hat, daß gerade von forstlicher Seite aus ein immer mehr gesteigertes Interesse für die Kolonien entwickelt werde und daß er gerade unter unseren jüngeren Forstleuten Begeisterung dafür zu erwecken sucht. Ich würde mich freuen, wenn, seiner Anregung folgend, diesem geweckten Interesse die Tat folgen würde. Es sind für die Pflege kolonialen Unterrichts erfreulicherweise in den letzten Jahren eine ganze Reihe von Einrichtungen und Veranstaltungen geschaffen worden; nicht nur wird in München und Münden tropische Botanik gelesen, sondern gerade in Münden auch tropische Forstwissenschaft. Ich kann hinzufügen, daß auch dort schon ein steigendes Interesse sich dafür geltend macht. Außerdem findet in der Kolonialschule in Witzenhausen neben der tropischen Botanik eine Vorlesung über tropische Forstwirtschaft statt, und soweit ich unterrichtet bin, beabsichtigt auch das neue Kolonialinstitut in Hamburg über koloniale Forstwirtschaft einige Vorlesungen zu veranstalten. Ob sich das durchführen lassen wird, kann ich nicht beurteilen, aber es geschieht auf diesem Gebiete manches. Weiter ist zu konstatieren, daß das Interesse gerade unserer jungen Forstleute in Deutschland schon seit einer Reihe von Jahren außerordentlich rege gewesen ist. Es kann sogar nur ein verhältnismäßig geringer Teil derjenigen jungen Forstleute, welche sich für den Kolonialdienst melden, schon Beschäftigung finden. Bisher wurden die jungen Leute in der Regel nur für je eine Dienstperiode, die verschieden bemessen ist, engagiert. Ich möchte dabei auf einen Übelstand hinweisen, der sich nicht bloß in der Forstwirtschaft geltend macht. Der junge Mann, der hinaus kommt, wird draußen zunächst nur lernen, er wird noch nicht wirklich produktiv tätig sein können, wenn sich seine Tätigkeit nur auf diese erste Dienstzeit beschränkt, die ich als Lehrzeit bezeichnen möchte. So fleißig und so eifrig er sein mag, für die Förderung der Kolonie wird seine Tätigkeit nur erst begrenzt nützlich. Es ist von ausschlaggebendem Wert, daß die jungen Leute nach der ersten

Dienstzeit, wenn sie ihren Erholungsurlaub genossen haben, auch wieder in die betreffende Kolonie hinausgehen; dann erst werden sie die in der ersten Zeit gewonnenen Erfahrungen in fruchtbare Wirksamkeit umgestalten können.

Ein Mittel erscheint mir aber noch ebenso zweckmäßig, das leider bei uns, vielleicht aus einer falsch angebrachten Sparsamkeit, bisher nicht benutzt worden ist, das aber die Engländer und Holländer mit gutem Erfolge anwenden. Man sollte junge Leute, die sich auf eine längere Reihe von Jahren dafür verpflichten müssen, nicht zunächst in die eigene Kolonie schicken, sondern in andere tropische Länder, welche schon eine ältere Erfahrung auf forstlichem Gebiete aufweisen können: Ostindien, Java, vielleicht auch Japan, um dort mit reichen Mitteln ausgestattet, mit allen Empfehlungen, die auf diplomatischem Wege möglich sind, in die dortigen Verhältnisse eingeführt zu werden. Sie sollten dabei im Auslande zunächst lediglich lernen und erst mit den dort gewonnenen Erfahrungen sollte man sie in unsere Kolonien schicken. Auf diese Weise würden wir eine Menge Lehrgeld, was wir jetzt zahlen müssen, nicht mehr zahlen, und es würden mehr Erfolge in bezug auf die Ausnutzung und Ausgestaltung der tropischen Wälder bei uns erzielbar sein.

In den Wein der Begeisterung des Herrn Vortragenden, die ich voll mitempfinde, möchte ich nun aber nach einer anderen Richtung hin einiges Wasser gießen. Ich glaube, Begeisterung ist, wenn wir an die Ausnutzung der tropischen Wälder gehen wollen, ein sehr gefährliches Ding. Je geschäftsmäßiger und nüchterner wir da vorgehen, desto eher werden wir bewahrt sein vor sehr empfindlichen Rückschlägen. Ich stehe ganz auf dem Standpunkt des Herrn Vorredners, daß die Verwaltung und Nutzung in eigener Regie dieser noch ganz unerschlossenen Wälder von seiten der Staatsgewalt der nicht geeignete Weg ist. Man muß da die private Unternehmungslust vorangehen lassen. Das einzige Gebiet, wo wir die Waldausnutzung in eigene Regie genommen haben, ist das Rufiji-Gebiet, von dem der Herr Vorredner besonders eingehend gesprochen hat. Es ist das auch meines Wissens nur geschehen, weil dieses Gebiet früher im Besitze des Sultans von Sansibar war, sozusagen ein Königsforst, der aus historischen oder traditionellen Rücksichten in die Verwaltung des neuen Staatsgebildes sofort übernommen wurde. Die Erfolge waren aber in bezug auf die finanzielle Seite sehr wenig erfreuliche. Die Kosten sind viel zu hohe, und die erzielten Holzpreise zu niedrige, so daß bis vor kurzem eine Verlustwirtschaft bestand.

Das allein Richtige ist, zweckmäßige Konzessionen an Unter=
nehmungslustige zu geben, welche diese in den Stand setzen, erst
einmal in größerem Umfange auszunutzen, was ausnutzbar erscheint,
und ihnen möglichst freie Hand zu geben, damit wir auf diese Weise
die heute noch fehlende Erfahrung sammeln, was von den vorhandenen
Hölzern für den Export geeignet ist. Die bisher in dieser Beziehung
vorgenommenen Untersuchungen, so schätzbar sie im kleinen sind, geben
dafür noch keinen genügenden Anhalt. Das Klavier der Firma Schied=
mayer ist gewiß ein sehr schönes, aber ob wir mit dem dazu verwendeten
Mangrove=Holz einen Export nach Deutschland etablieren können,
ist zweifelhaft. Die große Schwierigkeit besteht darin, daß unsere
tropischen Waldungen zum überwiegenden Teile harte, schwer zu be=
arbeitende, allerdings wertvolle, schöne Luxushölzer liefern. Aber
der eigentliche Schwerpunkt eines Exporthandels besteht darin, daß
wir nicht allzu schwere, leicht zu bearbeitende, zu einem Massen=
gebrauch geeignete Hölzer in den Handel bringen können. Das ist
der Faktor, der einer Ausnutzung der afrikanischen Hölzer im großen
für absehbare Zeit noch erhebliche Schwierigkeiten machen wird.
Hätten wir in Afrika große Nadelholzwaldungen, so würde ich nicht
zweifeln, daß wir ein glänzendes Geschäft damit machen könnten,
dasselbe Geschäft, was Amerika mit seinen Pitchpine=Hölzern macht.
Aber es kommt noch bei uns der Umstand hinzu, daß die Hölzer
in Afrika in außerordentlich reicher Artenzahl in bunter Unter=
mischung des Urplenterwaldes durcheinander verstreut stehen. Ich
habe in Kamerun auf einer $^1/_2$ ha großen Probefläche bis 90 ver=
schiedene Holzarten gefunden. Wenn wir im Durchschnitt auch nur
36 verschiedene Holzarten rechnen, so wird sich jeder Forstmann ohne
weiteres sagen, daß von diesen 36 Holzarten vielleicht nur 6 wirk=
lich ausnutzungs= und exportfähig sind, so daß zur Etablierung eines
festen Handels nach bestimmten Usancen, Bezugs= und Absatzbedin=
gungen eine sehr große Fläche nötig ist. Und das macht wegen des
Mangels an Verkehrsmitteln und technischen Einrichtungen das Unter=
nehmen sehr kostspielig und schwerfällig. Es wird auf diesem Ge=
biete nur ganz langsam vorwärts gegangen werden können, und ich
glaube, je nüchterner und geschäftsmäßiger wir die Sache ansehen,
je mehr wir jede Begeisterung für die leuchtenden, prachtvollen, mäch=
tigen tropischen Waldbilder von diesen Erwägungen ausschließen,
desto eher werden wir vor schweren Enttäuschungen und Rückschlägen
bewahrt bleiben. (Bravo! Klatschen.)

Referent Oberforstrat Dr. Haug (Schlußwort): Ich
habe auf das, was der Herr Vorredner ausgeführt hat, noch einiges

zu entgegnen. Ich habe ausschließlich von Ostafrika gesprochen, habe aber angedeutet, daß die Verhältnisse in Kamerun ganz andere sind. Es spielt da namentlich die jährliche Regenmenge eine ausschlaggebende Rolle. Auch die indischen Verhältnisse sind ganz andere. Ich glaube, daß man von einer der Kolonien auf die andere gar keinen Schluß ziehen kann.

Wenn der Herr Vorredner gesagt hat, es würde sich empfehlen, unsere jungen Forstleute zunächst in fremde Kolonien zu schicken, so mag das bis zu einem gewissen Grade seine Bedeutung haben, wenn wir überhaupt einen Grund gelegt haben. Aber, es ist das eine ganz gefährliche Sache insofern, weil die betreffenden Herren sich dann Vorurteile angewöhnen und diese auf Deutsch-Ostafrika übertragen könnten, wenn sie von dort zurückkommen. Tatsächlich ist dies in einem Falle in Deutsch-Ostafrika eingetroffen und es hat dieses Vorurteil zu der Einführung einer Holzart geführt, die nicht standortsgemäß war.

Was das Wort Begeisterung betrifft, so bin ich mißverstanden worden. Ich habe gesagt, es werde den Herren Professoren, namentlich denen, die in den Tropen waren, nicht schwer fallen, ihre Studenten für unsere Kolonien zu begeistern. Ja, ohne Begeisterung geht keiner nach Ostafrika. (Bravo!) Ich habe nicht vom Geschäftsleben gesprochen. Der Ernst des Lebens kommt von selbst, da hört die Begeisterung auf, aber wenn jemand nicht mit Begeisterung hinausgeht, dann geht er besser überhaupt nicht hinaus, denn es wirkt auf seine ganze Tätigkeit ungünstig ein, wenn er ungern hinausgeht.

Dann noch ein Punkt. Herr Professor Jentsch hat darauf aufmerksam gemacht, daß man die Mangrovenhölzer nicht in Europa verwerten könne. Es gibt in den Tropenwaldungen meist eine Masse Hölzer beieinander. In Kamerun ist ein großes zusammenhängendes Waldgebiet, viel größer als in Ostafrika. Ich war nicht in Kamerun, ich habe bloß u. a. gelesen, was die Herren Professoren Jentsch und Büsgen veröffentlicht haben, ich habe mich aber gehütet, daraus irgend welche Schlüsse zu ziehen. In den Mangroven-Waldungen Deutsch-Ostafrikas finden wir wertvolle und minder wertvolle Mangroven, ganze Bestände mit ausschließlich wertvollen Mangroven, ganze Bestände von Brugiera und von Rhizophora und die beiden letzteren gemischt. So ist die Sache nicht, daß gerade auf Mangroven diese Verhältnisse zutreffen, daß man sich erst durch andere wertlose Holzarten einen Weg bahnen müßte. Die Schwierigkeit liegt mehr auf dem Verkehrsgebiet. Ich habe gesagt: ich glaube, daß von den ostafrikanischen Mangroven-Wäldern ein wertvolles Möbelholz mit der Zeit einzuführen ist. Seither hat man das Starkholz der Mangroven einfach verfaulen lassen, das ist kein Zustand. Zum mindesten müssen wir doch den Versuch machen, diese schönen schweren Möbelhölzer möglichst gut bei uns zu verwerten und bis jetzt sind diese Hölzer, namentlich Brugiera, außerordentlich günstig von den maßgebenden Persönlichkeiten, von den Möbelfabrikanten, beurteilt worden. Ich glaube, die Gesellschaft, die sich da gebildet hat, die Deutsch-koloniale Gerb- und Farbstoff-Gesellschaft Feuerbach, wird wohl daran tun, wenn sie diese Hölzer möglichst verteilhaft zu verwerten sucht. Was daraus wird, das wollen wir abwarten. (Bravo! Klatschen.)

Vorsitzender: Wir können nunmehr zum nächsten Gegenstand übergehen. Vorher gestatte ich mir, Ihnen Kenntnis zu geben von einem soeben eingegangenen Antworttelegramm aus dem Hoflager Sr. Majestät des Kaisers, an Herrn Hofkammerpräsidenten von Stünzner gerichtet; dasselbe lautet:

„Se. Majestät der Kaiser und König sagen den in Ulm versammelten deutschen Forstmännern für die freundliche Begrüßung besten Dank."

Es ist $1/_2 2$ Uhr. Wir werden unsere Verhandlungen wohl nicht wesentlich über 2 Uhr ausdehnen können. Ich bitte daher die Herren Redner, welche nunmehr das Wort nehmen, sich nach Tunlichkeit einrichten zu wollen. Ich gebe das Wort Herrn Professor Dr. Sauer zu seinem Vortrage über:

„Die Darstellung der Bodenverhältnisse auf den geologischen Spezialkarten des württembergischen Berglandes nach neueren Grundsätzen."

Professor Dr. Sauer, Vorstand der geologischen Landesaufnahme des Königreichs Württemberg, Stuttgart: Sehr geehrte Herren! Ich habe die Ehre, Ihnen auf Wunsch und Anregung unseres geehrten Herrn Forstdirektors von Graner einiges mitzuteilen über gewisse neuere Methoden der Darstellung der Bodenverhältnisse, wie wir sie auf unserer neuen geologischen Spezialkarte von Württemberg durchgeführt haben. Diese Methoden gehen hauptsächlich dahin, wissenschaftliche und praktische Darstellung miteinander zu vereinigen, die geologischen Karten noch mehr und leichter als bisher für den Praktiker nutzbar zu machen. Sie sind zu diesem Zwecke so eingerichtet, daß man schon ohne die gedruckten Erläute-

Zwecke so eingerichtet, daß man ohne die gedruckten Erläute=
rungen möglichst alles, was für die Praxis notwendig ist, boden=
kundlich, gesteinkundlich, technisch unmittelbar aus der Karte lesen
kann. Zur rechten und vielseitigen Ausnutzung einer geologischen
Spezialkarte ist ja ein ausführlicher erläuternder Text nicht zu ent=
behren. Aber gewöhnlich wird beim Gebrauch der geologischen
Karten, das weiß auch der Praktiker aus Erfahrung, der Text
selten genau und eingehend genug durchstudiert, wie es nötig wäre,
um alles aus der Karte herauszuholen. Der Praktiker hat auch
nicht immer die genügende Zeit dazu. Diese Überlegung hat mich
veranlaßt, bei der Neueinrichtung unserer geologischen Landesanstalt
die Karte selbst, besonders nach der praktischen Seite hin zu ergänzen
und zugleich gewisse offene Kartierungsfragen zu behandeln und einige
vorhandene Lücken in der kartographischen Darstellung zu beseitigen.

Ich hoffe in diesem Kreise ein verständnisvolles Interesse für
diese Dinge zu finden, um so mehr, als ja bekanntermaßen von
jeher in unserer hochentwickelten deutschen Forstwissenschaft die natur=
wissenschaftliche Grundlage, in erster Linie die Geologie, eine große
Rolle gespielt hat, besonders derjenige Teil der angewandten Geo=
logie, den wir als Bodenkunde bezeichnen. Ich denke hierbei an
zahlreiche ältere und neuere Publikationen auf forstlich=bodenkund=
lichem Gebiete, an die schon im vierten Jahrzehnt des vorigen Jahr=
hunderts geschriebene, außerordentlich wichtige Bodenkunde von Ober=
forstrat Grebe in Eisenach, die bahnbrechend gewirkt hat nicht bloß
für die Bodenkunde, sondern auch für ihr Verhältnis zur Geologie,
ich denke an die neueren Arbeiten auf dem Gebiete der forstlichen
Bodenkunde, die wir dem Professor der Geologie Vater in Tharandt
zu verdanken haben und endlich auch an meine Mitarbeiter und
Förderer aus Ihren Kreisen hier in Württemberg, die mir die
Begeisterung für die Geologie und Bodenkunde zugeführt hat, an
Forstassessor Dr. Münst und Forstamtmann Dr. Rau, an Ober=
förster Harsch und zahlreiche andere württembergische Forstmänner,
an Herrn Professor Dr. Bühler, ganz besonders an unsere Forst=
direktion selbst, an Herrn Forstdirektor von Graner, dessen ver=
ständnisvolle Anerkennung den wissenschaftlichen und praktischen
Zielen unserer geologischen Landesanstalt schon zu großem Nutzen
gereicht hat[1]).

____

[1]) Es wird hierbei auch vom Redner auf die der Forstversammlung von
der Kgl. Forstdirektion zur Verfügung gestellte Abhandlung hingewiesen:
M. Münst, Ortsteinstudien im obern Murgtal. Mitt. d. geol. Abt. des
stat. Landesamtes Nr. 8.

Die moderne Bodenkunde ist, wie wir wissen, eine ungemein verwickelte und vielgestaltige Wissenschaft. Sie liegt auf einem Grenzgebiet verschiedener anderer Wissenschaften und ist zum Teil Geologie, Chemie, Biologie, Botanik, Meteorologie usw., in erster Linie aber Geologie. Lange Zeit hindurch befand sie sich im Schlepptau der Agrikulturchemie und hat deren Einfluß wohl eine bedeutende Förderung zu verdanken, aber doch mehr nur nach einer, d. h. hauptsächlich der chemischen Seite hin. So wurde die Bodenkunde einigermaßen aus ihrem natürlichen Zusammenhang mit der Geologie herausgerissen. Es ist aber nicht zulässig, den Boden, wie es hauptsächlich die Agrikulturchemiker wollen, als ein Ding an sich zu betrachten. Der Boden gehört zu seinem Grund, d. h. zum geologischen Untergrund und muß ebenso wie dieser in erster Linie Gegenstand der geologischen Untersuchung sein.

Ich möchte für diesen Zusammenhang zunächst auf zwei besonders interessante, nicht seltene Boden-Beispiele hinweisen. In unseren Mittelgebirgen findet man zwei, auch dem Forstmann wohlbekannte Gesteine: Granit und Gneis, weit verbreitet. Beide bestehen aus den gleichen Gemengteilen: Feldspat, Quarz und Glimmer, und deshalb, sollte man meinen, könnte es bodenkundlich gleichgültig sein, ob man von Granit- oder Gneisboden redet, ob ein Baum auf Granit- oder Gneisboden wächst, und für einen Praktiker überhaupt überflüssig sein, einen Granit- und Gneisboden zu unterscheiden, auf solche anscheinend speziell wissenschaftlich-petrographische Unterscheidungen sich einzulassen. Die Geologie lehrt, daß die Unterschiede zwischen Granit und Gneis lediglich in der verschiedenen Art der Verwachsung der gleichen Gemengteile, wie man sagt, in der verschiedenen Struktur beruhen; diese hat aber nicht bloß eine wissenschaftlich geologische, sondern auch noch eine praktisch bodenkundliche Bedeutung, denn gerade die Struktur ist es, welche die Verwitterung der beiden Gesteine und damit die Bodenbildung in ganz verschiedener Weise beeinflußt.

Der Granit ist richtungslos-körnig und liefert einen sandigen Boden, der Gneis ist schieferig und liefert einen lehmigen schüttigen Boden. Jener ist locker, trocken, leicht auslaugbar in den oberen Teilen, dieser bindig, frisch, beständiger in seiner Zusammensetzung. Jener verliert besonders leicht den Kalkgehalt, dieser hält ihn etwas mehr zurück. Der Granitboden bedingt oft die größten Gegensätze in Nord- und Südlage; am Nordhang prächtigsten Tannenbestand und am Südhang lichte Kiefernwaldung mit halbmeterhohen

Heidedecken. Auf dem Granit haben wir gelegentlich sogar Ortstein, auf einem Gneisboden niemals. Die Grenzen sind gerade in diesem Punkte zwischen Granit- und Gneisboden auffällig scharf. Auch andere Erscheinungen erklären sich lediglich durch Strukturunterschiede, so weiter die Terrainbeschaffenheit, die für die beiden Gesteinsarten überaus scharfe Unterschiede aufweist: Granit liefert eine hügelig-kuppelige Oberfläche mit zahlreichen Einsenkungen, der Gneis eine mehr einförmige. Dort werden bei der leichten Ausschwemmbarkeit des sandigen Granitbodens die feinlehmigen Verwitterungsprodukte vom Hügel in die Einsenkungen herabgeschwemmt, — sandige, sonnige, trockne Kuppen, nasse, schwerdurchlässige Depressionen wechseln im Granitterrain oft miteinander; im Gneisgebiete fehlen diese Gegensätze. Für das Granitgebiet sind deshalb auch die Torfmoore charakteristisch, im Gneisgebiete sind Rohhumusanreicherungen spärlich.

Worauf sind alle diese durchgreifenden bodenkundlichen Unterschiede zurückzuführen? Lediglich auf die anscheinend nur geringen Unterschiede in der Struktur dieser beiden Gesteine. Der Granit ist ein massiges Gestein, welches, wie schon gesagt, sandiggrusig zerfällt, der Gneis ist ein mehr schiefriges Gestein, welches bei der Verwitterung schiefrige, schulprige Bruchstücke liefert, die sich dachziegelartig aufeinanderlegen, die den Boden vor Ausschwemmung der feinsten Bestandteile schützen und vor Austrocknung usw. bewahren. Diese Beispiele lehren, daß Bodenverhältnisse notwendigerweise und in erster Linie unter Berücksichtigung der geologischen Verhältnisse zu erklären sind, sie lehren, daß scheinbar ganz untergeordnete petrographische, für den Praktiker ganz gleichgültige Merkmale von grundlegender Bedeutung werden können bei Erklärung von Bodenerscheinungen; sie lehren, daß man den Boden nicht als Ding an sich, sondern nach seinem geologischen Zusammenhange zu betrachten hat, daß man mit anderen Worten ohne Geologie weder wissenschaftliche, noch praktische Bodenkunde treiben kann.

Nun ist klar, daß eine Karte, welche die Verbreitung der den Boden bildenden Gesteine möglichst genau angibt, für die Erklärung der Bodenverhältnisse wichtige Dienste leistet. Das kann man tatsächlich von den neueren geologischen Spezialkarten ganz im allgemeinen sagen und man kann weiter behaupten, daß mit Beginn der Anfertigung solcher geologischer Spezialkarten die Bodenkunde in ein neues Stadium der Entwickelung eingetreten ist.

Der Anstoß zur Herstellung eigentlicher geologischer Spezial=
karten ging von Preußen aus, als es anfing, im Jahre 1866 zum
ersten Male für seine geologische Kartierung den Maßstab 1:25 000
zu wählen, mit der Darstellung des Terrains durch Höhenkurven.
Preußen wurde damit vorbildlich für alle jene Kulturstaaten, die
sich eine genaue geologische Erforschung ihrer Ländergebiete und die
Nutzbarmachung der Geologie für die Zwecke der praktischen Kultur
ihrer Bewohner angelegen sein ließen.

Doch stellte sich bald heraus, daß man für die praktische Ver=
wertung der geologischen Karten hauptsächlich in bodenkultureller Hin=
sicht scharf zu unterscheiden hat zwischen Flachlandkarten und
Gebirgs= bezw. Berglandkarten, und zwar, weil sich in
jenem die Bodenverhältnisse durchweg komplizierter gestalten als in
diesem. Dort wechselt mit dem geologischen Untergrunde auch das
Bodenprofil schnell und häufig. Die geologische Deckschicht ist oftmals
anders geartet als der etwas tiefere Untergrund, was auf der ge=
wöhnlichen geologischen Karte, die nur das zur Oberfläche Ausgehende
angibt, natürlich nicht verzeichnet ist. Da aber ein geologisch anders
gearteter Untergrund, z. B. in einem Falle eine vollkommen undurch=
lässige Tonschicht unter einer Bodendecke von Lehm, in einem anderen
Falle eine überaus durchlässige Kiesschicht unter der gleichen Ober=
flächendecke, die Funktionen dieser letzteren nachhaltigst und ganz ver=
schieden zu beeinflussen vermag, so muß eine geologische Spezial=
karte des Flachlandes für die Zwecke der Bodenkultur nicht nur die
geologische Oberflächenschicht angeben, sondern auch bis zu einer ge=
wissen Tiefe einen etwas anders gearteten geologischen Untergrund; es
muß eine solche Spezialkarte demnach eine wesentliche Ergänzung
erfahren durch Einzeichnung des Untergrundes, d. h. durch Fest=
stellung des Bodenprofiles mittelst zahlreicher Boh=
rungen von 1—2 m Tiefe.

Mit der geologischen Spezialaufnahme der großen, wesentlich
dem Ackerbau dienenden norddeutschen Tiefebene sah sich Preußen vor
die große Aufgabe gestellt, eine riesige Fläche geologischer Spezial=
kartierung mit dieser agronomischen Ergänzung, also agrogeologische
Spezialkarten aufzunehmen. Es hat diese Aufgabe bereits zum großen
Teile bewältigt und wird damit ein Bodenkulturwerk schaffen, wie
es nirgends existiert. Auch diese agrogeologischen Karten haben
anderwärts Zustimmung und Nachahmung erfahren.

So hat die agrogeologische Spezialaufnahme des diluvialen Flach=
landes gerade in der Methode der kartographischen Darstellung ganz

besondere Ergänzungen erfahren und damit große Fortschritte zu
verzeichnen. Nicht in gleicher Weise hat sich aber die Spezial-
kartierung des Gebirgslandes entwickelt. Sie ist annähernd die
gleiche geblieben seit ihrer ersten Einführung. Es sind hier so gut
wie keine Fortschritte zu verzeichnen, obwohl auch hier die Anforderungen ganz erheblich gestiegen sind und praktische Interessen
vielfältigster Art, ganz besonders aber forstlich = bodenkundliche in
Frage kommen.

Die geologischen Spezialkarten des Gebirgslandes für jegliche
praktische Ausnutzung möglichst leistungsfähig zu gestalten, erschien
mir daher neben der rein wissenschaftlichen Arbeit als die wesentlichste Aufgabe, die die neue erst im Jahre 1903 gegründete württembergische geologische Landesanstalt zu erfüllen habe. Schon jetzt darf
ich aus dem zustimmenden Urteil sachmännischer Kreise über die
vielfachen auf unseren neuen geologischen Spezialkarten eingeführten
Ergänzungen und Verbesserungen schließen, daß wir uns auf dem
richtigen Wege zu dem angestrebten Ziele befinden. Über diese neuen
Methoden zur Nutzbarmachung der geologischen Spezialkarten lassen
Sie mich berichten.

Um bei den oben angezogenen Beispielen zu bleiben, nehmen
wir an, daß wir uns im oberen Schwarzwald, in einem Granitgebiet etwa in der Triberger oder Schramberger Gegend befinden,
wo das Terrain sehr schnell in seiner Beschaffenheit wechselt. Da
ist es klar, daß auf einem solchen Gebiet, für welches uns die geologische Spezialkarte lediglich den Granit mit karminroter Farbe angibt, ganz gewiß überall Granitboden herrschen muß; aber nach Maßgabe der wechselvollen Terrainverhältnisse wird dieser sich recht verschieden verhalten. Auf der Hochfläche, wo die Abschwemmung am
geringsten ist, wo eine ungestörte Verwitterung bodenkundlich rein
zur Geltung kommt, haben wir vorwiegend tiefgründigen Granitboden, an den steilen Hängen dagegen meist sehr flachgründigen,
ja fast überall werden wir Felsen zutage treten sehen, in den Terrain-
falten endlich finden wir mehr oder weniger mächtige Schuttmassen
zusammengeführt. Das sind doch Bodengegensätze, die jedenfalls die
Beschaffenheit und die Wertigkeit des Bodens als Kulturträger ganz
wesentlich beeinflussen. Wenn eine Karte derartige Dinge nicht darstellt oder nicht zu erkennen gestattet, dann wird sie bodenkundlich
nicht den Anforderungen entsprechen, die man an sie stellt.

Um in dieser Hinsicht Ergänzungen zu schaffen, geben wir möglichst vollständig — ich sage möglichst, denn eine vollkommene Ge-

nauigkeit läßt sich aus verschiedenen Gründen nicht erreichen — alle diejenigen Stellen an, wo der frische nackte Fels zutage tritt, und zwar durch eine möglichst neutrale Signatur, durch eine feine schwarze vertikale Schraffierung.

Für die Blockbildungen und Felsenmeere des Granit, Porphyr, Buntsandstein usw. verwenden wir ebenfalls besondere Zeichen: verschiedenfarbige Kreuzchen, Dreiecke usw. Steilgehänge, die mit einem vollständig vegetationslosen Granitschutt überdeckt sind, erkennt man demnach jetzt ohne weiteres an der eingetragenen, charakteristischen Signatur. Dazu kommen noch Schuttdecken anderer Art, d. h. Schuttdecken, die aus einer Mischung von Blöcken und feinerem Material bestehen und in der Regel nicht mehr auf dem ursprünglichen Gestein liegen, sondern am Gehänge abwärts auf einem ganz anders gearteten Untergrunde. Solche Schuttdecken treten in unseren deutschen Mittelgebirgen ungemein häufig besonders da auf, wo wir den Buntsandstein als oberes Deckgebirge haben, so in erster Linie im Schwarzwald. Hier besteht das Buntsandsteingebirge unten aus einem weichen Sandstein, in der Mitte bis weit hinauf aus dem härteren Bausandstein und oben wieder aus einem weicheren, tonigen, meist plattigen Sandstein. Der mittlere Sandstein liefert einen ziemlich sterilen Boden, er ist der harte, also vornehmlich derjenige, der die gewaltigen Blockhalden bildet, der gehängeabwärts wandert und das Terrain weithin überschüttet, an den unteren Talhängen oft das fruchtbare mineralkräftige Granitareal und Gneisgebiet verschlechtert, und demnach in hohem Grade beeinflussend auf die Bodenbeschaffenheit einwirkt. Derartige große Flächen bedeckende Schuttbildungen als solche besonders einzutragen erschien eine notwendige bodenkundliche Forderung. Bis jetzt war das auf den geologischen Spezialkarten unterlassen; auf den unsrigen ist das nun in folgender Weise versucht worden. Wenn Sie unsere neue Karte näher ansehen, finden Sie z. B. die homogene karminrote Farbe des Granits an manchen Stellen unterbrochen von feinen weißen Strichen. Es ist hier also die Grundfarbe für Granit weiß ausgespart, das soll anzeigen, daß hier etwas Fremdes wie ein Schleier, als Schuttdecke über dem Granit liegt. Diese Schraffierung deutet an, daß Schutt, natürlich nur von höher gelegenen Teilen kommend, sich darüber gelegt hat. Und dieser Schutt kann in dem angezogenen Beispiel nur vom Buntsandstein herrühren, den die Karte in den höheren Teilen des Gehänges anzeigt; er wird auch noch als Buntsandsteinschutt näher bezeichnet durch braune Dreiecke in Buntsandsteinfarbe zwischen der weißen Aussparung.

Wir unterscheiden mächtigen und weniger mächtigen Gehänge-Schutt. Die Schuttdecke erreicht Mächtigkeiten von 6 bis 10 Metern, so daß auch für die Forstkultur die außerordentlich günstige Beschaffenheit eines Gneisgebiets mit der Überschüttung durch Buntsandstein vollständig aufgehoben werden kann. Die gewöhnlichen geologischen Spezialkarten des Gebirgslandes geben in der Regel solche Schuttdecken nicht an.

Um anzuzeigen, welcher Art der Schutt ist, haben wir, wie schon bemerkt, zu den weißen Aussparungen der Grundfarbe noch unsere besonderen Zeichen hinzugefügt. Eine weiße Aussparung auf dem karminroten Felde heißt also zunächst: Schuttüberdeckung; mit braunen Dreiecken: der Schutt stammt von der Buntsandsteindecke her, mit blauen Kreuzchen oder Punkten: der Schutt ist Kalkschutt usw. Diese Angaben haben bei uns noch insofern eine große Bedeutung, als der mittlere sterile Hauptbuntsandstein fast ausschließlich der Träger jener überaus ungünstigen Bodenentartung ist, die wir als Ortstein bezeichnen. So kann sich unter Umständen Ortstein im Gneisareal bilden, wenn über dieses mächtige Buntsandstein-schuttmassen ausgebreitet sind, obwohl an sich der Gneisboden niemals zur Ortsteinbildung neigt. Eine geologische Spezialkarte, welche diese sekundären Schuttdecken nicht verzeichnet, führt in bodenkundlicher Hinsicht zu Widersprüchen.

Wir können uns auch den umgekehrten Fall denken, daß durch solche Schuttdecken eine Verbesserung des Bodens eintritt. Wo die mächtigen Decken des Muschelkalks an das Buntsandsteingebiet an-stoßen, da wandert der Muschelkalk als noch höher gelegene Masse auf den Buntsandstein hinüber und überdeckt diesen. Hier wird dem sterilen Buntsandstein ein kalkreicher Schutt zugeführt, der den Boden desselben ganz wesentlich verbessert. Also auch für die Beurteilung der anderen Art, der gewissermaßen natürlichen Melioration ist die Berücksichtigung der Schuttbildung von größter Wichtigkeit.

Mit Eintragung dieser Schuttbildungen glauben wir also gerade für bodenkundliche Anforderungen eine wichtige Arbeit zu leisten. Wenn Sie so unsere geologischen Gebirgskarten näher studieren, dann finden Sie, daß anstehendes Gestein viel seltener ist, als man gewöhnlich glaubt. Sie finden die vertikale, schwarze Schraffierung, die Signatur für dasselbe, ziemlich selten, dagegen die Schuttbedeckung sehr verbreitet. Die letztere hat noch in hydrologischer Beziehung Be-deutung, denn sie bewirkt, daß das auf das Buntsandsteingebiet niederfallende meteorische Wasser sehr gut filtriert wird, ehe es seine

Wanderung in die Klüftungen antritt, sich sammelt und in Quellen zutage tritt.

Dann haben wir weiter eine besondere Aufmerksamkeit der Legende, d. h. der Farbenerklärung am Rande der Karte, zugewandt. Man hat im allgemeinen und mit Recht der Legende der geologischen Spezialkarten den Vorwurf gemacht, sie sei zu geologisch, sei zu wenig für die Zwecke des Praktikers eingerichtet, sie setze zu viel geologische Spezialkenntnisse voraus, um eine schnelle Orientierung auch über die praktisch-geologischen Erscheinungen des auf der Karte dargestellten Gebietes zu ermöglichen. Das ist vollkommen richtig, aber andererseits kann und darf eine geologische Karte, die zunächst immer eine wissenschaftlich-geologische Karte sein soll, der rein geologischen Bezeichnungen nicht entbehren. Man kann aber das eine tun und braucht das andere nicht zu lassen. So haben wir in der Legende beiden Wünschen Rechnung zu tragen versucht. Bei näherer Betrachtung der Legende finden Sie eine strenge Doppelgliederung derselben. Sie finden Erläuterungen rechts bezw. links von dem Farbenfelde und Erläuterungen unmittelbar unter diesem. Die seitlich stehenden Erläuterungen sind rein geologischer Natur, die Bezeichnungen unter dem Schildchen dagegen dienen zur rein stofflichen Charakterisierung der mit der Farbe angezeigten Bildung. Ist z. B. rechts vom Farbenschildchen zu lesen: Trochitenkalk (Hauptmuschelkalk), so steht darunter: Blauer hochprozentiger dichter Kalkstein in knorrigen Bänken mit spärlichen Tonzwischenlagen. Damit erfährt der Praktiker, was man unter der geologischen Bezeichnung Trochitenkalk stofflich, technisch versteht. Es ist das meiner Ansicht nach eine weitere zwar einfache, doch wesentliche Ergänzung unserer geologischen Spezialkarten, durch welche die Benutzung derselben für den Praktiker wesentlich erleichtert wird.

Endlich ist noch auf eine andere Neuerung hinzuweisen: Auf dem rechten Kartenrande am Schluß der Legende findet man eine Zusammenstellung der Hauptbodenarten des Gebiets nach rein bodenkundlichen Gesichtspunkten geordnet, also die verschiedensten Sandböden, Ton-, Lehm- und Mergelböden usw. Der Praktiker interessiert sich speziell für die Böden als solche, d. h. ihm ist es zunächst gleichgültig, von welchen geologischen Formationen dieselben geliefert werden, er will z. B. als Forstmann, rein forstbodenkundlich die Böden in ihrer verschiedenen Ausbildung nach diesen einfachen Gesichtspunkten zusammengestellt wissen, und das findet er in diesem Teile der Legende. Hier sehen wir,

z. B. unter der Rubrik Mergelböden, daß dieselben vertreten sind im obersten Buntsandstein als Rötmergel, im mittleren Muschelkalk, im unteren Keuper, also finden wir bodenkundlich die 3 Farbentäfelchen, für sor = Röt, für mm = Mittleren Muschelkalk, für ku = unteren Keuper unter genannter Rubrik vereinigt. In dem bodenkundlichen Teile des Textes zur Karte erfahren wir, wie sich diese 3 Mergelböden weiter unterscheiden. In diesen Farbentäfelchen stoßen wir noch auf eine neue Signatur, auf gelegentlich eingetragene Buchstaben, nämlich die 3 Buchstaben K, Mg und Ca. Diese Buchstaben sind in ganz fetter, in mittelstarker und in feiner Schrift dargestellt und bedeuten in diesen 3 Druckarten, wie die Erklärung besagt, den Gehalt an den drei wichtigen Pflanzennährstoffen, nämlich Kali (K), Kalk (Ca) und Magnesium (Mg). Ein fettes K oder Ca bedeutet einen sehr hohen Gehalt an Kali oder Kalk, ein mittelstarkes mittleren, ein äußerst feines K bedeutet einen schwachen bis einen verschwindenden Kaligehalt usw. Damit ist sofort die Möglichkeit gegeben, sich, wenn auch nur in großen Zügen, über die stoffliche Zusammensetzung der betreffenden Böden zu orientieren, mehr verlangt der Praktiker zunächst auch nicht.

Endlich haben wir noch eine sogenannte Schichtentafel beigegeben, die einen schnellen Überblick über die Mächtigkeit der am Aufbau des Gebietes sich beteiligenden Schichten gestattet. Das ist besonders bei unserem sehr regelmäßig und nahezu horizontal aufgebauten württembergischen Stufenlande von großem praktischem Nutzen. Wenn man z. B. an einer bestimmten Stelle der Karte eine Tiefbohrung niederbringen will, vielleicht um Wasser in einer bestimmten Schicht aufzusuchen, dann läßt sich unschwer mit Hilfe der Schichtentafel die voraussichtliche Tiefe des Bohrloches annähernd ablesen.

So glaube ich, dürften mit dieser Ausgestaltung und Ergänzung unserer neuen Spezialkarten manche Wünsche der Herren Praktiker erfüllt worden sein, hauptsächlich mit Bezug auf die Bodenkunde im Berglande, mit Bezug auf die Baumaterialienkunde und die Hydrologie. (Bravo! Klatschen.)

Vorsitzender: Das Wort wird zu dem Vortrage nicht gewünscht. Ich spreche Herrn Professor Dr. Sauer im Namen der Versammlung für sein Referat den besten Dank aus.

Dann will Herr Forstmeister Ziegenmeyer-Ottenstein uns noch ein kurzes Referat über

„Die Lungenwurmseuche (Strongylose) und ihre
Bekämpfung"

halten. Ich erteile ihm das Wort.

Forstmeister Ziegenmeyer: Meine verehrten Herren!
Fürchten Sie nicht, daß ich Ihre Aufmerksamkeit lange in Anspruch
nehme, denn es wird nur ein kurzer Abriß der brennenden Frage
erfolgen. Wer ein Herz für unser Wild hat, wird mir zuhören, obgleich ich eine nicht gerade forstlich wichtige Sache vorbringe.

Wie Sie wohl alle wissen, hat im letzten Jahrzehnt unter vielen
Wildständen ein Würgengel derartig gehaust, daß in weiten Gebieten das Rehwild fast ausgestorben ist.

Die Verbreitung der Lungenwurmseuche erstreckt sich jetzt über
gewaltig große Gebietsteile unseres Vaterlandes, nämlich von Holland
bis ins nördliche Baden, hauptsächlich die Rheinprovinz umfassend.
Doch hat sie sich auch in Westfalen, Hessen-Nassau, im Großherzogtum
Hessen, in Unterfranken — den Main hinauf, in der Rheinpfalz und
in Lothringen weit ausgedehnt.

Meist engbegrenzte Seuchenherde sind nachgewiesen im Königreich Sachsen, in Ober-Bayern, Ostpreußen, Posen, Pommern, Branden-
burg, in der Provinz Sachsen, in Hannover, in Braunschweig und
Mecklenburg-Schwerin. Allein in der Rheinprovinz ist der Rehstand
vielfach auf ein Viertel — abgesehen von den völlig verödeten
Jagden — zusammengeschmolzen, und zwar wird der Verlust von
51 Oberförstereien auf 5605 gefundene Stück Rehwild angegeben.

Aber auch das Rotwild hat vielfach stark unter der Seuche gelitten. So sind ihr in der Königl. Preuß. Oberförsterei Neuhaus im
Weserbergland im Jahre 1900 zwei Drittel des Rotwildstandes —
darunter allein 33 geweihte Hirsche, und zwar gerade die jagdbaren
— zum Opfer gefallen; im folgenden Jahre fast der gesamte Rehstand.

Auch in der Oberförsterei Gauleden bei Königsberg in Ostpreußen ist die Seuche verheerend unter dem Rehstande aufgetreten,
ebenso im letzten Jahre in der Oberförsterei Neukloster in Mecklenburg.
Dort sind auch ebenso wie bei Hohen Niendorf a. d. Ostsee die Hasen
massenhaft an Lungenwurmseuche eingegangen.

Ausdrücklich betonen muß ich, daß die Seuche nur da abnimmt,
wo der Wildstand durch sie stark zusammengeschmolzen ist, daß ihre
Verbreitung aber erschreckend schnell weitergeht.

Die Lungenwürmer sind überall vertreten. Finden sie besonders
günstige Lebensbedingungen, wozu vor allem nasse Sommer gehören,
so vermehren sie sich enorm und die Seuche ist da.

Außer Strongylus filaria und micrurus, die Reh= und Rot=
wild gemeinsam befallen, wirken meist noch viele andere Parasiten
mit ihnen zusammen zum Verderben des Wildes. So vor allem die
Rachenbremsenlarven, welche besonders zahlreich bei lungenwurm=
krankem Wilde vorkommen, ferner zahlreiche Arten von Darmwürmern,
so auch ein Palisadenwurm und ein Peitschenwurm, die stark im
Darmkanal schmarotzen und heftige Entzündungen verursachen. In
Jellowa (Schlesien) hat sich ein bisher nur in den Tropen bekannter
Parasit als Schädling beim Rotwild gezeigt, in den Zotten des
Pansen schmarotzt und das Wild zum Kümmern gebracht. Außer=
dem sind noch Bandwürmer, Leberwürmer, Leberegel und die Enger=
linge im Rücken des Wildes zu nennen.

Meine verehrten Herren! Jeder von ihnen wird wohl überzeugt
sein, daß es Pflicht der Jagdbesitzer und Pächter ist, alles zur Ver=
nichtung der Parasiten im Wildkörper aufzubieten!

Nachdem nun die Heilung stark lungenwurmkranker Schafe mit
Kupferchlorit durch Professor Dr. Gräfin von Linden außer
Zweifel steht, rate ich Ihnen dringend dieses Heilmittel auch Ihrem
Wilde zu geben!

Zwar haben einige Gelehrte, welche dem weiblichen Professor
nicht gerade Zuneigung zeigen, behauptet, daß die Schaflunge anders
gebaut sei als die Lunge von Reh=, Rot= und Damwild, und daß
darum die Heilung durch Kupfersalz zweifelhaft erscheine.

Lassen Sie sich aber durch solche Spitzfindigkeiten nicht ab=
schrecken, mit aller Energie gegen die Parasitenplage vorzugehen!

Das Kupfersalz muß dem Wilde gegen Lungenwürmer und
Engerlinge hauptsächlich im Winter gegeben werden, so lange sie
noch im Anfange ihrer Entwickelung stehen. Deshalb kann die bei
Frost unbrauchbare Lehmlecke nicht in Betracht kommen, sondern es
sind Lecksteine zu verwenden, und zwar die Kupfersalzlecksteine „Wild=
heil". — Ich habe denselben noch einen Zusatz von phosphorsaurem
Kalk und von wohlriechenden Vegetabilien geben lassen. — Natür=
lich ist es von der größten Wichtigkeit, daß unser meist gefährdetes
Jungwild bereits im ersten Herbste seines Lebens Salzlecksteine an=
nimmt. Deshalb müssen schon frühzeitig im Herbst, spätestens von
Mitte Oktober an, zahlreiche Salzlecksteine in den Tagesständen, auf
den Äsungsplätzen und an den Wechseln des Wildes ausgelegt werden.

Weil zur erstmaligen Auslage im Freien die Wildheil=Lecksteine
reichlich kostspielig sind, nehme man den billigen Pfannenstein aus
Salinen, von dem Sie den Doppelzentner für höchstens 6 Mk. —

und damit Material zu etwa 80 handgroßen Lecksteinen — in die entlegensten Teile Deutschlands beziehen können.

Fallen Sie aber nicht den Zwischenhändlern in die Hände; denn bei denen bezahlt man den drei= bis zwanzigfachen Preis der Kosten in den Salinen lediglich als Provision für die Bestellung dort! — Auf Wunsch werde ich gern die leistungsfähigen Salinen, welche Pfannenstein liefern — auch in Österreich=Ungarn — angeben. — Dort wo die ausgelegten Pfannensteine gut vom Wilde angenommen sind, ersetzt man sie in richtiger Verteilung durch Wildheil=Lecksteine, dann ist man sicher, daß diese auch sehr bald nachhaltig beleckt werden. Hauptsächlich sind aber die Kupfersalzlecksteine im Winter unter Dach an den Fütterungen anzubringen, und zwar stets mehrere voneinander getrennt.

Dem Wildfutter wird Kupfersalzmischung beigemengt.

Außerdem habe ich, um die Wirkung der Kupferpräparate noch zu verstärken, ein Wildfutterpulver zusammengestellt, das dem Hol= feldschen ähnlich ist, aber neben Gerbsäure und phosphorsaurem Kalk mehrere gegen Parasiten erprobte Medikamente und auch ein hervorragendes Kraftfutter enthält. — Bezugsquelle: Apotheke von H. Apfel in Ottenstein in Braunschweig.

Natürlich ist es unpraktisch, das Wildfutterpulver auf Rauhfutter zu streuen, sondern man mengt es unter ein mehlartiges Kraftfutter, mit dem das Wild es unbedingt nehmen muß.

Gemahlene Feldbohnen und Erbsen sind ja ganz vorzüglich, wenn das Schrot alle 14 Tage frisch hergestellt werden kann. Bei längerer Aufbewahrung wird es aber schimmlig und bringt dann mehr Schaden als Nutzen. Als bestes Kraftfutter habe ich zu dem genannten Zwecke die Malzkeime erprobt, weil sie weit haltbarer und leichter sind, dabei den dreifachen Gehalt des Hafers an Phosphorsäure haben, vom Wilde sehr gern genommen werden und billiger sind als obige Futtermittel. Bezugsquellen sind Malzfabriken und größere Braue= reien, welche selbst mälzen. Als direkt gegen Würmer wirkendes Futtermittel ist die in dieser Hinsicht wohl fast jedem Pferdezüchter bekannte rote Möhre zu nennen; denn ihr Saft bildete den Haupt= bestandteil der früher so beliebten Wurmkuchen für Kinder. Die große rote Riesenmöhre gedeiht fast überall und liefert bei richtiger Be= handlung sehr hohe Erträge. Zu empfehlen ist die St. Valérie von Metz & Co., Steglitz bei Berlin.

Ferner sind noch die Beeren der Eberesche (Sorbus aucuparia) unschätzbar, sowohl frisch wie getrocknet; auch Eicheln und Kastanien enthalten das gegen Parasiten wertvolle Tannin, doch sind letztere nicht im Übermaß zu geben.

Ein äußerst wichtiges Bekämpfungsmittel der Lungenwurmseuche darf nicht vernachlässigt werden, nämlich die Desinfizierung der Äsungsplätze des Wildes. Es ist erwiesen, daß die kranken Tiere mit ihrer Losung die Wurmlarven ausstreuen und so die Seuche verbreiten. Aus diesen Larven entwickelt sich nämlich — nach neuer Entdeckung von Professor Dr. Gräfin von Linden — eine mikroskopisch kleine Generation, die sich im Boden fortpflanzt, und, wenn Wild das von diesen kleinen Würmern infizierte Gras äst, wieder zum parasitischen Leben in die Lungen desselben zurückkehrt. Deshalb ist zur Verhinderung des Umsichgreifens der Seuche von größter Wichtigkeit, daß die Äsungsplätze mit Thomasphosphatmehl desinfiziert werden, wozu die doppelte Gabe, wie zur Düngung von Wiesen üblich ist, genügt, also 16 Zentner pro Hektar. Das Ausstreuen des Thomasmehls ist im Herbst und Frühjahr auszuführen.

Es erscheint selbstverständlich, daß eingegangenes Wild tief vergraben wird, nachdem es mit Kupfervitriollösung übergossen wurde; ebenfalls ist der Abschuß schwerkranker Stücke nicht zu vernachlässigen. — Auf die Forderung der Gräfin von Linden, das Weidevieh und vor allem die Schafe gänzlich aus dem Walde zu verbannen, gehe ich nicht näher ein.

Zum Schluß rufe ich Ihnen nochmals die dringende Mahnung zu: „Geben Sie dem Wilde Salz, und zwar überall reichlich in Gestalt von Salzlecksteinen mit Kupfer!" Bezugsquelle: Chemische Fabrik von L. C. Marquart in Beuel/Bonn a. Rh.

Vorsitzender: Das Wort wird nicht verlangt.

Wir wären nun mit unserer Tagesordnung zu Ende und ich habe nur noch die Pflicht, der örtlichen Geschäftsleitung zu gedenken, die unter erschwerenden Umständen ihres Amtes gewaltet hat. Ich spreche der Geschäftsleitung im Namen der Hauptversammlung den wärmsten Dank aus. (Bravo!) Damit schließe ich die XI. Hauptversammlung des Deutschen Forstvereins. Auf Wiedersehen nächstes Jahr in Königsberg.

Hofkammerpräsident von Stünzner: Ich glaube berechtigt zu sein, sowohl zu meiner wie zu Ihrer aller Freude zu konstatieren, daß Sie in der diesjährigen Versammlung ihren alten Präsidenten keineswegs vermißt haben werden und daß wir alle Veranlassung haben, Herrn von Braza für seine umsichtige und gerechte Leitung unserer Verhandlungen unseren aufrichtigsten Dank zu sagen, den ich hiermit zum Ausdruck bringen wollte. (Bravo!)

(Schluß der Sitzung $\frac{1}{2}$3 Uhr.)

Anhang.

Bericht
über den Nachmittagsausflug des Deutschen Forstvereins in den Forstbezirk Geislingen
am 6. September 1910.

Erstattet von dem K. Regierungs= und Forstrat Eßlinger in Speyer.

Der waldbaulich wichtigste Ausflug des Deutschen Forstvereins gelegentlich der Ulmer Versammlung führte in den Forstbezirk Geislingen.

Für diesen Ausflug war von dem örtlich zuständigen Verwaltungsbeamten, K. Oberförster Schultz in Geislingen ein reichhaltiger Führer bearbeitet worden, der den Teilnehmern den nötigen Einblick in die allgemeinen und die forstlichen Verhältnisse gewährte.

Aus diesem Führer seien nachstehende Angaben hier eingeschaltet:

Der Forstbezirk Geislingen im allgemeinen.
1. Organisation.

„Der Forstbezirk Geislingen wurde im Jahre 1877 gebildet aus dem früheren Revier Altenstadt und der größeren, nördlichen Hälfte des im Jahre 1876 aufgelösten Reviers Stubersheim, dessen letzter Verwalter Revierförster, jetzt Forstdirektor Dr. von Graner war.

Die Staatswaldungen umfassen in 22 Distrikten (101 Abteilungen mit durchschnittlich 13,4 ha),	1355,2 ha
hiervon sind ertragsfähig	1320,8 ha
nicht ertragsfähig, Wege, Gewässer, Felsen .	42,0 ha
landwirtschaftlich benutzt	2,4 ha
die Waldungen der 17 in Staatsbeförsterung stehenden Körperschaften einschließlich neuer Aufforstungen	985,0 ha
Schutzwaldungen der K. Eisenbahnverwaltung an der Geislinger Steige	36,0 ha
	Sa. 2376,2 ha

Der Staatswald ist in 4 Hutsbezirke von durchschnittlich 339 ha eingeteilt; die Forstwarte werden gegen besondere Entschädigung zur Schreibhilfe verwendet.

Die Gemeinden haben eigene Waldschützen, soweit sie sich nicht dem Staatsforstschutz angeschlossen haben, wozu sie gesetzlich berechtigt sind. Für die Staatsbeförsterung bezahlen die Körperschaften 80 Pf. pro ha, für den Staatsforstschutz durchschnittlich 2 Mk. 20 Pf. pro ha an die Staatskasse.

2. Geschichtliches.

Die Stadt Geislingen mit 25 Ortschaften und Gehöften gehörte bis zum Ende des 14. Jahrhunderts den Grafen von Helfenstein, deren Stammburg auf einem schmalen, von schroffen Felsen bekrönten Höhengrat unmittelbar nordöstlich der Stadt stand und diese wie auch die Geislinger Steige, den Hauptpaß über die Alb vom Neckartal durch das Fils- zum Donautal, beherrschte. Im Jahre 1382 verpfändeten die Helfensteiner ihren Geislinger Besitz an die Stadt Ulm, in deren Eigentum er dann im Jahre 1396 überging.

Mit der ehemaligen Reichsstadt Ulm kam Geislingen am 29. November 1802 an die Krone Bayern und am 6. November 1810 an Württemberg.

Von der Herrschaft der Römer auf der Geislinger Alb geben mehrere römische Straßenzüge, insbesondere das „Hochsträß" und zwei im Jahre 1903 aufgedeckte römische Niederlassungen im Staatswald Sandrain und Ziegelwald Zeugnis.

3. Erwerbsverhältnisse.

Auf dem Plateau der Alb wird fast ausschließlich Land- und Forstwirtschaft betrieben, Geislingen und das Filstal dagegen ist außerordentlich industriereich.

4. Standortsverhältnisse der Staatswaldungen.

a) Die Lage der Staatswaldungen ist reichlich gegliedert. An den Steilhängen (624,9 ha) und Vorbergen (83,6 ha) des Fils-, Eyb- und Rohrachtals liegen 708,5 ha = 52%, auf dem Plateau der Alb 646,7 ha = 48%, in Meereshöhe zwischen 400 und 740 m.

b) Geologische Verhältnisse. (Die griechischen Buchstaben beziehen sich auf die Schichteneinteilung nach Quenstedt.)

Die Vorberge des Filstals gehören dem unteren und mittleren braunen Jura (β, γ) an, welcher die erste Terrasse des Nordabfalls der Alb bildet und aus dunklen Tonen, eisenhaltigen Sandsteinen, feinem Sand und blauen Kalken sich aufbaut. Die Einhänge der Täler bestehen aus unterem und mittlerem weißen Jura (α—δ), dessen einzelne Schichten in regelmäßiger Abwechslung helle Tone und massige Kalk=Bänke und =Felsen, an der Geislinger Steige durch die Bahnlinie angeschnitten besonders schön, geradezu im Normal= profil, aufgeschlossen sind. Den Untergrund des Plateau und dessen Kuppen bildet der obere weiße Jura (ε, ς), zoogene Kalkfelsen (Korallenstöcke) und sedimentäre Kalk=, Ton= und Mergelbänke mit tertiären Bildungen und diluvialen Ablagerungen: Bohnerzton und Lehm. Auf einigen Höhen findet sich auch jurasische Nagelfluhe, während die im mittleren Hauptstock bis nahe an die Geislinger Alb (Randecker Maar) vorkommenden Basalte und Basalttuffe hier fehlen. Bekannt ist der außerordentliche Reichtum des Jura an versteinerten Seetieren, Schwämmen und Korallen. Die charakteristischen Formen der einzelnen Schichten werden als „Leitmuscheln" bezeichnet.

c) Der Boden ist entsprechend dem geognostischen Unter= grund sehr verschieden und rasch wechselnd, wobei, wie überall, die Himmelsrichtung, ebene, mehr oder weniger geneigte Lage von größtem Einfluß ist.

Der untere und mittlere braune Jura liefert teils kräftige, fruchtbare Tonböden, teils milde Sandböden, der untere und mittlere weiße Jura (α, γ) kalkhaltige, mehr oder weniger strenge Tonböden, oder aber (β, δ) lockere steinrauhe und flachgründige Kalkböden. Das harte Gestein des oberen weißen Jura ε leistet der Verwitterung energischen Widerstand und gibt bei geringem Tongehalt nur wenig lockeren Boden, der leicht abgewaschen und sogar durch den Wind entführt wird. Das Verwitterungsprodukt der reichlich tonhaltigen ς Plattenkalke ist ein kalkreicher Lehm. Endlich bilden die tertiären und diluvialen Ablagerungen tiefgründige, mehr oder weniger kalk= haltige Ton= und Lehmböden (Löß), die fruchtbarsten Böden der Albhochfläche. Kieselhaltig ist der Sand des braunen Jura und teil= weise der Lehmboden des oberen weißen Jura ς. Hier treten auch die charakteristischen Kieselpflanzen des Schwarzwalds auf: Heidekraut, Heidelbeere und Bärlapp.

d) Das Klima entspricht demjenigen der Alb in mittlerer Höhenlage, wie es oben geschildert ist. Die jährliche Niederschlags= menge beträgt auf dem Plateau 750 mm, am Nordrand 900 mm. Die Luftfeuchtigkeit, welche der Niederschlagsmenge annähernd parallel geht, ist dementsprechend ziemlich hoch und von großem Einfluß auf die Vegetation. Die Vegetationszeit ist in den Tälern um einige Wochen länger als auf der Hochebene; der Laubausbruch tritt in den Tälern 10—12 Tage früher ein.

e) **Standortsklassen.** Entsprechend den vorstehend beschriebenen natürlichen Verhältnissen sind erstklassige Standorte selten, jedoch herrschen Standorte II.—III. Güte für die jeweils in Betracht kommenden Laub- und Nadelhölzer vor.

5. Holzarten.

Von der ertragsfähigen Fläche mit 1309,4 ha nehmen ein:

Laubholz	1063,8 ha	= 81,2%
Nadelholz . . .	245,6 ha	= 18,6%

im einzelnen:

die Eiche . . .	74,7 ha	= 5,7%
Buche . . .	744,5 ha	= 56,9% = 70% des Laubh.
Ahorn, Eschen . .	242,0 ha	= } 18,5%
sonstige Laubhölzer	2,6 ha	= }
Tanne und Douglas	67,3 ha	= 5,2%
Fichte	162,4 ha	= 12,4%
Kiefern und Strobe	14,2 ha	= } 1,3%
Lärche	1,7 ha	= }

Die **Buche**, auf Weißjura die standortsgemäße Holzart par excellence, ist bis jetzt die herrschende Holzart im Laubwald und unter den besonderen Verhältnissen des hiesigen Bezirks wird ihr immer ein wesentlicher Flächenanteil zuzuweisen sein und verbleiben, insofern sie den Grundbestand der zu verjüngenden Laubholzbestände zu bilden hat, aus landschaftlichen Rücksichten nicht von den Steilhängen der Täler und des Nordrandes der Alb verdrängt werden darf und an den steilen Süd- und Westhängen sowie auf flachgründigen und steinrauhen Partien der Hänge die einzige standortsgemäße Holzart ist. Sie trägt zur Erhaltung der Bodenkraft, zur Vervollständigung der Bestandesreinigung, zur Ergänzung des relativ geringen Massenertrags lichtkroniger Nutzhölzer bei und ist als Ersatz vorzeitig abgängiger Oberständer im Laubnutzholz-Mischwald geeignet und deshalb sowohl in dessen Unterstand sorgfältig zu erhalten, als auch zur Sicherung der späteren Verjüngung in beschränkter Zahl planmäßig in den Oberstand einwachsen zu lassen. Ebenso soll sie in den Weißtannenbeständen in mäßiger Beimischung erhalten werden. Bucheläckerichjahre sind auf der Alb nicht selten und treten ziemlich regelmäßig alle 5 Jahre ein. Im Jahre 1888 volle, 1895 drittels,

1900 halbe, 1905 drittels und 1909 zweidrittels Mast. Die Buche verjüngt sich hier leicht, sicher und in der Regel kostenlos ohne Bodenbearbeitung.

Die Eiche ist auf unterem und mittlerem braunen Jura heimisch und z. T. bestandesbildend. An den Talhängen findet sie sich häufig in Weißjura α, tritt vereinzelt in Weißjura γ wieder auf und ihr Vorkommen markiert diese Schichten.

Auf dem Plateau ist sie auf allen besseren und mittleren Standorten wärmerer Lagen zahlreich vorhanden, zeigt im allgemeinen gutes Wachstum und die vorhandenen Alteichen waren ausschlaggebend dafür, die Eiche auch hier noch für den Laubnutzholz-Mischwald heranzuziehen und deren Anbau weiter auszudehnen durch Einpflanzung in Löcherhiebe mit Buchengrundbestand, womit vor 20 Jahren begonnen worden ist.

Bei der auf der Alb infolge regelmäßig eintretender Spätfröste äußerst seltenen Eichelmast ist an eine ergiebige natürliche Verjüngung der Eiche nicht zu denken. Letzte Eichelmast 1900.

Die älteren Eichen auf den Vorbergen und an den Steilhängen sind meist Traubeneichen, auf dem Plateau dagegen in der Mehrzahl Stieleichen. Erstere geben ein feineres, letztere ein rauheres, wegen seiner Härte geschätztes Holz.

Künftig soll aber auch auf dem Plateau der Traubeneiche der Vorzug gegeben werden.

Ahorn und Eschen sind in allen Laubholzbeständen, an den Hängen wie auf dem Plateau mehr oder weniger zahlreich vorhanden. Sie gedeihen auf der Alb besonders gut, liefern ein gesuchtes Nutzholz, tragen alle 2—3 Jahre reichlich Samen, verjüngen sich daher leicht natürlich und sind so besonders geeignet, die Nutzholztüchtigkeit der Laubholzbestände zu erhöhen. Gegenüber der Buche müssen sie von Jugend auf vorwüchsig erzogen werden, da sie im gleichalterigen Mischwald von der Buche verdrängt und leicht unterdrückt werden.

Im Unterstand unter den lichtkronigen Ahorn und Eschen ist aber die Buche unentbehrlich. Um die Mitte vorigen Jahrhunderts wurden zur Ergänzung und Verbesserung der Mittelwaldschläge behufs Überführung zum Hochwald neben Buchenwildlingen sehr große Mengen Ahorn und Eschen, verschultes Material und Wildlinge, gepflanzt. In den betreffenden Beständen sind aber jetzt vielfach nur noch Reste dieser Pflanzungen vorhanden, weil Ahorn und Eschen infolge Unterlassung oder verspäteter Ausführung der notwendigen Reinigungen und Freihiebe von der Buche bedrängt und überholt, teils dürr wurden, teils als hoffnungsloser, unhaltbarer Unterstand wieder herausgehauen worden sind.

Die Weißbuche (Hainbuche) kommt hauptsächlich auf den frischeren Böden in Mischung mit Eiche und Buche und besonders in den früheren Mittelwaldungen vor. Infolge ihrer großen Fruchtbarkeit verjüngt sie sich leicht, liefert auch ein gesuchtes Nutzholz, bleibt aber mehr im Unterstand unter den übrigen Laubhölzern und liefert geringere Massenerträge.

Untergeordnet und weniger zahlreich kommen Ulme, Linde, Elzbeer, Mehlbeer, Vogelbeer, Wildkirsche, Aspe und Sale vor, etwas häufiger die Birke, welche aber meist schon bei den Durchforstungen wieder verschwindet. Als Schutzbestand für Weißtannenpflanzungen leistet sie sehr gute Dienste und wird zu diesem Zweck bei Ausführung der Tannenpflanzungen durch platzweise Zwischensaat erzogen.

Die Erle, Rot- und Weißerle, ist nur auf braunem Jura von Natur vorhanden. Seit 10 Jahren wird sie zu Aufforstungen auf den wasserführenden strengen Tonen des Weißjura α und γ mit sichtlichem Erfolg verwendet. (Eisenbahnanschnitte unterhalb des Bahnhofs Geislingen.)

Die Fichte wurde hier erst seit dem Jahre 1863 in größerer Ausdehnung angebaut, es sind daher keine großen Flächen haubarer Fichten vorhanden. In den Mittelwaldungen wurde die Fichte früher vielfach als Notbehelf eingebracht durch Saat und Pflanzung auf Stellen, auf welchen Buchenverjüngung versagte und nur Weichhölzer, Aspe, Sale, aufkamen. So entstanden in Laubholzbeständen unregelmäßige Fichtenhorste verschiedener Größe häufig auf Standorten, welche für die Fichte nicht geeignet sind und später wieder dem Laubholz oder der Tanne zuzuweisen sein werden. Im übrigen nimmt sie die ihr zuzuweisenden Standorte in der Hauptsache schon ein: kalte, breite Einschläge und Mulden, die kalten Trockentäler und deren Einhänge. Die hohe Luftfeuchtigkeit kommt der Fichte auf der Alb sehr zu statten, so daß sie auch auf ziemlich trockenen Standorten noch gut gedeiht; auch Samenjahre sind nicht selten. Sie leidet aber mit 50—60 Jahren schon ziemlich stark unter Rotfäule, weshalb sie mit 70 bis höchstens 80 Jahren abgetrieben werden muß. Auf den genannten Standorten liefert sie aber hierorts immer noch Abtriebserträge von 380—580 fm pro ha in den gangbarsten Sortimenten. Die Verjüngung erfolgt durch schmale Absäumung von N und O mit nachfolgender Pflanzung im Verband 1,1:1,1 m = 8000 Stück pro ha. Bei der auffallenden

Windfestigkeit der Albfichte sind plenterartige Saumschläge von N in Absicht auf natürliche Verjüngung unbedenklich und es wurden auch einige diesbezügliche Versuche bis jetzt mit gutem Erfolg eingeleitet. Es ist aber noch fraglich, ob der reichlich angekommene Anflug durch den außerordentlichen starken Graswuchs und die Himbeersträucher, welche bei starken Lichtungen sich überall einstellen, nicht zu stark notleidet. Der Frost, gegen welchen die Fichte zwar nicht sehr empfindlich ist, wirkt doch sehr verlangsamend auf die Jugendentwickelung und die Astreinigung. Durch die späte Astreinigung wird aber die Fichte gegenüber der Buche besonders unverträglich, es wird daher auch hier auf eine dauernde Beimischung der Buche zumal in Frostlagen verzichtet.

Übrigens kommen ausgedehnte reine Fichtenbestände hier nicht vor, es ist deren Zusammenhang durch zwischenliegende Laubholzbestände unterbrochen, was zur Folge hat, daß in älteren Fichtenbeständen vielfach Buchen und andere Laubhölzer als erwünschtes Bodenschutzholz sich einstellen.

Zur Aufforstung der flachgründigen mageren Weiden wird hauptsächlich die Fichte verwendet und zwar auf dem Plateau wie an den Steilhängen durch Pflanzung. Sogar auf südlichen und westlichen Steilhängen ist sie trotz des für sie wenig geeigneten Standorts erfahrungsgemäß neben der Lärche diejenige Holzart, welche an den kahlen Hängen eine gewisse Garantie für einen raschen Erfolg der ersten Aufforstung bietet. Hierbei soll sie übrigens nur als Vorbau für den nachfolgenden Anbau der Buche als der standortsgemäßen Holzart dienen.

Die Weißtanne wurde erstmals in den Jahren 1875/76 im früheren Revier Stubersheim eingeführt und in verschiedenen Abteilungen horst- und streifenweise in Laubholzverjüngungen unter Schutzbestand gepflanzt. Diese Neuheit auf hiesiger Alb hat das Rehwild sofort stark angenommen und verbissen, sodann wurden die verbissenen Pflanzen von dem vorgewachsenen Laubholz bedrängt. Es konnten aber doch noch eine größere Anzahl kleinerer Horste gerettet werden, welche jetzt gutes Wachstum zeigen.

An den Vorbergen des Filstals auf den milden etwas trockenen Sandböden des Braunjura wurde die Tanne erstmals im Jahre 1880 durch Saat, in der Folge durch Pflanzung unter Schutzbestand auf größeren Flächen angezogen. Hier gedeiht sie sehr gut, leidet weniger unter Spätfrösten und zeigt ein besseres Wachstum als die Fichte. Bei ihrer geringeren Anforderung an Bodenfeuchtigkeit und ihrer

Verträglichkeit mit der Buche verdient die Tanne bei der Umwandlung reiner Buchenbestände in Nutzholzwald auf der Alb weitere Beachtung, und so werden zurzeit mehrere hiebsreife Abteilungen reiner Buchen auf etwas trockenem Lehmboden, sog. Feuersteinböden, des Weiß= jura ς unter Belassung eines lichten Buchenschutzbestandes mit Weiß= tannen unterpflanzt.

Ältere Weißtannenbestände sind hier nicht vorhanden.

Douglas. Erster Kulturversuch von 1895 mit 4 jährigen ver= schulten Pflanzen 0,8 ha auf Braunjura=Eisensand, inzwischen er= weitert auf 4 ha, auch auf dem Albplateau versuchsweise 1 ha. Auf der Fläche von 1895 sind jetzt schon eine Anzahl Stämmchen bis 10 m hoch, auch auf den übrigen Flächen zeigt sich Douglas sehr raschwüchsig. Auffallend ist der bedeutende Höhenvorsprung einzelner Exemplare. Infolge des starken Frühfrosts Mitte Oktober 1908 (bis 12° C) ist etwa $^1/_3$ der Douglas erfroren und zwar bis zur Höhe von 6 m.

Die Kiefer wurde früher vielfach in Frostlagen und an ex= ponierten Waldrändern, zur Aufforstung flachgründiger Blößen und Weiden sowie zur Ergänzung von Laubholzverjüngungen und Nadel= holzkulturen benützt, in neuerer Zeit wird sie aber wenig mehr ver= wendet. Sie leistet auf Weißjura hier überall weniger als die Fichte, gibt ein zu weiches Holz mit geringem festen Kern und ist als Nutz= holz und Brennholz wenig geschätzt. In Frostlagen leidet sie in der Jugend stark unter Schneedruck, auf trockenen Lagen wird sie noch viel früher stockfaul als die Fichte, stellt sich zu bald licht und steht oft sehr rasch ab. In reinen Beständen muß sie frühzeitig unterbaut werden mit Tanne oder Buche, in Frostlagen mit Fichte. Blasenrost trifft man hier noch selten an Kiefern.

Die Weymouthskiefer (Strobe) wird an Stelle der Kiefer zur Nachbesserung von Nadelholzkulturen benützt und wurde früher in ausgiebiger Weise auf kleineren Lücken zwischen Laubholzverjün= gungen eingepflanzt mit wenig greifbarem Resultat, weil sie vom Wild stark verbissen wird und auch entsprechend geschützt zwischen Laubholz auf Weißjura zu langsam in die Höhe kommt. Seit wenigen Jahren wird sie hier vereinzelt von Blasenrost befallen, auch scheinen Frostbeschädigungen nicht so selten, als allgemein angenommen wird. Die ältesten Weymouthskiefern hier sind etwa 35 jährig.

Schwarzkiefer wird zu Weideaufforstungen an Steilhängen verwendet, wird aber auch vom Wild verbissen und kommt langsam zur Geltung. Auf den flachgründigen Weiden ist die Ansaat der Schwarzkiefer der Pflanzung vorzuziehen.

Lärche ist häufig einzeln und in Gruppen im Laub- und Nadelholz beigemischt; die ältesten Lärchen sind etwa 70 jährig. Vorgewachsen und kronenfrei übertrifft sie in luftigen Lagen die übrigen Nadelhölzer an Länge und Stärkewachstum und wäre als Mischholz in Laubholz sehr willkommen. Leider aber sind die Lärchen im Alter von 20—40 Jahren zum großen Teil vom Krebs befallen, so daß dessen weitere Verbreitung zu befürchten ist und erscheint es fraglich, ob die seit 8 Jahren versuchsweise eingeführte j a p a n i s c h e L ä r c h e krebsfrei bleibt.

Ein Versuch mit s i b i r i s c h e r L ä r c h e hat wegen ihres langsamen Wachstums nicht befriedigt.

Endlich ist noch zu erwähnen eine zwar seltene aber hierorts heimische Holzart: Die E i b e , Taxus baccata. Man trifft sie vielfach mitten auf den Felsen (Schwammstotzen, Weißjura δ) der Talgehänge besonders im Eybtal, das wohl von ihr seinen Namen hat. An den weißen Kalkfelsen, wo sie natürlich nur kümmerlich buschförmig wächst, fällt sie durch ihre sehr dunkle Benadlung auf. Die Mergelbänke im Weißjura α und γ scheinen ihr besonders zuzusagen; hier erreicht sie Baumform, doch sind Stämme über 8 m Höhe und 20 cm Stärke selten. Die Eibe hat eine außerordentliche Reproduktionskraft, wächst sehr langsam, erreicht aber ein sehr hohes Alter und liefert ein bräunlichgelbes, feines und sehr hartes Holz — deutsches Ebenholz. Da sie diözisch, somit die Befruchtung sehr erschwert ist, vermehrt sie sich sehr sporadisch, trotzdem sie überall Schutz genießt. Künstliche Nachhilfe war bis jetzt beinahe ohne Erfolg, die Eibe scheint bezüglich des Standorts sehr wählerisch und eigensinnig zu sein.

6. Betriebsart und Umtriebszeit.

Der größte Teil der Laubholzbestände stand bis zur Mitte vorigen Jahrhunderts in Mittelwaldbetrieb mit 30—40 jährigem Umtrieb des Unterholzes. Grundsätzlich wurde zwar der Mittelwaldbetrieb schon im Jahre 1845 verlassen, die Überführung in Hochwald wurde aber erst 1853 eingeleitet und in der Folge energisch betrieben. Sämtliche jetzt haubaren und der weitaus größte Teil der angehend haubaren Laubholzbestände sind solche zu Hochwald übergeführte zusammengewachsene Mittelwaldungen, welche noch deutlich ihre Provenienz zeigen, indem die jüngeren Bestandesglieder größtenteils aus Stockausschlägen bestehen, zwischen welchen das frühere Oberholz des Mittelwaldes mehr oder weniger räumlich verteilt ist. So sind diese Bestände auch sehr ungleichalterig, 50—120 jährig, und müssen eben nach ihrem Durchschnittsalter angesprochen werden. Der Vollkommenheitsgrad derselben ist 0,6—0,8, durchschnittlich 0,75.

Sämtliche Staatswaldungen stehen jetzt in Hochwaldbetrieb mit einer normalen mittleren Umtriebszeit von 100 Jahren, wobei aber das Abtriebsalter der einzelnen Bestände unter Berücksichtigung der konkreten Verhältnisse mehr oder weniger abweichend von der mittleren Umtriebszeit angenommen und bestimmt wird.

Für die Fichte kann, wie schon oben ausgeführt wurde, nur ein Abtriebsalter von 70—80 Jahren in Betracht kommen. Gleichwohl ist von der Bildung einer besonderen Fichtenbetriebsklasse schon aus dem Grund abzusehen, weil größere Fichtenkomplexe nicht vorhanden sind.

Auch die geringer bestockten früheren Mittelwaldungen und die der Brennholzzucht zu überlassenden geringeren Standorte sind frühzeitiger zu verjüngen, sofern nicht bei letzteren wegen ungenügender Besamung ein längerer Verjüngungszeitraum nötig wird.

Für die Laubnutzholzwirtschaft wird man mit einer im Mittel 100 jährigen Umtriebszeit auskommen[1]). Wenn die Lichtungshiebe mit dem 80. Jahre einsetzen und in 2—3 Stufen fortgesetzt werden, wird bis zum schließlichen Abtrieb mit 120 Jahren genügend starkes Laubnutzholz erzielt werden können, ausgenommen bei der Eiche, für welche im Lichtwuchs- oder Überhaltbetrieb ein doppelter eventuell verkürzter Umtrieb der unterständig und zwischenständig beigemischten Buche nötig sein wird. Endlich wird für die Weißtanne, bei deren besonders langsamen Jugendentwickelung, zur Erzielung der wertvolleren Stammholzsortimente mit einer 100 jährigen Umtriebszeit zu rechnen sein.

7. Wirtschaftsgrundsätze.

Wenn seither die Nutzholzausbeute beim „übrigen Laubholz", d. h. ausschließlich der Eiche, im einzelnen Wirtschaftsjahr kaum 10% des Derbholzanfalls erreicht hat, so rührt das eben von dem Vorherrschen der im Mittelwald erwachsenen und deshalb weniger

---

[1]) Altersuntersuchungen in Altholzbeständen des Staatswaldesdistrikts Sandrain (früher Mittelwald) ergaben für Buchenstämme III.—I. Kl. 106 bis 127 Jahre, für Eichen III.—I. Kl. 120—205 Jahre, auf den Stöcken gezählt.

nutzholztüchtigen Buche her. Das Hauptaugenmerk ist daher auf die Begründung und Erziehung nutzholztüchtiger Bestände zu richten und zwar handelt es sich in der Hauptsache um Laubnutzholz, nachdem die für dasselbe weniger geeigneten Standorte in der Hauptsache schon mit Nadelholz bestockt sind. Geringe Standorte, insbesondere steile Süd= und Westhänge, verbleiben zwar der Brennholzzucht und der Buche als der standortgemäßen Holzart, die weitaus größte Fläche weist aber doch Standorte auf, welche die Anzucht der wertvolleren Laubnutzhölzer — Eiche, Ahorn, Esche — unbedingt ermöglichen.

Bei der künstlichen Begründung von Laubnutzholzbeständen steht die Eiche weitaus im Vordergrund.

Ahorn und Eschen lassen sich bei entsprechender Schlagführung leicht natürlich verjüngen, sie sind in den meisten Laubholz= beständen in einer wenigstens für die Verjüngung genügenden An= zahl vorhanden und tragen alle 2—3 Jahre ziemlich reichlich Samen.

Sobald sich in den zu verjüngenden Beständen nach voraus= gegangenen kräftigen Durchforstungen und jedenfalls nach leichtem Eingriff in den Hauptbestand Buchenaufschlag eingestellt hat, was tatsächlich in den 70—80 jährigen Beständen auf allen mittleren und besseren Standorten der Fall ist, werden die Ahorn= und Eschen= Samenbäume umlichtet und vollständig frei gehauen. Unter dem lichten Schutz der Samenbäume stellt sich auf diesen Löcherhieben alsbald Anflug ein und der meist schon vorhandene beginnt zu ziehen. Nun werden im umgebenden Bestand die stärksten bezw. am meisten beasteten und die schwächsten Buchen (und Weißbuchen) ausgezogen. Durch diese starke Lichtung wird der Buchenaufschlag zurückgehalten, der lichtbedürftige Ahorn= und Eschen=Anflug aber weiter gefördert. Nach kurzer Schlagpause werden dann die Buchen vollends nach= gehauen und endlich auch die Ahorn= und Eschen=Samenbäume, so= weit sie nicht zu weiterem Überhalt geeignet erscheinen. Auf diese Weise vollzieht sich die Verjüngung in etwa 10 Jahren. Um mit den Nachhieben nicht ins Gedränge zu kommen, dürfen nicht zu große Flächen auf einmal in Angriff genommen werden.

In derartigen Laubholzverjüngungen sind die Buchen bei den nach Bedarf zu wiederholenden Reinigungshieben je durch Entfernung der stärkeren vorgewachsenen Exemplare scharf in den Unterstand zu= rückzudrängen; dieselben sollen aber nicht ausgerottet, vielmehr nur soweit zurückgedrängt werden, daß die lichtbedürftigen Nutzhölzer dauernd nicht mehr durch Seitendruck zu leiden haben. Durch den Höhenvorsprung, der denselben gegenüber der Buche künstlich ver=

schafft werden muß, sollen die Nachteile, welche die Buche im gleich=
alterigen Mischbestand hervorbringt, beseitigt, dagegen ihre großen
Vorzüge in Absicht auf die Erhaltung und Wahrung der Bodenkraft,
auf die Steigerung des Massenertrags und auf die Astreinheit der
Nutzholzbestände bestmöglich ausgenutzt werden.

Kleinere Lücken in den Verjüngungen können noch durch Pflanzung
kräftiger verschulter Ahorn und Eschen ergänzt oder auch mit licht=
kronigen Nadelhölzern, Lärche, Weymouthkiefer durchstellt werden, da
sich diese der unterständigen Buche gegenüber geradeso verhalten wie
die Laubnutzhölzer. Leider ist eine ausgiebige und erfolgreiche Bei=
mischung der wertvollen Lärche und der Weymouthkiefer durch den
weitverbreiteten Lärchenkrebs und den neuerdings auftretenden Blasen=
rost sehr in Frage gestellt, zumal sich die für Verbreitung des Blasen=
rostes gefährlichen Ribesarten und die gemeine Schwalbenwurz (Vince-
toxicum off.) auf der Alb überall vorfinden.

Die Anzucht der Eiche soll in allen denjenigen Beständen
die Regel bilden, die zur Verjüngung mittelst Löcherhieben geeignet
bezw. bestimmt sind, oder in denen hiermit schon begonnen ist.

Die zur Verjüngung auf Eichen bestimmten Bestände sind in
ihrer Gesamtausdehnung möglichst geschlossen zu erhalten, um dem
Aufkommen von Buchenvorwuchshorsten, die den Erfolg des Eichen=
baus gefährden, möglichst vorzubeugen. In diese geschlossenen Be=
stände werden nun 40 : 25 oder 50 : 30 m 10 bis 15 a große Löcher
eingelegt, am zweckmäßigsten so, daß sie ihre größte Längenausdehnung
gegen Süden erhalten. Dabei ist es der ungleichen Beschattung wegen
tunlichst zu vermeiden, daß die Ränder aus älteren besonders starken
Stämmen bestehen. Diese Löcher werden nun sofort im Frühjahr
nach dem Hieb mit 5—6 jährigen verschulten starken Eichen aus=
gepflanzt. Die Anlage der Löcher soll in der Weise erfolgen, daß
die zwischen ihnen befindlichen Altholzstreifen die gleiche Breite wie
die Löcher selbst haben.

Wenn die gepflanzten Eichen anfangen zu ziehen, so werden
die Löcher nach und nach erweitert in einem etwa 5 jährigen Turnus,
so daß sie zuletzt ineinander übergehen, wobei der 6—8 m breite
Anschlußstreifen füglich der Buche überlassen werden kann.

Ein Hauptaugenmerk ist auch hier, wie bei der natürlichen Ver=
jüngung auf Ahorn und Eschen, darauf zu richten, daß der Buchen=
aufschlag in den Unterstand zurückgedrängt bleibt, während natürlich
angekommene Laubnutzhölzer als Füllholz mit der Eiche vorwachsen
können, so daß die Laubnutzhölzer zusammen einen lichtkronigen in

sich geschlossenen Bestand über dem Buchengrundbestand bilden. Bei der anderweitigen Verbreitung von Ahorn und Eschen versteht es sich von selbst, daß die Eiche vor diesen begünstigt werden soll.

Sollte der Buchenunterstand einmal ganz oder teilweise fehlen, so ist er, sobald das Nutzholz einen genügenden Höhenvorsprung hat, künstlich einzubringen. Es muß deshalb auch die Erhaltung der Buche in diesem Unterstand, insoweit dieselbe etwa durch allzu dichten Stand der darüber befindlichen Nutzhölzer überhaupt oder wenigstens in einem stufigen Wachstum gefährdet wäre, durch Lichtung der Nutz= hölzer, hauptsächlich durch Auszug von krummen und nicht schaft= reinen Stämmchen, stets im Auge behalten werden. Aus diesem Grund wurde auch der Pflanzverband der Eichen, welcher früher nur 1,1 : 1,2 m betragen hat, auf 1,5—2 m erweitert.

Wegen des sehr starken Graswuchses auf dem kräftigen Lehm= boden ist es nicht zweckmäßig, bei Anlage und Erweiterung der Löcher den vorhandenen Buchenaufschlag radikal zugunsten der Eichen zurückzusetzen, es hat dies vielmehr immer nur soweit zu geschehen, daß die Gipfeltriebe der Eichen frei bleiben und auch nicht seitlich bedrängt werden.

Ein lockerer, den Hauptbestand nicht beeinträchtigender Unter= stand von Buchen muß daher auch bei den Reinigungen und Durch= forstungen sorgfältig erhalten werden.

Die Laubnutzhölzer sind, insoweit als sie den künftigen Haupt= bestand zu bilden haben, durch Beseitigung von Doppelgipfeln und entstandenen Ästen im einzelnen zu pflegen, auch ist insbesondere die Eiche, soweit erforderlich, gegen Wildverbiß zu schützen, wogegen die Pflege des Füllbestands, also derjenigen Individuen, welche den Reinigungen und Durchforstungen zum Opfer fallen oder kein Nutz= holz liefern, schon aus finanziellen Gründen zu unterbleiben hat.

Endlich ist aber auch in den mittleren und älteren Beständen auf eine sorgfältige Pflege und Erhaltung der vorhandenen Nutzhölzer durch Freihiebe abzusehen, während das Entgipfeln der bedrängenden Schatthölzer meist nicht den gewünschten Erfolg hatte und als zweck= los schon seit längerer Zeit aufgegeben und auch künftig zu unter= lassen ist.

Im übrigen darf durch die Freihiebe, welche in erster Linie die Erhaltung der Laubnutzhölzer für die Verjüngung, also für eine natürliche Begründung nutzholzreicher Jungbestände, bezwecken, der Schluß der nutzholzarmen vorhandenen Bestände nicht gefährdet werden. In den an der Verjüngung stehenden, vorherrschend mit Buchen bestockten Beständen sollen zunächst alle Nutzhölzer, soweit sie nicht völlig hiebsreif, dagegen zum Einwachsen geeignet sind, zur Vorbereitung auf den Lichtstand, um der Bildung von Wasserreisern vorzubeugen und die Entwickelung der Kronen und damit auch der Samenproduktionsfähigkeit zu fördern, schon vor Beginn der Verjüngung nach und nach freigestellt werden. Hierdurch wird vielfach auch schon eine leichte Vorverjüngung auf Eschen und Ahorn, welche sich unter dem lichten Schatten der Mutterbäume ziemlich lange halten, erzielt werden können.

Aus diesen Ausführungen dürfte zur Evidenz hervorgehen, daß die Parole der Wirtschaft im Laubwald ist: Mischwald mit Nutzholzzucht in Lichtungsbetrieb unter Erhaltung der Buche mit weitgehender Ausnutzung ihrer Vorteile und Milderung ihrer Nachteile.

Neben der Pflege der wertvolleren Laubnutzhölzer — Eiche, Ahorn, Esche — soll in den vorwiegend mit Buchen bestockten jüngeren und älteren Stangenhölzern besserer und mittlerer Standorte ein Hauptaugenmerk auf die Erziehung von Buchennutzholz, insbesondere Starkholz gerichtet werden unter Beachtung und Verwertung der von der forstlichen Versuchsanstalt in 32 jähriger Tätigkeit in den Buchenversuchsflächen gesammelten Erfahrungen.

In Anbetracht, daß in den letzten 10 Jahren die technische Verwendung und Verwertung des Buchenholzes zweifellos eine bedeutende Erweiterung erfahren hat, wird auch künftig mit einer wesentlichen Steigerung der Buchennutzholzausbeute gerechnet werden können. Dabei verdient es alle Beachtung, daß im letzten Jahre auf der Alb bei einzelnen Verkäufen erlöst wurden für Buchenstammholz I a Kl. 44 Mk., II a Kl. 38 Mk., III a Kl. 35 Mk., IV. Kl. 30 Mk., V. Kl. 24 Mk. pro fm.

Wenn nach den örtlichen Verhältnissen auf eine dauernde Beimischung der Buche in Fichtenbeständen verzichtet wird (s. oben Ziff. 5 Fichte), so soll um so mehr bei der Tanne eine mäßige Beimischung der Buche erhalten werden, wo dies durch die Verhältnisse gegeben und möglich ist, insbesondere da, wo in seitherigen Buchenbeständen auf trockenen ebenen Lagen die Tanne durch Unterpflanzung eingebracht wurde und durch den Buchenschutzbestand nachträglich ein reichlicher Buchenaufschlag angekommen ist.

Wegen ihres langsamen Jugendwachstums ist hier die Tanne zur Sicherung des Erfolgs und zur Vermeidung von Nachbesserungen in einem Pflanzenverband von 1,2 m = 7000 Stück pro ha eingebracht und anfangs gegen die Buche, welche unter dem lichten

Schuhbestand rascher voranwächst, durch Freihiebe zu schützen. Sobald aber nach Abräumung des Schutzbestands die Tannen ziehen und sich zu schließen beginnen, werden schon Eingriffe in die jungen Tannen zugunsten der Buche nötig und bei späteren Reinigungen und Durchforstungen fortzusetzen sein, um die Buche dauernd unter- und zwischenständig zu erhalten.

8. Kulturbetrieb.

Der Anbau sämtlicher Holzarten erfolgt durch Pflanzung. Nur Birke wird gesät zur Erzielung eines Schutzbestands zwischen Tannenpflanzungen. Versuchsweise wurden an einigen Orten Eichelsaaten ausgeführt. Buchen werden aus Schlägen mit Ballen ausgehoben, alle übrigen Holzarten werden verschult verwendet und in der Hauptsache in den vorhandenen 8 Pflanzschulen (Sa. 1,4 ha) erzogen. Nadelhölzer werden 2jährig verschult und bleiben 2—3 Jahre im Verschulbeet, Laubhölzer 1jährig verschult bleiben 3—4 Jahre, Eiche 4—5 Jahre im Verschulbeet. Zur Pflanzung im Buchengrundbestand und zur Ergänzung von Verjüngungen kommen nur kräftige über 1,2 m hohe verschulte Laubholzpflanzungen zur Verwendung, solche entwachsen auch früher dem Wildverbiß. Ebenso können zur Durchstellung des Laubholzes und zur Pflanzung auf freien Flächen wegen des starken Graswuchses nur kräftige verschulte Nadelholzpflanzen verwendet werden.

Um nicht zu viele schwache Pflanzen (Ausschuß) zu bekommen, werden die Laubholzpflanzen 20:14 cm weit (= 3500 Stück pro a), die Nadelholzpflanzen 15:11 cm weit (= 5500 Stück pro a) verschult.

Bei einem Taglohn von 1 Mk. 70 Pf. für Kulturarbeiterinnen und 2 Mk. 80 Pf. für Männer kostet das Verschulen von Nadelholzpflanzen 1 Mk. 70 Pf. pro Tausend, Laubholzpflanzen 2 Mk. 30 Pf. pro Tausend. Umschoren und Herrichten der Beete 2 Mk. pro a. Pflanzverband bei Tannen, Douglas, Kiefern, Weymouthkiefer 1,2 m² = 7000 pro ha; Fichten 1,1 m² = 8000 pro ha; Lärchen 2 m² und 3 m² = 2500 und 1110 pro ha; Eichen, Ahorn, Eschen je nach Größe 1,5 m² und 2 m² = 4500 und 2500 pro ha.

Pflanzkosten beim Nadelholz 8 Mk., beim Laubholz 14 Mk., bei sehr starken Eichen 25—30 Mk. pro Tausend.

Zur Düngung der Pflanzschulen werden in einem bestimmten Turnus verwendet:

Kompost aus Walderde, Grabenausschlag usw. mit
    50 kg Kalkmehl (ungebrannter, gemahlener

Kalkstein), pro cbm vermischt und 2—3 mal

umgeschlagen . . . . pro a 2 cbm

Thomasmehl . . . . „ 15 kg

40 %iger Kalidünger . . . . . . „ 7,5 kg

schwefelsaures Ammoniak . . . . „ 3 kg

zur Gründüngung gelbe Lupinen . „ 3 kg Samen

Zur Umzäunung der Pflanzschulen wird verzinktes Maschendrahtgeflecht verwendet. Der Zaun bei Punkt 16 des Führers kostete samt Türchen im Jahre 1903 60 Pf. pro lfd. Meter, einschließlich des Holzwerts für Rahmen und Pfosten 68 Pf. Bei erhöhten Taglöhnen kostet heute derselbe Zaun 75 Pf. pro lfd. Meter.

9. Nutzung, Holzerlöse und Hauerlöhne.

a) Die jährliche Hauptnutzung beträgt z. Zt.:

$$3300 \text{ fm Derbholz} = 2,5 \text{ fm pro ha}$$

Durchforstungen 68,0 ha : 900 fm „

Sa. 4200 fm = 3,2 fm pro ha

Bruttoeinnahme = 65 000 Mk.

Die verhältnismäßig niedere Hauptnutzung, welche übrigens demnächst erhöht werden kann, rührt davon her, daß die haubaren und angehend haubaren Laubholzbestände meist aus zusammengewachsenen unvollkommen bestockten Mittelwaldungen bestehen, die in ihrem Gesamtbestand noch nicht hiebsreif waren; auch sind nur wenige haubare Fichtenbestände vorhanden.

(Vergl. S. 13, Fichte.)

b) Durchschnittserlöse vom Jahr 1910:

Eichen	Ia.	Ib.	IIa.	IIb.	IIIa.	IIIb.	IV.	V.	Klasse
	80	66	61	44	53	37	32	22	Mk. pro fm
Buchen	30,50		28		25		20		
Ahorn					50		39	25	
Eschen					60		39	25	
Weißbuchen							37	27	

Für Fichtenlangholz wurden bei reger lokaler Bautätigkeit durchschnittlich 122% der Taxpreise erlöst.

Buchenbrennholz Scheiter 10 Mk. 50 Pf., Prügel 7 Mk. 60 Pf. pro rm, Wellen pro 100 St. 21 Mk.

An Fichtenstangen wurden nur kleine Quantitäten verkauft.

Der Hauptabsatz geht nach dem industriereichen Filstal, weniger nach Ulm.

c) Hauerlöhne:

Taglohn bei 8 stündiger Arbeitszeit, Wintertaglohn 2 Mk. 50 Pf.
„ 10 „ „ Sommertaglohn 2 Mk. 80 Pf.
Zulage für Vorarbeiter 20 Pf. pro Tag.

Akkordverdienst im ganzen Forstbezirk in der Zeit vom 1. Oktober 1909 bis 1. März 1910 durchschnittlich 2 Mk. 87 Pf. bei folgenden Stücklöhnen: Stammholz pro fm Eichen 1 Mk. 45 Pf., übriges Laubholz 1 Mk. 30 Pf., Nadelholz gereppelt I. und II. Kl. 1 Mk. 10 Pf., III. und IV. Kl. 1 Mk. 25 Pf., V. und VI. Kl. 1 Mk. 50 Pf.

Beigholz an Schlagwege gesetzt pro rm	in Durch-forstungen	Wellen pro 100 St. ungebunden	auf Haufen gebunden
auf dem Albplateau in Schläg.	1,70 Mk.	1,80 Mk.	5,50 Mk. 2,50 Mk.
an Vorbergen „ „	1,90 Mk.	2,— Mk.	6,— Mk. 2,60 Mk.
an lang., gefährlich. Steilhäng.	2,70 Mk.	2,80 Mk.	7,— Mk. 2,80 Mk.
an kürzeren „	2,50 Mk.	2,50 Mk.	7,— Mk. 2,70 Mk.

Die 70—80 Holzhauer sind zu $^2/_3$ Bauhandwerker, zu $^1/_3$ Kleinbauern.

10. Nebennutzungen.

Zur Unterstützung der kleineren landwirtschaftlichen Betriebe wird das Laub und Gras auf den Wegen alljährlich im Aufstreich verkauft, wobei in der Regel sehr bescheidene Erlöse erzielt werden. Laubstreuabgaben aus Beständen haben seit dem Jahre 1900 nicht mehr stattgefunden.

Von der Vergünstigung unentgeltlicher Leseholznutzung wird seitens der ärmeren Klassen, insbesondere von Fabrikarbeitern, ausgiebig Gebrauch gemacht. Es sind zurzeit über 400 Erlaubnisscheine zum Leseholzsammeln ausgegeben, mit Rücksicht auf die große Zahl der Leseholzsammler findet aber monatlich nur 1 Leseholztag statt. Die Steinbrüche in den Staatswaldungen werden zurzeit nur für eigene Zwecke, zur Gewinnung von Chaussierungs- und Schottermaterial für Waldwege ausgebeutet.

11. Jagd.

Die Staatsjagd ist verpachtet, davon etwa 40% an den Oberförster, der Rest an 5 verschiedene Pächter. Jagdliebhaber gibt es hier genug, auch stille Teilhaber. Der häufige Wechsel zwischen Laub- und Nadelwald wie zwischen Wald und Feld und die vorzüglichen Futterkräuter auf den Kalkböden sind für das Wild günstig. Nutzwild: Rehe, Hasen, Feldhühner; Raubzeug: Fuchs, Dachs, Edel- und Steinmarder, selten Iltis. Das Rehwild ist kräftig, Böcke und Geißen mit 20—25 kg (aufgebrochen) sind nicht selten.

Leider verträgt sich ein mäßiger, ja sogar ein relativ geringer Rehstand nur schwer mit einer ausgedehnten Laubnutzholzwirtschaft und künstlicher Begründung von Tannenbeständen. Gegen Wildverbiß bei Tannen, Douglas, Weymouthskiefer wird Pflanzenfett (von Böhm) verwendet und am besten und billigsten mit der Büttnerschen Doppelbürste aufgetragen. Außer dem Gipfeltrieb müssen unbedingt auch einige Seitentriebe bestrichen werden. Auch Wildleim wirkt gut, zu dick aufgetragen aber unbedingt schädlich. Bei glattrindigen Laubhölzern — Eiche, Ahorn, Esche — wirkt jede Art von Fett und Leim schädlich auf Rinde und Knospen. Diese werden daher angekalkt. Die Gipfeltriebe werden in eine breiartige Mischung von gelöschtem Kalk, etwas Silbersand, Leinöl und Steinöl eingetaucht.

Das Ankalken einschließlich Material kostet bei den weitständig gepflanzten Ahorn, Eschen und Eichen pro Tausend 1 Mk. 80 Pf. = 7 Mk. pro ha, das Anstreichen genannter Nadelhölzer auf größeren Flächen ebenfalls 7 Mk. pro ha.

Die dichten natürlichen Ahorn- und Eschen-Verjüngungen werden nicht geschützt, es bleibt immer eine genügende Anzahl unverbissen, welche dann rasch in die Höhe kommen. Dichter Buchenaufschlag bietet vielfach schon genügenden Schutz.

12. Wege.

Außer den die Staatswaldungen durchziehenden
Vizinalstraßen mit . . . . ca. 6 km
sind **vorhanden:**
Chaussierte Waldsträßchen (Fahrbahn 2,5 m breit)   ca. 16,2 km
Sonst befestigte Fahrwege . . . .   „   2,4 km
Nicht befestigte Fahrwege . . . .   „   54,4 km
Unständige Schlagwege . . . .   „   6 km
Hutswege, Fußwege in den Steilhängen . .   „   20 km
Gesamtunterhaltungsaufwand jährlich 1400 Mk. = 1 Mk. 07 Pf.
pro ha ertragsfähiger Waldfläche.

13. Forstschutz.

Bei der Wohlhabenheit der ländlichen Bevölkerung — die Armenhäuser der Albgemeinden des Forstbezirks stehen ausnahmslos leer,

oder sie sind zu anderen Zwecken vermietet —, bei der reichen Arbeits-
gelegenheit und dem guten Arbeitsverdienst der im allgemeinen geordneten und ruhigen meist ansässigen Fabrikbevölkerung und einer
straffen Handhabung des Forstschutzes in den Staatswaldungen, aber
auch in den meisten Körperschaftswaldungen kommen nur verhältnismäßig wenige Forstexzesse vor.

Im letzten Jahre sind im Amtsgerichtsbezirk Geislingen mit
37 Gemeinden und 37 800 Einwohnern im ganzen 49 Forststraffälle
angefallen, davon in Staatswaldungen der Forstbezirke Geislingen,
Göppingen und Wiesensteig 11, in Körperschaftswaldungen 17, in
Gutsherrlichen 11, in Privatwaldungen 10, und zwar Diebstähle
an Holz 20, an anderen Walderzeugnissen (Gras, Streu) 3, Weide-
übertretungen 4 und forstpolizeiliche Übertretungen 22. Die erkannten
Geldstrafen betrugen dabei im ganzen 385 Mk."

In dem Forstbezirk Geislingen sind in den Abteilungen „Fleins-
hald" und „Fleinsebene" Versuchsflächen für Durchforstungen verschiedenen Grades und für Seebach schen Lichtungshieb angelegt,
worüber der Führer einen von der K. Versuchsanstalt Tübingen
bearbeiteten besonderen Abschnitt enthält, aus welchem folgende Angaben hier mitgeteilt werden sollen:

Beschreibung und Ergebnisse der Versuchsflächen.

„Im Jahre 1877 wurden von der Versuchsanstalt in der damaligen Abteilung Fleins 5 Versuchsflächen angelegt. Der Bestand
war bei der Anlage der Versuchsflächen 53 Jahre alt und ziemlich
gleichmäßig bestockt. Eine absolute Gleichheit der Bestockung ist für
größere Flächen fast nie zu erwarten. Dieser Umstand muß für alle
Versuche als ein unvermeidlicher Fehler bezeichnet werden. In ganz
Württemberg fanden sich nur 4 Forstbezirke, in welchen die A-, B-,
C-Grade der Durchforstung nebeneinander angelegt werden konnten.
Der Bestand war bis zur Anlage der Versuchsflächen teilweise nur
schwach durchforstet worden. Es waren nämlich pro 1 ha noch rund
16 000 Stämme bei der Anlage der Flächen vorhanden.

Die Fragestellung lautete: Wie wirken die verschiedenen Durchforstungsgrade auf die Entwickelung der Bestände ein?

Nach dem 1877 gültigen Arbeitsplan der Versuchsanstalten
wurden 3 Durchforstungsgrade, der A-, B-, C-Grad unterschieden.

Es wurden herausgehauen:

beim A-Grad die dürren und absterbenden;

beim B-Grad die dürren, absterbenden und die unterdrückten;

beim C=Grad die dürren, absterbenden, unterdrückten **und die beherrschten Stämme.**

In der Abteilung Fleins wurden unmittelbar nebeneinander auf der Ebene angelegt die Flächen:

Nr. 106, 0,25 ha 53 jährig A=Grad,
Nr. 107, 0,25 ha 53 jährig B=Grad,
Nr. 108, 0,25 ha 53 jährig C=Grad.

Als Kontrollfläche für den B=Grad wurde Nr. 104, 0,25 ha 53 jährig ebenfalls auf der Ebene, jedoch in den bereits stärker durchforsteten Teil des Bestandes angelegt. Zur Vergleichung sollte endlich die Fläche Nr. 105, 0,25 ha 59 jährig, ursprünglich ebenfalls B=Grad, dienen, welche nicht auf der Ebene, sondern am Osthange liegt. Die Unterschiede im Alter und in der Lage bezw. der Bon. müssen im Auge behalten werden, wenn unten die einzelnen Grade einander gegenüber gestellt werden.

Der ursprüngliche Durchforstungsgrad wurde beibehalten nur für die Flächen Nr. 107 B=Grad und Nr. 108 C=Grad. Dagegen wurde Nr. 106, ursprünglich A=Grad, in einen E=Grad verwandelt im Jahre 1899. Die B=Fläche Nr. 104 wurde im Jahre 1899 in einen so= genannten Seebach schen Lichtungshieb übergeführt; endlich wurde der B=Grad von Nr. 105 im Jahre 1892 in einen D=Grad verwandelt.

Im D=Grad werden außer den dürren, unterdrückten, beherrschten, **die meisten mitherrschenden und ein Teil der herr- schenden** Stämme entfernt, um den Kronen mehr Wuchsraum zu gewähren und eine gleichmäßigere Stammverteilung zu erreichen. Weil hierbei die Erhaltung des Schlusses nicht unbedingt angestrebt wird, ist es leichter als bei den schwächeren Graden, die ungünstigen Stamm= formen, selbst wenn sie herrschenden Stämmen angehören, zu ent= fernen.

Bei Anlage des Seebach schen Lichtungshiebes Nr. 104 wurden außer den unterdrückten und beherrschten, mitherrschende und mehrere herrschende Stämme entfernt. Der Bestandesschluß war an mehreren Stellen noch im Jahre 1906 durchbrochen, so daß Gras usw. auf dem Boden sich einstellte. Jetzt ist der Bestand wieder vollständig in Schluß getreten und der Graswuchs fast vollständig verschwunden.

Um in der Fläche Nr. 106 den E=Grad herzustellen, wurde ein Teil der herrschenden und der mitherrschenden Stämme entfernt, dagegen der größte Teil der beherrschten und unterdrückten belassen. Bei der Umwandlung im Jahre 1899 war der Bestand bereits 75 Jahre alt. Ein großer Teil der unterdrückten ist dürr oder gipfeldürr ge=

worden; es mußten 1906 herausgehauen werden 132 Stämme; auch jetzt sind wieder gipfeldürre vorhanden.

Die nächste im regelmäßigen Umlauf einzulegende Durchforstung ist 1911 fällig. Im Mai 1910 wurde nur der Holzvorrat aufgenommen. Die Probestämme wurden stehend vermessen.

Die Fläche Nr. 199, 1,5 ha 89 jährig L=Grad, ist erst 1907 als Lichtungsfläche angelegt worden.

Es handelt sich um die praktisch wichtige Frage, ob in den auf dem Jura ziemlich ausgedehnten, etwa 80 jährigen Buchenbeständen durch Lichtungshiebe Buchenstarkholz erzogen werden kann?

In den vollständig geschlossenen, etwa im C=Grad durchforsteten Buchenbestand wurde 1907 eine Lichtungsfläche eingelegt. Dabei wurde eine möglichst gleichmäßige Verteilung der Stämme angestrebt; sie konnte aber beim ersten Hiebe nicht durchweg erreicht werden. Fast jeder Stamm war ringsum frei gehauen; jetzt nach 2 Jahren ist der Schluß an manchen Stellen wieder eingetreten und in etwa 2—3 Jahren wird wohl der ganze Bestand wieder licht geschlossen sein.

Die Verjüngung stammt nach vorgenommener Untersuchung haupt= sächlich von den Samenjahren 1895 und 1900, teilweise auch von 1905 und 1909. Vom Samenjahr 1888 wurde keine Verjüngung gefunden; immerhin können einzelne Stämmchen des Jungwuchses von ihm herrühren.

Da der Bestand jedenfalls 30—40 Jahre noch stehen bleibt, so wird der vorhandene junge Bestand wieder entfernt und eine abermalige Verjüngung erzielt werden müssen.

Was die Verjüngung überhaupt betrifft, so ist eine solche von Buchen, Eschen und Ahorn in sämtlichen Flächen vorhanden. Ins= besondere mag auf die Fläche Nr. 107 B=Grad hingewiesen werden. In diesem Schlußgrad finden sich aus den Samenjahren 1888—1909 1—22 jährige Buchen, auch Eschen und Ahorn vor. Je lichter der Bestand, um so besser entwickelt ist die Verjüngung.

Seit der Anlage der Versuchsflächen im Jahre 1877 fanden 6 Aufnahmen und 5 Durchforstungen statt. (Bei der 6. Aufnahme auf Ende des Vegetationsjahrs 1909 wurde nicht durchforstet.) In die Tabellen konnten nicht alle Einzelzahlen aufgenommen werden; es sind daher nur diejenigen der ersten und letzten Aufnahme aus= führlich mitgeteilt.

Die Bestände auf der Ebene gehören der II. Bon., die beiden am Osthange der II. bis I. Bon. an, wenn die Bestandhöhe der

Bonitierung zugrunde gelegt wird. Wird nach der Masse bonitiert, so fallen sämtliche Flächen in die II. Bon."

Der Führer enthält weiter sehr eingehende Tabellen über die Ergebnisse der Durchforstungen für die Aufnahmen 1 (1877) und 6 (1909), bezüglich welcher auf den Führer selbst bezw. auf die amtlichen Veröffentlichungen verwiesen wird.

Es sei hier lediglich ein Überblick über die Gesamtleistung der einzelnen Flächen in den 32 Jahren 1877—1909 eingefügt:

Haupt= — — Nebenbestand. fm.

	Derbholz	Reisig	Zusammen	durchschnitt-lich pro Jahr	Verhält-nis-zahlen
B=Grad	400	26	426	13.3	98
C=Grad	390	45	435	13.6	100
D=Grad	363	47	410	12.8	94 95
Seebach'scher Lichtungshieb	351	62	413	12.9	77
E=Grad	364	27	337	10.5	77

Der Versuch ist noch nicht abgeschlossen; dies wird erst in zirka 20 Jahren der Fall sein. Bis dahin soll aber der bisherige Plan festgehalten werden, insbesondere soll auch der B=Grad bis zu den Verjüngungshieben fortgeführt werden.

Der Zweck der vergleichenden Versuche ist eben der Nachweis, wie bei verschiedener Durchforstung die Bestände sich entwickeln. Die Beschaffenheit der einzelnen Bestände, also auch die Qualität des erzogenen Holzes, wird bei der endgültigen Beurteilung wesentlich ins Gewicht fallen.

Der durch seine „Freie Durchforstung" bekannte Oberförster Dr. Heck=Möckmühle hat ebenfalls eine Durchforstungsfläche angelegt, worüber er im Führer die nachfolgende Erklärung veröffentlicht hat:

„Wer Näheres über die F=Fläche zu wissen wünscht, findet dies auf Seite 283—285, 436—444 der Zeitschrift für Forst= und Jagdwesen von 1909 in meiner Abhandlung „Ein Jahrzehnt Durchforstungsversuch und 14 Jahre Freie Durchforstung". Nachstehend folgt wenigstens das Wesentlichste:

Anlage der Versuchsfläche auf Anregung von Herrn Oberförster Schultz in Geislingen im Sommer 1905 mit 0,2535 ha; zugleich erſte Auszeichnung der „Lichtwuchs-Durchforſtung" daſelbſt. Fällung dieſes Holzes im November 1906, Nachzeichnung und Hieb im März 1908. Geſamtanfall vom ha: 375 Stück (= 32%) mit 11,5 = 33% von 39,4 qm Grundfläche und 131,3 fm Derbholz = 28,5% der berechneten Geſamtderbholzmaſſe von damals 461,3 fm. Holzvorrat nach dem Hieb an der Hand der Grundner-Schwappachſchen Maſſetafeln 330,0 fm. Derbholz bei einer mittleren Stärke von 21,0 cm und Höhe von 25,0 m. Derbformzahl des ausgeſchiedenen Beſtandes 0,454; Schaftformzahl 0,464; Baumformzahl 0,517; Formhöhe 12,9 m. Alter (im Herbſt 1909) 86 Jahre.

Die Holzauszeichnung erfolgte ſelbſtredend im Hinblick auf die benachbarten Vergleichsflächen der Verſuchsanſtalt mit beſonderer Sorgfalt nach den Grundſätzen der Freien Durchforſtung, alſo folgenden: Tunlich weitgehende Wahrung des Beſtandesſchluſſes durch den Kraftſchen Haupt- und, ſoweit dieſer notwendig durchbrochen werden muß, den (Kraftſchen) Nebenbeſtand; völlige Außerachtlaſſung eines Durchforſtungsgrads; dafür Freihieb der beſtgeformten Stämme nach dem Maß ihrer Schönheit des Schafts, daneben auch der Krone, alſo in der Hauptſache der vereinigten Klaſſen I/III α nach Kraft und Heck; keinesfalls gleichzeitige Umlichtung dieſer Wahlſtämme ringsum; Aushieb zunächſt nur des ſchädlichſten, womöglich ſtärkſten Nachbarſtamms; keine Durchlichtung des Beſtands; etwa vom 40.—50. Jahre an keine Jagd mehr „vor allem nach den Peitſchern und ſchlechtgeformten Stämmen"; dafür ſternförmiges Ausgehen ſtets von den wertvollſten Bäumen jeder Holzart; maßvolle Freiſtellung derſelben, womöglich nur auf einer Seite, mit guter Verteilung dieſer Günſtlinge; Aushieb kranker Bäume nach Tunlichkeit unter Belaſſung geſunder Erſatzſtämme; Entfernung noch vorhandener ſchlecht oder mittelmäßig geformter Schäfte erſt in 2. Linie, nach dem die ſchöngeſtalteten (I/III α) bevorzugt wurden und mehr als Nebenwirkung dieſes Vorgehens, nur noch ganz gelegentlich und ausnahmsweiſe als Selbſtzweck, unter Umſtänden Entgipfelung einzelner ſchädlicher Nachbarſtämme, wo deren Aushieb ein Loch im Beſtand verurſachen würde und Aufaſtung nicht genügt; Fällung zuerſt der ſtärkeren angeplatteten Bäume, dann erſt des ſchwächeren Holzes. Belaſſung nicht des ganzen unterdrückten (Kraftſchen) Nebenbeſtands (V a), ſondern nur ſeines waldbaulich unmittelbar nützlichen Teils, unter Verwertung der abkömmlichen Bäume. Beim Nadelholz Aufaſtung von Hauptſtämmen in guter Verteilung, worunter auch der künftigen Haubarkeitsſtämme, aber ohne

Bezeichnung derselben als solche; keine zu große Begünstigung des Stärkezuwachses auf Kosten von Stammzahl und Bestandesmasse; beim Laubholz Erziehung gut verteilter zahlreicher, bestgeformter α-Schäfte mit guten Kronen, unter etwaiger Nachhilfe durch Aufastung; Beschleunigung, aber nicht überstürzung des Stärke- und damit fortschreitend Wertzuwachses der I/III α-Stämme vom 40.—50. Jahre an, nachdem bis dahin die schlechtgeformten Schäfte möglichst beseitigt sind.

Alles in allem: unbefangene freie Würdigung der allgemeinen und besonderen Verfassung und Ziele jedes Bestandes; Vermeidung halber, kraftvolle Durchführung waldbaulich gesunder, bewährter Maßregeln zur baldigen Gewinnung versuchs- und erfahrungsgemäß erreichbarer erstrebenswertester Ziele.

Es ist schade, daß nicht die 4 Adelberger, seit 1897 dreimal durchforsteten Versuchsflächen (3 Buchen, 1 Esche) zum örtlichen Vergleich stehen, sondern nur der einzige, erst einmal und dazu sehr spät frei durchforstete Versuchsbestand F. Trotz seiner schwierigen Stellung gegenüber den anderen Versuchsflächen im Staatswald Fleins, die als solche fast durchweg schon über ein Menschenalter bestehen, soll der F-Bestand nun eben zeigen, was schließlich mit einer einzigen Freien Durchforstung sich, wenigstens zunächst, hier also bei spätem Lichtwuchshieb, erreichen läßt.

Außer dem Gesamtzuwachs muß, ganz abgesehen von dem waldbaulichen Bild des Bestands, auch die Verteilung dieses Zuwachses auf die verschiedenen Stammklassen einen deutlichen Aufschluß darüber geben, ob die Freie Durchforstung auf dem von ihr behaupteten richtigen Weg ist."

Von einer Wiedergabe der auf einen verhältnismäßig kurzen Zeitraum sich beziehenden Ertragszahlen für die Heckschen Flächen soll hier abgesehen werden, da die Ergebnisse anderwärts nachzusehen sind.

Der Führer bringt dann noch eine Beschreibung des Exkursionsweges mit 25 in einer beigegebenen Karte verzeichneten, im Walde deutlich angeschriebenen Nummern. Hiervon treffen Nr. 8—14 auf die Versuchsflächen, die übrigen auf den Gang durch den Geislinger Forst.

über den Verlauf des Ausfluges und die hierbei gewonnenen Eindrücke sei nachstehend kurz berichtet, wobei der Verfasser bedauern muß, daß ihm seine Wahl zum Berichterstatter während des Waldganges noch nicht bekannt war, da er sonst das eine oder andere

Gespräch mit alten Bekannten nicht geführt und vielleicht die kritische Sonde hier und da etwas schärfer angelegt hätte.

Der Abgang erfolgte mittelst Extrazuges mittags 1⁵⁵ Uhr vom Hauptbahnhofe Ulm und endete nach dreiviertelstündiger Bahnfahrt auf freier Strecke kurz nach der Station Amstetten auf der Hoch=ebene der Alb unmittelbar am Übergang des Geislinger Steig.

Von diesem Haltepunkt aus setzte die Fußwanderung ein, an der beiläufig 450 Mitglieder teilnahmen.

Die von Stuttgart ziemlich zahlreich mitgekommenen Damen fuhren nach Geislingen weiter, um daselbst die bekannte, hochentwickelte Metallwarenindustrie zu besichtigen.

Der sorgfältig hergerichtete Fußweg führte zunächst bei Punkt 1 in Abteilung 7 Blockhalde, durch eine in der Hauptsache natürlich entstandene 3—20 jährige Verjüngung von 0,5 Ahorn und Esche, dann 0,5 Buche. Kleinere Lücken sind mit schlanken 5 jährigen an=gepfählten Ahornheistern ausgepflanzt. Das im ganzen dem vor=ausgeschilderten Verjüngungsprogramm entsprechende Bild des Jung=wuchses ist insofern ein befriedigendes, als die natürlich angekommenen mitunter recht dicht stehenden Nutzholzarten (Ahorn und Esche) bis jetzt sich vorwüchsig zeigen. Ähnliche Verhältnisse bestehen in der Ab=teilung Blockhaus 5 a (Punkt 4). Doch läßt das üppige Wachstum der bis jetzt etwas zurückgehaltenen Buche eine spätere Bedrängung durch diese unschwer vorhersehen, wie dies tatsächlich in einer bei Punkt 5 (Abt. 5 b Blockhaus) berührten durchschnittlich 35 jährigen Laubholzdickung deutlich zu sehen war, woselbst die Buchen trotz energischen Eingreifens die beigemischten Ahorne und Eschen viel=fach überwachsen hatten. Auf diesen fruchtbaren, frischen Kalkböden zeigt eben die Buche ein sehr bemerkenswertes Gedeihen und eine starke Neigung, namentlich die beigesellten Lichthölzer oft noch im Stangenholzalter zu überwältigen.

Es wird die Sicherung der einzumischenden Laubnutzhölzer (Eschen und Ahorn) gegen die Bedrängung durch die Rotbuche unter Umständen zu der vorbauweisen Begründung reiner Horste mittelst Pflanzung ähnlich wie bei der Eichennachzucht zwingen, wobei viel=leicht durch Verwendung etwas schwächerer Pflanzen die Kosten sich abmindern ließen.

Die bei der Eiche angewendete Begründung durch Auspflanzen von 10—15 a großen Löcherhieben mit 5—6 jährigen verschulten Heistern im Verbande von 1,5—2 m hatte befriedigenden Erfolg, wie die schon emporgewachsenen und geschlossenen Horste in ver=

schiedenen Abteilungen beweisen. Immerhin ist dieses Verfahren offenbar ziemlich kostspielig und drängt sich doch die Frage auf, ob nicht mit schwächeren Pflanzen, bezw. auf nicht zu graswüchsigen Orten auch durch Saat der Zweck zu erreichen wäre. Letzteres Verfahren findet in Bayern in dem Hienheimer Forst bei Kelheim ebenfalls auf Jurakalk ausgedehnte Anwendung, wobei den jungen Eichen ein angemessener Schutz gegen Übersonnung, Aushagern der Kulturflächen durch Wind, nicht minder gegen Graswuchs dadurch zuteil wird, daß sie unter leichter Schirmstellung sowie im Seitenschutze des Mutterbestandes horstweise begründet werden.

Wenn die Kleinpflanzung oder Saat unter Schutz möglich wären, könnten die Eichenflächen wohl auch etwas größer als hier zurzeit üblich angelegt werden; selbstverständlich müßte dieser Eichenanbau stets in Jahren ohne Buchelmast erfolgen. Den Steilrändern soll durch rechtzeitigen Anschluß weiterer Eichenpflanzungen entgegengewirkt werden. Die sämtlichen berührten Verjüngungen machten den Eindruck einer aufmerksamen Pflege sowie des Vorhandenseins genügender Kulturmittel. Daß auf diesen · kräftigen, überwiegend (81%) mit Laubholz bestockten Böden auch die Nadelhölzer befriedigend gedeihen, zeigten einige wüchsige 35—40 jährige Fichtenstangenhölzer bei Punkt 6, 15 und 16 sowie eine durchschnittlich 22 jährige Weißtannendickung bei Punkt 2. Douglasfichten wurden bei dem Gange, soviel erinnerlich, nicht wahrgenommen. Dieselben dürften sich zum Ausfüllen kleiner Lücken in den Laubholzverjüngungen bei gruppenweisem Anbau sehr gut eignen.

Die berührten älteren Laubholzbestände lassen ihre Abstammung aus früherem Mittelwalde unschwer erkennen. Sie zeigen im allgemeinen günstiges Wachstum, vermögen jedoch infolge ihres mäßigen Schlusses (0,8; 320 fm Derbholz pro ha) sowie wegen der wenig nutzholztüchtigen Holzartenmischung (Buche 75%, Weißbuche 6%, Eiche 14%, Esche und Ulme 5%) den günstigen Standort nicht voll auszunutzen und wird wohl frühzeitiger Angriff erfolgen dürfen. Sehr angenehm berührte allgemein die im Führer enthaltene Mitteilung, daß Bestandsstreu nicht abgegeben wird. Auch wurde gerne bemerkt, wie genau die örtlichen Beamten die geognostischen Verhältnisse beherrschen.

Besondere Aufmerksamkeit erregten die in den Abteilungen Fleinshalde und Fleinsebene angelegten, vorstehend schon erwähnten 7 Versuchsflächen. Die einzelnen nahe beisammen gelegenen Flächen enthalten je 0,25 ha. Außer durch die Mitteilungen des Führers über die Ergebnisse war auch durch aufgestellte Tafeln mit graphischen Darstellungen die Möglichkeit geboten, sich genauere Kenntnis über die Ertragsverhältnisse der einzelnen Objekte zu verschaffen. Es hatten auch einige Herren, vor allem der K. Forstdirektor von Graner, K. Oberförster Dr. Heck u. a. die Freundlichkeit, die angestellten Versuche mündlich näher zu erläutern, woran sich dann eine lebhafte Besprechung knüpfte.

Trotz aller dieser Bemühungen gelang es nur wenigen Glücklichen, sich genaueren Einblick in die Verhältnisse der Versuchsflächen zu verschaffen, denn bei ungefähr 450 Teilnehmern ist es nur einem sehr beschränkten Kreise möglich, im Freien dem jeweiligen, in ihrer Mitte stehenden Redner genau zu folgen. Die weitaus meisten Fachgenossen können von solchen etwas schwierigen Erörterungen fast nichts hören und pflegen dann durch ihre unvermeidlichen Privatgespräche die Sache keineswegs günstig zu beeinflussen.

Diese schon längst bekannten Tatsachen wurden hier aufs neue bestätigt. Es ist ja bekanntlich nicht einmal gut möglich, bei gemeinsamen Ausflügen die Erklärung der besuchten Waldbilder einem größeren Kreise gleichzeitig möglich zu machen.

Dieser Mißstand drückt den Wert der gemeinsamen Waldbegänge bei den Vereinsversammlungen wesentlich herab und wird es wohl noch erforderlich werden in irgend einer Weise, vielleicht durch Teilung der Besucher in kleinere Trupps usw. Abhilfe zu suchen.

Nachdem es nicht Aufgabe dieses Berichtes sein kann, eine wissenschaftliche Darstellung der Ergebnisse der Versuchsflächen zu bringen, sei hier nur im allgemeinen bemerkt, daß die betreffenden auf vorzüglichem Boden stockenden Bestände durch ihre hohen, schlanken, glatten Schaftformen sich vorteilhaft auszeichnen und daß die Versuchsflächen im allgemeinen einen sehr guten Eindruck hinsichtlich ihrer Anlage und seitherigen sorgsamen Behandlung machen. Es hat wohl jeder Besucher das Bewußtsein mitgenommen, daß die württembergische Staatsforstverwaltung durch diese Versuche sich ein großes Verdienst erworben hat.

Eine sehr bemerkenswerte Tatsache ist allgemein aufgefallen. Es trugen nämlich, wie in der Beschreibung schon erwähnt, fast alle Flächen, besonders aber die etwas stärker gelichteten, eine sehr reichliche Buchenbesamung aus verschiedenen Masten sowie Anflüge von Ahorn und Eschen in Menge. Diese hier nicht gewollten und sogar störenden ganz von selbst angekommenen Verjüngungen werden wohl bei manchem, namentlich bei den auf Sandböden wirtschaftenden

Fachgenossen einen stillen Neid erweckt haben. Es ist geradezu wunderbar, was diese vorzüglichen Kalkböden an üppigem Wuchs zu leisten vermögen und wie sie namentlich die natürliche Verjüngung begünstigen.

Eine an einem hübscheren Platze mit einigen Überresten römischer Bauten gereichte Erfrischung trug zur Hebung der allgemein belebten Stimmung bei.

Nachdem auf dem Rückweg noch ein Baumschlepper der Firma F. von Miller in Ulm (Zeitblomstr. 8) zum Rücken von Stämmen hauptsächlich aus Verjüngungen in der Ebene mit befriedigendem Erfolge vorgeführt worden war, erreichten die Teilnehmer die Station Amstetten, von wo sie der bereitstehende Extrazug gegen 8 Uhr nach Ulm brachte.

Der vom schönsten Wetter begünstigte Ausflug kann als sehr gelungen bezeichnet werden.

Führer
für den Ausflug in den Forstbezirk Tettnang
am 8. September 1910.

I. Allgemeiner Teil.

Der Forstbezirk Tettnang bedeckt die Südspitze von Württemberg von der bayerischen bis zur badischen Grenze.

Das topographische Bild dieses Bezirks verdankt seine Entstehung dem wechselnden Vordringen und Zurückweichen des Rheingletschers in der jüngeren Eiszeit.

Nordöstlich die hochinteressante „Drumlin"landschaft aus zahlreichen ovalen Hügeln von mäßiger Höhe und Größe bestehend, mit der Längsachse von Süd nach Nord gerichtet, wie die Eiszungen von den Zentralalpen abflossen, entstanden durch die modellierende Wirkung des strömenden Eiskörpers auf seine Unterlage.

Nordwestlich fluvioglaziale terrassenförmige Aufschüttungen aus der Zeit, in der der Gletscher gerade noch die Nordostseite des Bodenseebeckens erreichte und seine gewaltige Eismauer die von Norden kommende Argen staute und samt den Schmelzwässern des Gletschers zum Abfließen in nordwestlicher Richtung dem Eisrande entlang zwang.

Die aus dem Moräneschutt stammenden Böden sind physikalisch und chemisch die besseren. Prächtige Mischbestände von Tannen, Fichten, Kiefern und Buchen verdanken ihr Gedeihen diesen Standorten I. bis II. Güte, während die Böden der von der Argen angeschichteten Terrassen vielfach durch Auslaugung wesentlich ärmer sind.

Klimatisch ist die Seegegend recht bevorzugt. Die nahen Gebirge sorgen für die Niederschläge und der See stumpft durch langsame Abgabe seiner Wärme die Temperaturgegensätze ab, so daß schärfere Frostgrade nicht leicht vorkommen.

Die Verwaltung des Forstbezirks umfaßt 2650 ha Staatsgrundfläche, wovon zirka 100 ha landwirtschaftlich benützt werden, meist als Streuwiesen, ferner 270 ha Körperschaftswald und 1930 ha Privatwald.

Von der Staatsgrundfläche liegen 2200 ha 401—500 m hoch und 450 ha 501—550 m hoch.

Die Standortsverhältnisse sind:

I. Klasse . . . . 16,2 %
I./II. „ . . . . 45,9 % } 90,7 %
II. „ . . . . 28,6 %
II./III. „ . . . . 8,1 %
III. „ . . . . 1,2 %

Holzartenvertretung:

Fichte und Tanne . . . . 55 %
Kiefer . . . . 35 %
Buche . . . . 7 %
Erle . . . . 2 %
Lärche, Eiche, sonstiges Laubholz . . . 1 %

Die Betriebsart ist ausschließlich Hochwald, die Umtriebszeit 100 Jahre, für die Hauptholzart, die Fichte, muß aber künftig auf etwa 80 Jahre heruntergegangen werden, während mit der Kiefer die vielbegehrten wertvollen Starkholzsortimente in höherem Umtrieb weiter zu erzielen geplant ist.

Die scheinbar moderne Waldeinteilung datiert in der Hauptsache aus der österreichischen Zeit, ist also über 100 Jahre alt. An diese Zeit erinnert auch die Bezeichnung der Wirtschaftseinheiten als „Bogen". Waldbaulich hat diese Zeit auch durch die Einbürgerung der Lärche sich verdient gemacht, welche in kerzengeraden Stammriesen manche der Kuppen krönt.

An Hauptnutzung sind gegenwärtig jährlich zu erheben 14 250 fm. Die jährliche Durchforstungsfläche ist 220 ha mit zirka 4900 fm.

Der Durchschnittsertrag auf 1 ha im Jahr ist an Haupt= und Zwischennutzung zusammen 7,5 fm.

Der jährliche Geldertrag der Forst= und Jagdverwaltung ist im Durchschnitt der letzten 3 Jahre 390 226 Mk.

Die jährliche Kulturfläche ist 18,2 ha Pflanzung. Daneben ist durch Einstellen von Durchhieben für die Vorverjüngung auf Weißtannen in den geeigneten Beständen gesorgt. In gleicher Weise werden der natürlichen Verjüngung durch Kiefer und Buche die Wege geebnet.

II. Besonderer Teil.

Die Exkursion führt nach kurzem Gang durch Privatwald in die südlichen Abteilungen des Distrikts XII Unterer Wald.

Die Waldungen stocken auf einer ausgedehnten Kiesbank; der Boden, durch den Argenfluß seinerzeit stark ausgelaugt, ist ein sandiger, wenig humusreicher Kiesboden und zählt zu den ärmsten Böden des Forstbezirks.

Die Bestockung bilden in der Hauptsache 100 jährige Althölzer aus Kiefern, Fichten und Buchen. Die Kiefer mit einer Quote von 0,7—0,8 wiegt vor, die Fichte ist mit 0,1—0,2, die Buche mit 0,1 vertreten. Der Schluß ist ein mäßiger (V = 0,7—0,8). Eine Aus= nahme macht die am Schluß der Exkursion zu berührende Abteilung 19, ein 75 jähriger gut geschlossener Bestand, bestehend zu 0,6 aus der Kiefer, zu 0,1 aus der Fichte und zu 0,3 aus der Buche.

Das Wirtschaftsziel in diesen Waldungen ist auch künftig die Begründung gemischter Bestände, in welchen die Kiefer, den mageren Bodenverhältnissen entsprechend, die Hauptholzart bilden soll. Da= neben soll aber im Interesse der Massen= und Wertssteigerung der Fichte im Zwischenstand mehr als bisher stattgegeben werden. Ebenso soll die Buche, wo sie ankommt, als wertvolles Bodenschutzholz ge= pflegt, wohl auch, wo sie ausbleibt, künstlich eingebracht werden.

Die Verjüngung der Bestände im Distrikt XII erfolgte bisher mit Anstrebung der eben geschilderten Holzartenvertretung in der Hauptsache durch Pflanzung. Nun wurden aber, wie die Anhiebe entlang der nordöstlichen Grenze der Abteilungen 11, 18, 25 und 31 zeigen, seit 2 Jahren auch Versuche mit der natürlichen Ver= jüngung gemacht. Begünstigt wird dieselbe durch die Häufigkeit der Niederschläge und die große Luftfeuchtigkeit, sowie durch den Umstand, daß die mageren Bodenverhältnisse nur einen spärlichen Graswuchs aufkommen lassen. Das Ergebnis war bis jetzt ein befriedigendes: Auf den zirka 30 m breiten Streifen, auf welchen etwa die Hälfte des Altholzes herausgenommen und der Boden mit einer besonders konstruierten Egge mit nach rückwärts geschweiften, das Gleiten über Stöcke und Steine erleichternden Zähnen oberflächlich verwundet wurde, stellten sich die drei den künftigen Bestand bildenden Holzarten so zahlreich ein, daß der Ergänzung auf künstlichem Wege wohl wenig übrig bleiben wird. Der Nachhieb des Altholzes erfolgt in 4 bis 5 Jahren.

Beim Austritt aus dem Wald wird eine Anzahl Wagen zur Aufnahme älterer Herren bereitstehen, im übrigen ist Langenargen, von wo aus die Rundfahrt auf dem See ausgehen wird, auf gutem Weg in einer halben Stunde zu erreichen.

Bericht
über den Ausflug in den Forstbezirk Tettnang.

Erstattet vom K. Forstmeister Heiß, Unterhausen in Bayern.

Für Donnerstag, den 8. September, war von der Geschäfts=
leitung der XI. Hauptversammlung des Deutschen Forstvereins ein
Ausflug in den Forstbezirk Tettnang und hieran anschließend eine
Rundfahrt auf dem durch die große Mannigfaltigkeit der Natur=
bilder ausgezeichneten Bodensee vorgesehen.

Die außerordentlich große Beteiligung an diesem Ausfluge, be=
günstigt durch einen sonnigen Tag und stimmungsvoll ergänzt durch
eine stattliche Anzahl von hellfarbig gekleideten Damen, galt wohl
in erster Linie der Rundfahrt auf dem Bodensee, so daß der an sich
schon kurze Waldbegang nicht allgemein und allerseits das Interesse
in Anspruch nehmen konnte, wie es diese Waldungen und ihre Be=
wirtschaftung verdienten.

Der vollbesetzte Sonderzug brachte, von Ulm um 6^{25} abgehend,
die Donau und bei Biberach (540 m) die Wasserscheide zwischen
dieser und dem Rhein überschreitend, die Teilnehmer zunächst nach
Friedrichshafen und nach kurzem Aufenthalt zu jener Stelle der
Bahnlinie Friedrichshafen—Lindau, wo zwischen den Stationen Eris=
kirch und Langenargen die Ausparkierung der Teilnehmer auf freier
Strecke stattfand, um nach einem kurzen Gang durch Privatwald
in die südlichen Abteilungen des Distriktes XII „Unterer Wald"
einzutreten.

Wie aus dem kurzgefaßten Führer zu diesem Ausfluge zu ent=
nehmen ist, gehört der Forstbezirk Tettnang, welcher 2650 ha Staats=
wald, 270 ha Körperschaftswald und 1230 ha Privatwald umfaßt,
in geographischer Beziehung dem sich zwischen dem südlichen Jura=
rande und dem Bodensee ausbreitenden Anteile Württembergs an
dem Alpenvorlande an, welcher als „Oberschwaben" bezeichnet wird.

Der von dem Ausflug insbesondere berührte Waldteil des
Forstbezirkes Tettnang liegt zwischen den zum Rheingebiete gehörigen

und in den Bodensee mündenden Gewässern, der Argen und der Schussen. Die Oberflächengestaltung und die Bodenbeschaffenheit des Alpenvorlandes in chemischer und physikalischer Hinsicht ist ein Ergebnis der in der Diluvialzeit vor- und zurückgehenden Rheingletscher (jüngste Eiszeit), in welcher die Bildung der sog. „Jungmoränen" vor etwa 30 000 Jahren erfolgte.

Diese Moränenböden zeichnen sich im allgemeinen durch große Lockerheit, Frische und Tiefgründigkeit und durch Waldbestände von vorzüglichem Wuchs und Ertrag aus.

Der zum Zwecke von Bodenuntersuchungen gerade anwesende Professor Herr Dr. Schmitt hielt über diese geologisch sehr interessanten Vorgänge einen anschaulichen Vortrag, in welchem er die Entstehung der Moränen, die terrassenförmige Gliederung, die ursprüngliche Zusammensetzung des Bodens aus Ton, Sand und Gesteinssplitter und die teilweise nachfolgende Auswaschung der Grundmoränen durch die Gletscherwasser erläuterte; die Ergebnisse sind Schlick-, Sand- und Kiesböden, d. h. influvioglaciale Bildungen in der Gegend von Ravensburg und Wangen.

Im Exkursionsgebiete selbst ist die Auswaschung des Bodens und die Verebnung der ursprünglichen Moränen durch die Wogen erfolgt. Diese Böden bestehen daher aus Kies und Sand mit wenig tonigem Bindemittel, sie sind jedoch durch die Beimischung von blauen Steinen, wie an dem in der Nähe des Frühstücksplatzes erfolgten Bodeneinschlag zu bemerken war, kalkhaltig. Das stetige Vorschreiten der Verwitterung in diesen Kiesböden ist der Beimischung der Buche, welche mit der Fichte vorzugsweise die Bestockung der Jungmoränen bildet, zu verdanken.

Bei einer Höhenlage des Forstbezirkes Tettnang von 400 bis 550 m über dem Meere und einer Niederschlagsmenge von 1200 mm sind die klimatischen Verhältnisse für das Gedeihen der hier vorkommenden Holzarten, Tannen, Fichten, Fohren, Buchen, Lärchen, Stroben außerordentlich günstig; überdies bewirkt die Nähe des Bodensees einen Ausgleich allzu starker Temperaturschwankungen.

Bei der etwas knappen Ausstattung des Führers war es in Absicht des Herrn Forstdirektors Dr. von Graner gelegen, gelegentlich der Frühstückspause im Walde durch einen mündlichen Vortrag die wirtschaftlichen Verhältnisse, Ziele und betriebstechnischen Maßnahmen näher zu erläutern.

Dieser Vortrag ist wohl bei der großen Anzahl der Teilnehmer und dem Drange derselben nach vorwärts, zum Meere und zu den

Schiffen, unterlassen worden, weshalb ich hier kurz diese Verhältnisse berühren will.

Die Waldungen des Distriktes XII stocken auf einer Kiesbank, der sandige, wenig humushaltige Kiesboden gehört zu den ärmsten des Forstbezirkes.

Die Bestockung wird vorherrschend durch 95—100 jährige Forchen (Kiefern) mit zwischen- und unterständigen Buchen und Fichten gebildet und im Vergleiche mit den übrigen Beständen des Forstbezirkes als III. Bonität bezeichnet.

Die im Angriffe stehende Abteilung 31 ist ein noch ziemlich geschlossener Fohrenbestand mit zumeist unter- und zwischenständigen Buchen und Fichten, jedoch im Wuchse nachlassend, vielfach mit älterem Buchenvorwuchs und jüngerem Aufschlag unterstellt. Holzvorrat 350 fm pro ha.

Als Wirtschaftsziel ist in diesen Waldungen die Begründung von gemischten Beständen gedacht, in welchen — den Bodenverhältnissen entsprechend — die Kiefer die Hauptholzart zu bilden hat; dagegen soll nicht, wie bisher, zunächst die Buche, sondern im Interesse der Massen- und Wertssteigerung an Zwischen- und Hauptnutzung die Fichte als Beimischung bis $\frac{1}{3}$ $\frac{1}{2}$ begünstigt, die Buche aber nur vom Standpunkt des Bodenschutzes beigesellt, gepflegt und veranlaßtenfalls an jenen Orten, wo die Fichte fehlt, auch künstlich eingebracht werden.

Daß bei den geschilderten Bodenverhältnissen reine Fohrenbestände, namentlich in höherem Alter, vom Standpunkte der Bodenpflege, des Ertrages an Masse und Wert und der seinerzeitigen Verjüngung nicht anzustreben sind, wird ebensowenig Widerspruch begegnen wie die hier vertretene Anschauung, daß durch eine starke Beimischung der Fichte zur Fohre die Erträge erheblich gesteigert werden können.

Wenn daher in älteren Beständen die Fichte in Mischung mit Fohre und Buche je nach der Bodenbeschaffenheit, wie auch anderwärts unter gleichen Verhältnissen, eine verhältnismäßig gute Entwickelung zeigen, so besteht doch die auffallende Tatsache, daß reine jüngere Fichtenbestände des Distriktes XII oder auch Fichtenbestände, aus welchen die ursprünglich beigesellte Fohre herausgenommen wurde, trotz der ziemlichen Frische des Bodens und der erheblichen Niederschlagsmenge und großen Luftfeuchtigkeit kein besonderes Gedeihen zeigen und flächenweise als rückgängig zu bezeichnen sind. Diese Erfahrungen werden wohl überall da gemacht werden und gemacht worden sein, wo die Standortsverhältnisse den Anbau der beiden Holzarten gestatten, aber weder die eine noch die andere Art als vorherrschend standortsgemäß zu bezeichnen ist.

Es wird aber auch allerseits zugestanden werden können, daß sowohl die Fichte als namentlich die Fohre durch eine genügende Beimischung der Buche in der Schaftbildung und nicht zuletzt im Ertrage wesentlich gefördert wird.

Auf Grund dieser Ausführungen dürfte meines Erachtens gegenüber der finanziellen Wirkung der Fichtenbeimischung die bodenerhaltende, verbessernde und zersetzende Kraft der Buche in Mischung mit den bezeichneten Holzarten sorgfältig abzuwägen und vielleicht stärker zu betonen sein. Ein Versuch, rückgängig werdende jüngere Fichtenbestandsteile mit Buchen zu unterbauen, würde über diese interessanten Verhältnisse vielleicht Klarheit verschaffen.

Die aus dem bisherigen Kahlschlagbetrieb mit nachfolgender Pflanzung von Kiefern und Fichten hervorgegangenen, gut geschlossenen und zumeist wüchsigen Stangenhölzer haben nur eine geringe Laubholzbeimischung.

Weniger befriedigen zurzeit die aus jüngerer Zeit stammenden Verjüngungen. In der dem Begange nahe gelegenen Abteilung 24 war durch beigesteckte Tafeln auf das verschiedene Wachstum der aus ausländischen Samen erzogenen und durch Pflanzung eingebrachten Fohren und jener aus Randbesamung (von Abt. 25 her) entstandenen Fohren aufmerksam gemacht. Erstere zeigen im Vergleich zu letzteren einen sperrigen, oft knickigen Wuchs und werden zum Teil im Wege der Schlagpflege zu entfernen sein. Diese Wahrnehmungen haben, wie auch an anderen Orten, den derzeitigen Wirtschafter veranlaßt, das Pflanzenmaterial aus selbstgesammeltem Samen zu gewinnen und das oben geschilderte Wirtschaftsziel — jeweils den Boden- und Bestandsverhältnissen entsprechend — tunlichst auf dem Wege der natürlichen Verjüngung zu erreichen. Die geschilderten Bodenzustände des Distriktes XII, die günstigen klimatischen Verhältnisse und nicht zuletzt das Einteilungsnetz gestatten zweifellos die natürliche Verjüngung der drei Holzarten und insbesondere, wie die Anhiebe in den Abteilungen 11, 18, 25 und 31 zeigen, jene der Fohre und Fichte.

Zum Zwecke der natürlichen Verjüngung ist daher in den Fällungsjähren 1909 und 1910 in den bezeichneten Abteilungen gleichlaufend mit den Abteilungslinien und mit Front gegen SSW. auf einem Saumhieb von 40 m Breite ungefähr die Hälfte der Masse

zum Einschlag gelangt und der Boden, der wenig Gras- und Un-
krautwuchs zeigt, durch eine eigens gefertigte sog. Rollegge verwundet worden (Kosten pro ha 65 Mk.).

Das Ergebnis war ein reichlicher und kräftig entwickelter Anflug von Fohren und Fichten; der Anflug von Buchen ist auf den
Saumhieben gering, dagegen in den anliegenden Altholzteilen (11,
18, 25, 26 und 31) sehr reichlich und jedenfalls für die wirtschaftlich
erforderliche Buchenbeimischung genügend.

Wenn nun auch ein großer Teil der natürlichen Fohrenverjüngung
durch die Schütte verloren gegangen ist, so darf doch nach den Anschauungen des Wirtschafters erwartet werden, die Bestände dem Wirtschaftsziel entsprechend zu verjüngen und zum mindesten bessere Jungbestände als bisher zu erzielen. Voraussetzung für den Erfolg dieses
Verfahrens bleibt aber, daß dem Wirtschafter möglichst viele An-
griffsfronten zur Verfügung stehen, so daß mit dem Weiterschreiten
der Absaumungen entsprechend lange, 5—6 Jahre, zugewartet werden
kann; zu diesem Zwecke ist wohl die Einlegung einer zweiten Hiebs-
reihe in den Abteilungen 11, 18, 25 und 31 nicht zu umgehen.

Die seinerzeit wahrscheinlich aus Saat hervorgegangenen Lärchen
sind von sehr gutem Wuchs und es möchte sich empfehlen, durch
gruppenweise Saat an geeigneten Orten auch dieser Holzart einen
Platz zu gönnen, insofern sich dieselbe nicht selbst ansamt. Nach
einer kurzen Rast im Walde setzte sich der Begang durch Abt. XII 19,
ein gut geschlossener und wüchsiger 75 jähriger Fohrenbestand (0,6)
mit zwischenständigen Fichten (0,1) und meist unterständigen Buchen
(0,3) gemischt, fort. Dieser Bestand wurde im Jahre 1908 mit einem
Anfall von 84 fm pro ha durchforstet.

Nach dem Austritt aus dem Staatswalde wurde nach etwa
$^1/_2$ stündigem Marsche Langenargen erreicht, von wo um 12 Uhr
bei herrlichem Sonnenschein auf zwei Dampfern die Bodenseerundfahrt
zunächst in südlicher Richtung gegen Lindau und dann im Bogen
gegen Rorschach mit dem Ziele Friedrichshafen angetreten wurde.

Hier begab sich vom Hafen aus eine Deputation zur Audienz
in das Kgl. Schloß, worauf die Dampfschiffe Richtung nach dem
Schloßhafen nahmen. Hier waren inzwischen die beiden Majestäten
mit der Deputation in dem zunächst dem See gelegenen Belvedere
erschienen. Gewaltig und weithin über den See vernehmbar erklang
unter Begleitung der an Bord befindlichen Regimentsmusik als
Huldigung das Lied „Preisend mit viel schönen Reden" und ein
kräftiges dreifaches Horrido.

14

Hierauf legten die Schiffe am Schloßhafen an, um den Teil=
nehmern einen Gang durch den herrlichen, wohlgepflegten, parkartigen
Schloßgarten, dessen Besichtigung gnädigst gestattet worden war, zu
ermöglichen.

Zum Schlusse wurde noch dem in unmittelbarer Nähe der
Stadt gelegenen 230 Morgen umfassenden Zeppelinschen Luftschiff=
bauunternehmen ein kurzer Besuch abgestattet. Von dem Betreten
der imposanten Halle, in welcher an dem Bau des Luftschiffes Z VII
eifrig gearbeitet wurde, mußte aus betriebstechnischen Gründen ab=
gesehen werden.

So flutete denn der Strom der Teilnehmer ebenso rasch wieder
zur Stadt zurück, wo sich in dem mit viel Geschmack geschmückten
Saale des Buchhorner Hofes bei frohem Klange der Musik und bei
vorzüglichen Leistungen der Küche die Teilnehmer des Ausflugs zum
festfrohen Mahle auf kurze, für viele auf allzu kurze Zeit vereinigten.

Den Herren der Geschäftsleitung, wie insbesondere dem Herrn
Oberförster Walchner, darf hier nochmals bester Dank ausgesprochen
werden.

Bericht
über die Nachexkurſion des Deutſchen Forſtvereins in die Waldungen des Kgl. Forſtamts Blaubeuren

am 9. September 1910.

Erſtattet vom gräflich F u g g e r ſchen Forſtmeiſter J a n t ſ k e in Dorndorf bei Ulm.

Als Nachexkurſion war für den Deutſchen Forſtverein am 9. September 1910 das Kgl. Forſtamt Blaubeuren auserſehen. An der Exkurſion beteiligte ſich die ganz anſehnliche Zahl von etwa 150 Teilnehmern, deren Erwartung, heute nicht nur landſchaftlich hübſche, ſondern auch forſtlich hochintereſſante Bilber zu ſehen, auch voll und ganz erfüllt wurde. Der Zug von Ulm traf am Bahnhof Blaubeuren 9⁰³ ein, wo ſich der Forſtamtsvorſtand, Herr Kgl. Ober= förſter D a i s, zur Begrüßung der Teilnehmer eingefunden hatte.

Vor Beſprechung der einzelnen Waldbilder ſei mir geſtattet, über den Forſtbezirk Blaubeuren die allgemeinen Verhältniſſe voran= zuſchicken. Ich folge hierbei dem von Herrn Kgl. Oberförſter D a i s in Blaubeuren ſowohl nach Einteilung, als auch nach Inhalt muſter= gültig abgefaßten und mit einer gut orientierenden Karte verſehenen Führer.

Der Forſtbezirk Blaubeuren iſt gelegen am Südrand der „Rauhen Alb“, einem Teil der ſogenannten Schwäbiſchen Alb, und teilt ſich nördlich und ſüdlich der Aach und Blau, welch letztere dem weiter unten beſchriebenen „Blautopf“ entſpringt.

Meereshöhe im Tale 515, auf dem Hochplateau 700 m. Das Grundgeſtein bildet der Maſſenkalk des oberen weißen Jura (Epſilon), überreſte der Schwamm= und Korallen=Kolonien des Jurameeres. Der Zuſammenſetzung nach iſt es teils Dolomit, teils körniger Kalk, teils Marmor. In manchen Teilen tritt auch Jura Delta hervor und Zetaſchichten mit ſchwarzblauem Kalkmergel finden ſich in Stein= brüchen ſüdlich von Blaubeuren. Auf dem nördlich der Aach und

14*

Blau gelegenen Plateau ist der Jura mit diluvialem Lehm über=
lagert, wogegen an den Steilhängen das Grundgestein zutage tritt.

Die an und für sich schon an großer Trockenheit leidenden,
dem Kalkgebirge entstammenden Böden werden noch beeinträchtigt
durch Regenarmut — durchschnittliche jährliche Regenhöhe nur
650 mm. Die durchschnittliche Jahrestemperatur ist 6⁰ C. Das
Klima ist daher sehr rauh und trocken.

Soweit Lehmüberlagerung vorhanden ist, ist der Holzwuchs
ein recht guter; an den Steilhängen, namentlich an den West= und
Südseiten, dagegen ein mäßiger bis geringer.

Bei einer ertragsfähigen Fläche der Staatswaldungen von
1080 ha wird die Bestockung aus 75% Laubholz — meist Rot=
buchen, wenig Eichen und etwas übriges edles Laubholz — und
25% Nadelholz, worunter 22% Fichten mit wenig Tannen, 3%
Fohren und Lärchen, gebildet.

Umtriebszeit 100 Jahre. Betriebsart: Hochwald.

Altersklassenverhältnis: 81 und mehr   Jahre   27%
               61—80   „   19%
               41—60   „   9%
               21—40   „   21%
           20 und weniger   „   24%

Hauptnutzungsertrag pro Jahr und ha 2,9 fm Derbholz. Durch=
forstungsertrag pro ha 17 fm Derbholz bei 64 ha jährlicher Durch=
forstungsfläche.

Jährliche Kulturfläche: 8 ha Saat und Pflanzung; ca. 13 ha
werden auf natürliche Weise verjüngt.

Pro 1910 Gesamtnutzung: 4762 fm Derbholz mit einer Brutto=
einnahme von 74 956 Mk. Nutzholzprozent der Gesamt=Derbholz=
masse 39,4, der Buchenderbholzmasse 23,2. Die Waldeinteilung ist
dem Gelände angepaßt. Wirtschaftsgrundsatz ist die natürliche Ver=
jüngung der Buche und die Erziehung solcher Bestände, die sich
seinerzeit auf Buchen wieder natürlich verjüngen lassen. Selbst=
verständlich bildet das Wirtschaftsziel nicht etwa die Erziehung
reiner Buchenbestände, sondern es werden, wo immer die Stand=
ortsverhältnisse es ermöglichen, in der Hauptsache auf natürliche,
wo dies nicht angängig, auf künstliche Weise edle Laubhölzer —
Eichen, Eschen und Ahorn —, sowie Nadelhölzer — Fohren, Fichten,
Tannen, auch Douglastannen, europäische und japanische Lärchen —
eingebracht.

Dort wo die Buche, die sich allerorts leicht auf natürlichem Wege verjüngt, noch nicht vertreten ist, z. B. in reinen Fohren= und teilweise auch Fichtenbeständen, wird dieselbe in entsprechendem Alter künstlich durch Riesensaaten unterbaut. (Bemerkt sei hier der seltene Fall, daß eine solche Saat versuchsweise mit gutem Erfolg im vorjährigen milden Winter in den Monaten Dezember und Januar ausgeführt wurde.)

Wenn auch auf den besseren Standorten die ausgedehntere Be= gründung von reinen Fichtenbeständen zweifelsohne eine weit höhere Rente in Aussicht stellen würde, als nur die gesehene geringe Bei= mischung, so steht diesen Absichten die Erfahrung gegenüber, daß wohl die erstmalige Begründung reiner Fichtenbestände leicht gelingt, bei der nächstmaligen Verjüngung aber lediglich nur wieder die Fichte in Betracht kommen kann. In diesem Falle tritt der Rüssel= käfer auf den hitzigen Kalkböden in so großer Menge auf, daß mit der Wiederaufforstung mindestens 2 Jahre zugewartet werden muß. Während dieser Zeit gehen aber auf den Kalkböden die angesammelten Humusvorräte verloren.

Esche und Ahorn verjüngen sich — wenn im Mutterbestande auch nur einzeln vorhanden — allenthalben sehr leicht; wo eine Lücke entsteht, ein Käferloch, eine Windbruchstelle, oder wird eine solche von dem Wirtschafter in Form von Löcher= oder Kulissen= hieben geschaffen, sofort finden sich in reichlichem Maße Eschen und Ahorn ein.

Auf welche Art im einzelnen das gesteckte Wirtschaftsziel zu erreichen gesucht wird, wird die nachfolgende Beschreibung der vor= gezeigten Waldbilder ergeben. —

Nach vorstehenden allgemeinen Ausführungen sollen nun die teils vom Wirtschafter (Herr Kgl. Oberförster D a i s), teils vom Inspektionsbeamten (Herr Kgl. Forstrat H o f f m a n n = Stuttgart) vor= gezeigten und erörterten Wald= und Landschaftsbilder im einzelnen nochmals vors Auge geführt werden.

Vom Bahnhof Blaubeuren Wagenfahrt durch die malerisch ge= legene, freundliche Oberamtsstadt Blaubeuren zu der schönsten Quelle der Schwäbischen Alb, dem historisch allbekannten, sagenumwobenen „Blautopf". Er liegt am Fuße der steilen Wand des „Blaubergs", umrahmt von Rot= und Weißbuchen, Eschen und Ulmen.

Die prachtvolle blaugrüne Farbe dieses jahrhundertelang für unergründlich gehaltenen, nunmehr jedoch durch Messung auf 20 m Tiefe festgestellten Trichters erregt allgemein Staunen und Ver=

wunderung und noch heute sind die Ursachen der herrlichen Färbung des Wassers nicht mit voller Sicherheit nachweisbar.

Die Umgebung des Blautopfs bilden hübsche Anlagen, die sich am Blauberg hinaufziehen bis zur Sonderbucher Steige, welch letztere einen reizenden Ausblick auf die Stadt Blaubeuren und Umgebung bietet.

Die Wagenfahrt hat auf der Sonderbucher Steige ihr erstes Ende und zu Fuß beginnt nun die Wanderung, welche uns nach kurzer Zeit zu Punkt 1 und 2 führt. Es sind dies ca. 20—25= jährige Fohren= und Schwarzfohren=Stangenhölzer am steilen Süd= westhang, begründet durch Pflanzung auf früherer Weide. Punkt 2 — Fohren=Stangenholz — ist erstmals durchforstet 1903 und 1904 und im Jahre 1906 mittelst Riesensaat mit Buchen untersät. (Hori= zontaler Riesenabstand 2,0 m und 1,2 m, Riesenbreite 0,5 und 0,3 m, pro ha 150 und 100 kg Bucheln und 70 und 100 Mk. Kosten= aufwand.) 1907 wurden in reinen Schwarzfohren=Partien die Buchen= saaten mit Tannen durch Pflanzung im 3 qm=Verband überstellt. Die Rotforchen zeigen für den geringen Standort guten Wuchs, die Schwarzforchen kümmern und werden deshalb nach und nach aus= gezogen. Sehr interessant ist die Maßregel, welche hier der derzeitige Wirtschafter gegen das Verbeißen der Buchen durch Hasen anwendet. Es werden nämlich im Wege der Durchforstung gewonnene, möglichst astige Fohrenstangen auf die Buchen=Riesensaaten gelegt. Nach An= gabe hat sich dieses Schutzmittel bisher recht gut bewährt.

Künftige Behandlung: Ergänzung der Buchensaat aus sich selbst, fortschreitende Lichtung der Fohren zugunsten des Buchen= und Tannen=Unterbaues mit endlichem Überhalt einzelner gutschäftiger und vollbekronter Rotforchen.

Punkt 1 ist Gemeindewald und sind hier die gleichen Wirt= schaftsmaßregeln geplant.

Punkt 3 zeigt uns ein jetzt ca. 35 jähriges Buchen=Gerten= holz am Westhang, entstanden durch Jährlingspflanzung (Reihenweite ca. 1 m, Abstand in der Reihe ca. 0,4 m) mit zahlreich eingesprengten Eschen und Fohren und auf Fehlstellen ergänzt mit Tannen= und Fichtengruppen. Der ganze Bestand ist überstellt mit zahlreichen 80—90 jährigen Fohrenüberhältern, hervorgegangen aus dem ur= sprünglich auf Weideland und mageren Klosteräckern begründeten reinen Fohrenbestand. Zugunsten der vorhandenen vermutlich an= geflogenen Eschen wurden früher die Buchen geköpft, welche Maß= regel — wie anderwärts, so auch hier — eher den gegenteiligen

Erfolg zeitigte. Auf diesem mageren Westhange fliegen wohl allent=
halben zahlreich Eschen und Ahorn an, gedeihen jedoch nur kurze
Zeit und werden wohl kaum haubare Stärken erreichen.

Wegen Schneedruckgefahr wird dieser Bestand erst gegen das
Frühjahr zu vorsichtig, unter Begünstigung der Nutzhölzer durch=
forstet und werden hierbei einzelne schlechtbekronte Fohrenüberhälter
entfernt.

Punkt 4 ist ein etwa 85 jähriger, unregelmäßig bestockter,
kurzschäftiger, in Verjüngung stehender Buchenbestand V. Bonität
am mageren Westhang mit einzelnen Eichen, an der Nordseite und
am Feldtrauf mit Fohren= und Fichten=Beimischung. Derbholzmasse
vor dem Anhieb 160 fm pro ha. Die auf Heranziehung eines
Buchen=Grundbestandes abzielende löcherweise Verjüngung muß hier
wegen starker Laubverwehung sehr langsam vor sich gehen; um letztere
möglichst hintanzuhalten, werden die erscheinenden Buchenstockausschläge
tunlichst lange erhalten und außerdem Buchenreisig — welches gleich=
zeitig auch zum Schutz gegen Wildverbiß der Nadelhölzer dienen soll
— verteilt liegen gelassen. Auf nicht verrasten Stellen zeigt sich
überall schöner Fohrenanflug; auch werden künstlich Fohren, Fichten
und Lärchen einzeln und in angemessener Verteilung Tannen gruppen=
und horstweise eingebracht.

Bei Punkt 5 haben wir die Ruine „Rusenschloß" erreicht.
Von dem einstigen Glanze der die ganze Gegend beherrschenden Burg
zeugen noch einzelne zum Teil gut erhaltene Mauerreste, so der
vorhandene gewaltige Tragbogen. (Näheres über die Geschichte der
Burg ist im Führer von Blaubeuren zu finden.) Wegen Erhaltung
der landschaftlichen Schönheit wird die nächste Umgebung des Rusen=
schlosses femelwaldartig bewirtschaftet. Die Bestockung bilden hier
Eschen, Ahorn, Maßholder, Eichen; seltsamerweise treffen wir aber
zwischen den Ruinen und deren nächster Umgebung nirgends Buchen an.

Von der Terrasse an der Ostseite der Ruine erblicken wir einen
jetzt 20—40 jährigen Fichten=Pflanzbestand. Auf dürftigstem, flach=
gründigem Westhang stockend, gewährt derselbe schon von der Ferne
einen traurigen Anblick. Der Schluß ist größtenteils noch nicht ein=
getreten, alljährlich werden größere Abgänge verzeichnet und es ist
nur ein Glück, daß sich zwischen den Fichten einzelne Buchen zeigen.
Die künftige Bewirtschaftung sieht die Begünstigung der sämtlich
vorhandenen Buchen (Kernwüchse und Stockausschläge) vor. Auf
diese Weise soll dieser Hang soweit möglich der allein standorts=
gemäßen Buche wieder zurückerobert werden.

Mit **Punkt 6** betreten wir den Osthang. Vor uns steht ein 90—100 jähriges Buchen-Altholz, am Osthang mit Eichen und Eschen auf Kalksteintrümmern und Felsen, im südlichen Teile die Rotbuche fehlend und lediglich aus Weißbuchen, Eichen und Eschen bestehend. Im nördlichen Teile stehen nur noch einige, durch geführte Kulissenhiebe entstandene Altholzbalken, die demnächst abgeräumt werden. Die Verjüngung auf Buchen ist hier durchweg gelungen, auch zeigen sich allerorts natürlich angekommene Eschen und Ahorn; Fehlstellen wurden im 3 qm-Verband mit Lärchen ergänzt. Gegen Verschlagen durch Rehböcke sind die Lärchen mit weißen Papierstreifen geschützt. Vorerst scheint dieser Schutz zu genügen. — Im südlichen Teil, wo der Buchen-Mutterbestand fehlt, wird auf natürliche Verjüngung von Esche mittelst Löcherhieben hingestrebt. Späterer Unterbau mit Rotbuchen ist vorgesehen.

Die künftige Behandlung der nahezu verjüngten nördlichen Partie zielt einerseits dahin ab, die vorhandenen Eschen und Ahorn und auch die künstlich eingebrachten Lärchen der Buche gegenüber stets vorwüchsig zu erhalten, andererseits soll durch rechtzeitige Läuterungshiebe in den Nutzhölzern der Buche noch der Platz eingeräumt werden, den sie benötigt, um beim nächsten Umtrieb wieder auf Buchen-Grundbestand verjüngen zu können.

Punkt 7 sind in exponierter Lage horstweise und einzeln gemischte durchschnittlich 80 jährige Fichten, Fohren und Buchen auf der Ebene in einem nur noch schmalen Streifen — früherer Ackerboden; Standortsklassen: Buchen IV., Fichten III., Fohren II. Wie anderwärts sind auch hier die Fichten im ersten Anbau rotfaul und werden daher ausgezogen. Die vorhandenen sehr schönen, hochschäftigen und astreinen Fohren sollen in größerer Anzahl übergehalten werden. Künstlicher Unterbau mit Tannen ist bereits erfolgt und zwar in Form eines größeren mit einem 1,5 m hohen Drahtzaun umgebenen Horstes. Außerdem wurden schon im Jahre 1906 die Fichten- und Fohrenpartien mit Buchen riefenweise untersät. Westlich hiervon sehen wir einen Eschen-Anflugshorst in üppigstem Gedeihen, entstanden in einem ehemaligen Borkenkäferloch. Auf Vergrößerung dieses Horstes durch Umränderung wird hingearbeitet.

Im übrigen Teile hat sich schon allenthalben reichlicher Buchenaufschlag und schöner Fichten- und Eschenanflug eingefunden. Der Bestand ist von Norden in schmaler Absäumung angehauen.

Unser Gang führt uns nun zu einer sehr wüchsigen, gut geschlossenen 25—30 jährigen Tannenpflanzung mit Fichten- und Buchen-

Beimischung, überstanden mit zahlreichen ca. 75 jährigen Fohren=
überhältern auf III. Bonität (Punkt 8). Geplant ist Reinigung,
sowie Entnahme schlechter Überhälter.

Hiermit verlassen wir den Distrikt X Rusenhalde und begeben
uns mit Wagen zum Distrikt III Buch mit III. Buchen= und
II. Fichten=Bonität.

Punkt 9 ein 13,1 ha großer jetzt 26 jähriger Buchen=Jung=
wuchs, hervorgegangen aus Naturverjüngung mit einzeln beigemischten
Eschen, Ahorn und Eichen, horstweise und einzelnständig auch mit
Fichten und japanischen Lärchen ergänzt. Ursprüngliches Mischungs=
verhältnis 0,8 Buchen, 0,1 übriges Laubholz, 0,1 Nadelholz. —
Nachdem der Buchenanteil zu groß erschien, entschloß man sich im
Jahre 1904 in die damals nicht über 1,5 m hohen reinen Buchen=
partien abgerundete 10—15 m breite und dreimal so lange, sohin
ca. 3—7 a große Löcher auszuhauen und diese mit reinen Fichten
und grünen Douglasien im 1,2 qm=Verband auszupflanzen, so daß
jetzt folgendes Mischungsverhältnis erreicht ist: 0,6 Buchen, 0,1 übriges
Laubholz und 0,3 Nadelholz. Der Buchen=Grundbestand blieb in
geschlossenen Bändern und Streifen in mindestens gleich großer Breite
der Nadelholzhorste erhalten.

Die Einbringung der Nadelholzhorste in den damals schon im
Maximum 1,5 m hohen Buchen=Grundbestand erfolgte deswillen,
damit dieselben erst vom beginnenden Stangenholzalter ab — also
etwa von ihrem 25. Jahre an — erstmals gleichwüchsig mit der
Buche erscheinen. Es gründet sich diese Maßnahme auf die im
Distrikt IV Seißerwald vorgenommenen Stamm=Analysen.

Die einzeln und gruppenweise eingebrachten Nadelhölzer zeigen
durchweg ein freudiges, äußerst üppiges Wachstum.

Zum Schutze der Douglastannen gegen das Verfegen durch
Rehböcke wurden dieselben mit mehreren Pfählen umgeben. Der
gleiche Zweck könnte wohl auf billigere Weise mit nur einem, aber
sehr astigen Pfahle, hart an der Pflanze eingesteckt und mit Manila=
Bindefaden angebunden, erreicht werden.

Die Kulturkosten der Nadelholzhorste wurden durch den Erlös
für das ausgehauene Buchengestänge gedeckt.

Die beigemischten meist an den Bestandesrändern vorhandenen
natürlichen Eschen zeigen guten Wuchs, wogegen die künstlich ein=
gebrachten Eschenheister größtenteils zopfdürr werden. Das Pflanzen=
material soll tadellos gewesen sein; die Ursache des Absterbens ist
noch nicht aufgeklärt.

Die bei der Bestandesbegründung einzeln eingepflanzten Lärchen erwecken den Anschein, als ob sie doch von der Buche überholt werden wollten.

Die künftige Bestandsbehandlung erstreckt sich auf Reinigungs- und Durchforstungshiebe mit besonderer Bedachtnahme auf Freihieb der Nutzhölzer.

Punkte 10, 11 und 12 zeigen teils noch unangegriffene, gut geschlossene 90—100 jährige Buchen-Althölzer auf III. Buchen-Bonität mit ziemlich zahlreichen 180—250 jährigen, mitunter sehr wertvollen Alteichen (Vorrat in einer lit. 327, in der anderen 410 fm pro ha), teils noch in Nachhiebsstellung sich befindlich, teils bereits fertige Eichen-Riesensaaten im Buchen-Grundbestand.

Ziel der Wirtschaft ist hier Anzucht der Eichen im Buchen-Grundbestand.

Zu diesem Behufe werden nach erfolgter Schlagstellung auf Buche in die Althölzer Löcher- und Kulissenhiebe und Saumschläge unter Belassung eines leichten Schutzbestandes eingelegt. Die auf diese Weise freigelegten Aufschlagpartien werden nun, sobald sie eine Höhe von 0,20 bis 0,50 m erreicht haben, mit der Kultursichel riesenweise durchschnitten und in diese Streifen Eicheln eingehackt. (Riesen-Entfernung 1,3—2,5 m, je nach der Reichlichkeit des Buchenaufschlages; Riesenbreite 0,5 m; Saatkosten einschließlich Ankauf des Saatgutes pro ha. ca. 130 Mk.) Der frühere Wirtschafter plante die Begründung von Eichen-Beständen ohne Buchen-Grundbestand mit nachfolgendem künstlichen Unterbau der Buche im Stangenholzalter. Der derzeitige Wirtschafter hat aber beobachtet, daß die Eiche (auch Esche und Ahorn) viel besser im kniehohen Buchenaufschlag gedeiht. Die Buche bildet das Treibholz für die Eiche, welche auf diese Weise der Buche vorwüchsig wird und letztere gibt später den bodenschützenden und -verbessernden Unterbau ab.

Tatsächlich wurden uns auch schon ältere Partien gezeigt, in denen die Eiche der Buche weit vorauseilt, diese zu verdrängen sucht und schon jetzt Reinigungs- und Pflegehiebe in den Eichen notwendig machen, um die Buchen unterständig zu erhalten.

Ob nun die Absicht des früheren Wirtschafters, jetzigen Herrn Forstrat Holland-Stuttgart, oder diejenige des derzeitigen Forstamts-Vorstandes richtig ist, diese Frage will ich offen lassen.

Höhere geschlossene Buchen-Vorwuchshorste bleiben von der Eicheneinsaat ausgeschlossen.

Stellenweise sind auch einzelne Eichenhorste durch Kurzhacken in Eichel=Mastjahren entstanden; auch diese Horste zeigen jetzt ein gutes Gedeihen.

Fehlstellen in jüngeren Eichelsaaten werden aus sich selbst, ältere mit Roteichen=Heistern ergänzt.

In tieferen Lagen haben heuer die Eichensaaten durch Spät=fröste gelitten; auch schadeten Mehltau und Maikäferfraß.

Nach Besichtigung dieser Waldbilder drängte alles zum Früh=stücksplatze im geschlossenen Buchenaltholz. Guter, in reichlicher Menge vorhandener Wein, vorzüglicher kalter Aufschnitt, auch warme Würstchen, Kulturmädchen in ihrer hübschen Albtracht, zweistimmige Volks= und Jägerlieder singend, dies alles trug dazu bei, in Bälde die heiterste Stimmung bei sämtlichen Exkursions=Teilnehmern her=vorzurufen.

Selbstverständlich fehlten auch nicht die obligaten Reden, launiger und ernster Natur, welche alle darin gipfelten, daß die Nacherkursion in den Forstbezirk Blaubeuren den Glanzpunkt der diesjährigen Forst=versammlung bilde.

Die Trennung von diesem gemütlichen Plätzchen, sie war auch schwer und es bedurfte wiederholter Ermahnungen seitens der Führer, die bereitstehenden Wagen doch wieder, wenn auch manchmal etwas schwerfällig, zu besteigen, um in den Distrikt VIII Siechhalde zu Punkt 14, einem in Verjüngung stehenden 80—100 jährigen Buchen=bestand mit Ahorn, Eichen und Eschen am Osthang auf III. Bonität, zu gelangen. Wirtschaftsziel und Behandlung ganz ähnlich wie in Punkt 6, nämlich Verjüngung auf Buchen=Grundbestand unter Be=günstigung des reichlich und in sehr schönen, kräftigen Exemplaren vorhandenen Eschen= und Ahornanflugs.

Punkt 15 ist bereits Buchen=Jungwuchs aus der Mast 1888 mit sehr reichlicher Beimischung von Eschen und namentlich auch Spitz= und Bergahorn am Nordosthang; der Spitzahorn wird im Reinigungswege ausgezogen.

In Punkt 16 haben wir vor uns ein 90—100 jähriges Fichten=, Fohren= und Lärchen=Altholz mit Buchenunterholz am flachen Nord=hang. Mischungsverhältnis: Fichten 0,7, Fohren und Lärchen 0,2, Buchen 0,1; die vorhandene Lärchenreihe an der Nordseite, entlang der früheren Eigentumsgrenze, besteht aus hervorragend schönen Exemplaren.

Die Fichten sind teilweise rotfaul und ist deren Auszug geboten. Im Jahre 1906 wurde 1 ha mit Bucheln in Riefen untersät. Dort wo die Fichten bereits ausgehauen, zeigt sich zwischen der Buchensaat schon Eschen-, Ahorn- und Fichtenanflug. Die Verjüngung geschieht mit Rücksicht auf den nordöstlich vorgelagerten reinen Fichtenbestand in langsamer Weise.

Punkt 17 ist das letzte Bestandesbild. Hier kommen auch die Fichtenfreunde auf ihre Rechnung. Ein in manchen Partien noch dicht geschlossener, hochschäftiger, astreiner, jetzt 90 jähriger Fichtenbestand am Fuße des Nordhanges auf I.—II. Bonität. Nach dem Führer ist die mittlere Bestandeshöhe 29 m und der Vorrat pro ha 620 fm. Nutzholzausbeute anläßlich des bereits an der Ostseite geführten Saumschlages nur 81%; es läßt dies auf Rotfäule des Bestandes schließen. Der Bestand wurde bisher nur sehr mäßig durchhauen, weshalb auch die stärkeren Langholzklassen gering vertreten sind.

Diese lit. wird im Laufe der nächsten Zeit saumschlagweise von Osten her verjüngt und die geräumten Saumschläge mit 2 jährig verschulten Fichten aufgeforstet.

In den verlichteten Partien werden Tannenhorste vorgebaut.

Damit schließt die Exkursion im Walde und wir kehren wieder nach Blaubeuren zurück. Hier angelangt, wird der schon beschriebene Blautopf eingehend besichtigt, sowie der in der früheren Klosterkirche sich befindliche reiche Hochaltar mit Malereien aus der Zeitblomschen Schule und schönem Schnitzwerk.

Um 4^{52} wurde sodann die Rückfahrt von Blaubeuren nach Ulm wieder angetreten. —

Jeder Teilnehmer war von dem Gesehenen hochbefriedigt, zeigten doch die prächtigen Bestandesbilder, daß hier mit einer seltenen Sorgfalt gewirtschaftet werde, daß es hier keine Schablone gibt, sondern individuelle Behandlung der Bestände Hauptaufgabe ist; wir haben gesehen, daß oft mit großer Beschwerlichkeit und Mühe jeder einzelne Stamm vom Wirtschafter persönlich ausgezeichnet wird, daß eine Unsumme von Arbeit aufgewendet werden muß, um solche ideale Waldbilder zu schaffen und daß überall das Bestreben zutage tritt, auch den geringsten Standorten die höchstmögliche Rente abzuringen.

Hier wird die Natur beobachtet, hier werden derselben ihre Geheimnisse abgelauscht, hier wird der Wunsch des Altmeisters Gayer erfüllt, „standort- und holzartengerecht" zu wirtschaften, denn, dem gemischten Wald gehört die Zukunft.

Ich glaube daher auch an dieser Stelle noch schriftlich den Herren, die zum Gelingen dieser schönen Exkursion soviel beigetragen haben, nämlich den Herren Kgl. Forstrat Hoffmann in Stuttgart und Kgl. Oberförster Dais in Blaubeuren, den besonderen Dank sämtlicher Teilnehmer abstatten zu dürfen.

Mit vollem Rechte muß die Nachexkursion nach dem Forstbezirk Blaubeuren als der „Glanzpunkt" der diesjährigen Tagung des Deutschen Forstvereins bezeichnet werden; mit ihr wurde, wie ein Herr treffend bemerkte, „der Vogel abgeschossen".